一番大切な知識と技術が身につく

# ルーティング
# &スイッチング
## 標準ハンドブック

Routing and Switching Technologies Handbook for Professional Engineers

Gene／作本和則 著

SB Creative

# 本書に関するお問い合わせ

　この度は小社書籍をご購入いただき誠にありがとうございます。小社では本書の内容に関するご質問を受け付けております。本書を読み進めていただきます中でご不明な箇所がございましたらお問い合わせください。なお、お問い合わせに関しましては以下のガイドラインを設けております。恐れ入りますが、ご質問の際は最初に下記ガイドラインをご確認ください。

## ご質問の前に

　小社 Web サイトで「正誤表」をご確認ください。最新の正誤情報を下記の Web ページに掲載しております。

| 本書サポートページ | http://isbn.sbcr.jp/80484/ |
| --- | --- |

　上記ページの「正誤情報」のリンクをクリックしてください。なお、正誤情報がない場合、リンクをクリックすることはできません。

## ご質問の際の注意点

- ご質問はメール、または郵便など、必ず文書にてお願いいたします。お電話では承っておりません。
- ご質問は本書の記述に関することのみとさせていただいております。従いまして、○○ページの○○行目というように記述箇所をはっきりお書き添えください。記述箇所が明記されていない場合、ご質問を承れないことがございます。
- 小社出版物の著作権は著者に帰属いたします。従いまして、ご質問に関する回答も基本的に著者に確認の上回答いたしております。これに伴い返信は数日ないしそれ以上かかる場合がございます。あらかじめご了承ください。

## ご質問送付先

　ご質問については下記のいずれかの方法をご利用ください。

- **Web ページより**：上記のサポートページ内にある「この商品に関する問い合わせはこちら」をクリックすると、メールフォームが開きます。要綱に従ってご質問をご記入の上、送信ボタンを押してください。
- **郵送**：郵送の場合は下記までお願いいたします。
  〒 106-0032
  東京都港区六本木 2-4-5
  SB クリエイティブ　読者サポート係

※本書内に記載されている会社名、商品名、製品名などは一般に各社の登録商標または商標です。本書中では®、TM マークは明記しておりません。
※本書の出版にあたっては正確な記述に努めましたが、本書の内容に基づく運用結果について、著者および SB クリエイティブ株式会社は一切の責任を負いかねますのでご了承ください。

---

© 2015　Gene / Kazunori Sakumoto
本書の内容は著作権法上の保護を受けています。著作権者・出版権者の文書による許諾を得ずに、本書の一部または全部を無断で複写・複製・転載することは禁じられております。

# はじめに

　本書が出版されるころには、筆者がネットワーク技術を勉強し始めて丸15年が経過することになります。2000年の夏に転職にともなって、ほとんど何も知らない状態から、ネットワーク技術の勉強を始めました。勉強したことをアウトプットして、知識を定着させる目的で始めたのが「ネットワークのおべんきょしませんか？」（http://www.n-study.com/）というWebサイトでした。

　ネットワーク技術の勉強を始めてから、その奥深さに魅せられていったことを思い出します。それ以前は、1ユーザーとしてインターネットを利用していましたが、その仕組みを考えるようなことはありませんでした。インターネットは、いろいろな情報を集められたり、メールが送れたりして便利だなぁと思うぐらいでした。それが本格的にネットワーク技術の仕組みを知るにつれて、いろいろな機器でいろいろな技術を組み合わせてはじめて通信ができるということがとても興味深く感じられました。特にインターネットのルーティングについてです。インターネット上の膨大な数のルータが、それぞれ膨大な数のルート情報を管理して、インターネットのルーティングを実現していることに大きな驚きと関心を持ちました。

　2015年現在、ネットワークとりわけインターネットを利用することがもはや当たり前となっています。今、本書を手に取っているあなたも、毎日のようにWebサイトを見たり、SNSを利用したりしていることでしょう。そして、本書を手に取っているということは、きっと、日ごろ当たり前のように使っているネットワークの仕組みを知りたいと思っていらっしゃることでしょう。本書は、ネットワーク上で通信するときに、どのようにデータが転送されているかの理解を深めることを目的としています。そして、ネットワーク技術の奥深さや面白さを感じていただきたいと考えています。たとえば、手元のPCやスマートフォンなどからWebサイトを見るといったときに、どのようにしてデータが転送されているかという仕組みについて理解を深めていただければと思います。

　本書全体を通して見ると、どちらかというとルーティングのウェイトが大きくなっていますが、ルーティングだけでは通信はできません。レイヤ2レベルでのスイッチングも重要です。ルーティングもスイッチングも両方組み合わせて、普段、何気なく利用しているネットワークの通信が実現されているんだということを理解していただければ、本書の目的は達成できていることでしょう。さらに、現在主流として行われているルーティングとスイッチングだけではなく、付録として今後重要性を増していくSDN（Software Defined Networking）の基礎知識についても解説しています。SDNの特徴やメリットを実感す

るためには、従来のルーティングとスイッチングの仕組みを知っておくことも重要です。
SDNの内容は、実務でSDNの開発に携わっている作本さんに執筆していただきました。
SDNの開発現場の知見が凝縮されています。

　本書が出版されるには、多くの方のご協力をいただきました。とりわけ、お忙しい中、
SDNについて執筆していただいた作本さんに感謝申し上げます。また、遅れがちな原稿
をいつものように丁寧に編集していただいたSBクリエイティブの友保さん、ありがとうご
ざいました。

2015年7月　Gene

# 本書について

　本書では、ルータが行う「ルーティング」とスイッチが行う「スイッチング」について、基礎から丁寧に解説しています。本書を読むことで、現在のLANやインターネットで広く利用されているルーティングプロトコルやスイッチング関連技術の仕組みについて、体系的に理解することができます。本書では特定のベンダーの製品を取り上げることはしておらず、機器の操作や設定コマンドなどは扱っていません。そのため、実際に機器を設定して試すといったことはできませんが、ルータやスイッチがデータを転送する仕組みをありありとイメージしていただけるよう、図解を多用した丁寧な解説を心がけています。

## ■ 本書の構成

　本書の構成は、以下のようになっています。

　　第1章　ネットワーク上の通信の基礎
　　第2章　レイヤ2スイッチ
　　第3章　VLAN（Virtual LAN）
　　第4章　スパニングツリープロトコル
　　第5章　IPルーティング
　　第6章　RIP
　　第7章　OSPF
　　第8章　EIGRP
　　第9章　BGP
　　第10章　ルート制御
　　付録　SDN

　第1章では、本書を読み進めるうえで必要となるTCP/IPの基礎知識について解説しています。TCP/IPの技術の中でも、ルーティングとスイッチングを理解するために必要な部分を中心に説明していきます。第1章を読むことで、さまざまなプロトコルが連携して動作すること、また、さまざまな用語の意味を確認してください。

　第2章から第4章まででスイッチングについて解説します。レイヤ2スイッチの基本的な動作から始まって、現在広く使われているVLANについて説明していきます。スパニングツリープロトコルは冗長化のための技術です。実は、今となってはスパニングツリープロトコルは古い技術であり、新規にネットワークに導入されることは少なくなっています。ただ、これまで冗長化技術の主流として使われてきたこと、また、ネットワーク系の資格試験ではまだ普通に出題されることから、本書では取り上げることにしました。設計や運

用が複雑な技術でもあり、この機会に理解しておいて損はありません。

第5章から第10章までがルーティングについての解説です。ルーティングの基本から始まって、組織内で使われる代表的なルーティングプロトコルであるRIP、OSPF、EIGRPについてそれぞれ解説していきます。それぞれの特徴を知ることで、なぜいろいろなプロトコルがあるのか、どのように使い分ければよいのかが理解できるでしょう。BGPは組織間で使われるプロトコルです。主にWANやインターネットのサービスを提供する事業者で利用されることが多いですが、通常の組織であっても複数のISP（インターネットサービスプロバイダ）と接続する場合には使用する機会があるかもしれません。第10章のルート制御まで理解することで、ネットワーク上に通信のためのルートがどのように設定され、データがやり取りされているのかの原理がおおよそつかめることになります。

そして、付録として、これまでのネットワークの設計、管理、運用を大きく変えることになるSDNについて解説します。SDNは2015年現在、検証段階から導入段階に入りつつある技術であり、今後の動向に注目しつつ、技術の根幹について理解しておくとよいはずです。

### ■ 本書の対象読者

本書では、TCP/IPによるネットワーク技術のうち、ルーティングとスイッチングを基礎から解説しています。前提知識として、TCP/IPの入門書を読んだことがある程度を想定しています。第1章でTCP/IPの基礎知識について解説しますが、ここではTCP/IPについてあらためて思い出していただくことを考えています。まったくゼロから学習する方にはやや駆け足の内容かもしれませんので、必要に応じて他の入門書を参照していただければと思います。

本書の対象読者としては、以下のような方を想定しています。

- ネットワーク技術者として会社や学校のネットワークを管理する方、またはそれを目指す方
- LANやインターネットなどネットワークの仕組みに興味を持っている方
- ネットワークに関する資格を取得したい方

資格としては、たとえばシスコシステムズ社のCCNA（Cisco Certified Network Associate）、CCNP（Cisco Certified Network Professional）、経済産業省のネットワークスペシャリスト試験で必要とされる知識の土台となる部分を本書で得ることができます。もっとも、これらの資格で求められる知識はさらに広範ですので、試験用の対策は別途必要です。ただ、本書でルーティングとスイッチングの本質をしっかりと理解しておくことで、試験用の学習も効率よく進めていただけると考えています。

それでは、さっそくルーティングとスイッチングについて学んでいきましょう！

# 目次

はじめに ............................................................................................ iii

本書について ...................................................................................... v

  ■ 本書の構成 ................................................................................ v

  ■ 本書の対象読者 ........................................................................ vi

---

## 第1章
# ネットワーク上の通信の基礎 ............................................ 1

### 1-1 通信プロトコルとネットワークアーキテクチャ ........................ 2

  1-1-1　通信プロトコル .................................................................... 2

  1-1-2　ネットワークアーキテクチャ ............................................... 2

    ■ OSI参照モデル .................................................................... 3

    ■ TCP/IP ................................................................................ 3

  1-1-3　データの呼び方 .................................................................... 4

### 1-2 階層の考え方 ............................................................................ 5

  1-2-1　通信の主体はアプリケーション ........................................... 5

  1-2-2　階層ごとの通信経路 .............................................................. 6

### 1-3 IPアドレスとポート番号 ........................................................... 8

  1-3-1　IPアドレス ........................................................................... 9

    ■ IPアドレスの種類 ............................................................... 10

    ■ ユニキャストアドレスの構成とアドレスクラス .................. 11

    ■ クラスレスアドレス ........................................................... 15

    ■ サブネッティングの考え方 ................................................. 18

    ■ FLSMとVLSM ................................................................... 18

  1-3-2　ポート番号 .......................................................................... 21

    ■ ポート番号の範囲 .............................................................. 23

### 1-4 通信プロトコルの役割 ............................................................ 26

  1-4-1　転送プロトコル .................................................................... 26

    ■ コネクション型プロトコル ................................................. 27

    ■ コネクションレス型プロトコル .......................................... 28

    ■ コネクション型プロトコルとコネクションレス型プロトコルの使い分け .................... 29

    ■ 階層ごとの転送プロトコル ................................................. 29

  1-4-2　制御・管理プロトコル ......................................................... 30

    ■ DHCP .................................................................................. 31

    ■ ルーティングプロトコル ................................................... 32

目次

■ DNS、ARPによるアドレスの関連付け ............................................ 32
1-4-3 アプリケーションプロトコル ....................................................... 35
**1-5 ネットワークの全体構成** .................................................................. **35**
1-5-1 ネットワークの全体構成の概要 ............................................... 35
1-5-2 イントラネットの概要 ................................................................. 37
■ LAN .................................................................................................... 37
■ WAN ................................................................................................. 38
1-5-3 インターネットの概要 ............................................................... 39
1-5-4 ネットワーク機器の機能 .......................................................... 41

# 第2章

# レイヤ2スイッチ ........................................ 43

**2-1 イーサネット** ..................................................................................... **44**
2-1-1 MACアドレス .............................................................................. 44
■ MACアドレスの構成 ........................................................................ 44
■ MACアドレスの種類 ........................................................................ 45
2-1-2 イーサネットのフレームフォーマット ....................................... 45
2-1-3 CSMA/CD ..................................................................................... 46
2-1-4 イーサネット規格 ........................................................................ 48
**2-2 レイヤ2スイッチング** ...................................................................... **49**
2-2-1 レイヤ2スイッチの役割 ............................................................ 49
2-2-2 レイヤ2スイッチのデータ転送範囲 ......................................... 50
2-2-3 レイヤ2スイッチの動作 ............................................................ 51
■ MACアドレスの学習とデータ転送の例 ......................................... 52
■ MACアドレステーブルに登録されたMACアドレスの有効期限 ........ 54
2-2-4 共有ハブとレイヤ2スイッチの違い ......................................... 55
2-2-5 コリジョンドメインとブロードキャストドメイン ..................... 56
2-2-6 全二重通信 ................................................................................... 57
2-2-7 オートネゴシエーション ............................................................. 58
2-2-8 レイヤ2スイッチの管理 ............................................................ 59
**2-3 レイヤ2スイッチのセキュリティ機能** ........................................... **60**
2-3-1 LANの入り口で不正な接続を防止する ..................................... 60
2-3-2 レイヤ2スイッチの認証機能 .................................................... 61
2-3-3 レイヤ2スイッチのパケットフィルタリング ........................... 63

目次

# 第3章

# VLAN (Virtual LAN) ........................................... 65

**3-1 VLANの概要** ...................................................................... **66**
  3-1-1 なぜネットワークを分割する必要があるのか .......................... 66
    ■ ブロードキャストフレームのフラッディング ........................... 66
  3-1-2 ネットワークを分割する方法 .............................................. 69
    ■ ルータによるネットワークの分割 ........................................ 69
    ■ レイヤ2スイッチによるネットワークの分割 ........................... 69
  3-1-3 VLANの特徴 ................................................................. 70

**3-2 VLANの仕組み** ................................................................ **70**
  3-2-1 VLANの基本的な機能 ...................................................... 70
  3-2-2 VLANの識別 ................................................................. 70
  3-2-3 VLAN利用時のイーサネットフレームの転送 ........................... 71

**3-3 スイッチポート** ................................................................ **73**
  3-3-1 ポートの種類 ................................................................. 73
  3-3-2 アクセスポート ............................................................. 73
    ■ VLANメンバーシップ ...................................................... 74
  3-3-3 トランクポート ............................................................. 76
    ■ スイッチをまたいだVLAN構成 ........................................... 76
    ■ トランクポートによるスイッチ間の接続 ................................ 77
    ■ ホストでのトランクポートの利用 ........................................ 80
  3-3-4 アクセスポートとトランクポートによるスイッチ間の接続 ........ 81
    ■ スイッチ間をトランクポートで接続した場合 ........................... 82
    ■ スイッチ間をアクセスポートで接続した場合 ........................... 82

**3-4 VLAN間ルーティング** ...................................................... **84**
  3-4-1 VLAN間ルーティングの概要 ............................................. 84
  3-4-2 ルータによるVLAN間ルーティング .................................... 85
    ■ VLANごとのアクセスリンクで接続する場合 ........................... 86
    ■ トランクリンクで接続する場合 ........................................... 87
  3-4-3 レイヤ3スイッチによるVLAN間ルーティング ...................... 89
    ■ レイヤ3スイッチのデータ転送 ........................................... 89
    ■ レイヤ3スイッチのIPアドレス設定 ..................................... 90
    ■ 他のレイヤ2スイッチのVLAN間をレイヤ3スイッチで接続する ... 92

**3-5 VLAN内でのアクセス制御** ................................................ **94**
  3-5-1 スイッチでのアクセス制御 ............................................... 94
    ■ VLAN間のアクセス制御 (パケットフィルタリング) .................. 94
    ■ VLAN内のアクセス制御 (プライベートVLAN) ....................... 95
  3-5-2 プライベートVLANの仕組み ............................................ 97

ix

目次

3-5-3　プロテクトポート（保護ポート） ........................................................ 99

# 第4章
# スパニングツリープロトコル ................................ 101

## 4-1　さまざまな冗長化技術の概要 ..................................... 102
### 4-1-1　LANで利用できる主な冗長化技術 ............................. 102
■ スパニングツリープロトコル ........................................... 102
■ リンクアグリゲーション .................................................. 103
■ スタック ........................................................................ 103
■ VRRP ........................................................................... 103
■ ルーティングプロトコル ................................................. 103
■ NICチーミング ............................................................. 103
■ サーバクラスタ ............................................................. 104
### 4-1-2　冗長化技術は組み合わせて利用する ......................... 104
■ 冗長化技術の利用例 ..................................................... 104
■ SPOF ........................................................................... 106

## 4-2　スパニングツリープロトコルの仕組み ......................... 107
### 4-2-1　スパニングツリープロトコルの概要 ........................... 107
■ スパニングツリープロトコルの動作 ............................... 107
### 4-2-2　BPDU ...................................................................... 109
■ コンフィグレーションBPDU .......................................... 110
■ TCN BPDU ................................................................... 111
### 4-2-3　ブリッジID ............................................................... 111
### 4-2-4　パスコスト ............................................................... 112
### 4-2-5　スパニングツリーの形成 ........................................... 113
■ 1. ルートブリッジの選出 ............................................... 113
■ 2. ポートの役割（ルートポート、代表ポート、非代表ポート）の決定 ....... 116
■ 3. スパニングツリーの維持 ............................................ 120
■ ポートの状態遷移 ......................................................... 121
### 4-2-6　TCN BPDUによるルートブリッジへのトポロジー変更通知 ....... 123
### 4-2-7　スパニングツリーによる経路の切り替え ..................... 125
■ SW1-SW3間のリンク障害時 ......................................... 126
■ SW1-SW2間のリンク障害時 ......................................... 126

## 4-3　PVST .......................................................................... 128

## 4-4　RSTP .......................................................................... 130
### 4-4-1　RSTPの概要 ............................................................ 131
### 4-4-2　RSTPのポートの役割と状態 ...................................... 131
### 4-4-3　RSTP BPDU ............................................................ 132

| | | |
|---|---|---|
| 4-4-4 | プロポーザル/アグリーメントによるポートの役割の決定 | 133 |

## 4-5 MST ... 135
### 4-5-1 MSTの概要 ... 135

## 4-6 リンクアグリゲーション ... 137
### 4-6-1 LANの高速化 ... 137
- リンクを複数にするという考え方 ... 137
### 4-6-2 リンクアグリゲーションの利用 ... 138
### 4-6-3 リンクアグリゲーションでのイーサネットフレームの転送 ... 139
- リンクの振り分けの例 ... 139

# 第5章

# IPルーティング ... 141

## 5-1 ルーティングとは ... 142
### 5-1-1 ルータの役割 ... 142

## 5-2 ルータによるデータ転送の特徴 ... 144
### 5-2-1 データの転送範囲 ... 144
### 5-2-2 何に基づいてデータを転送するか ... 145

## 5-3 ルーティングテーブル ... 147

## 5-4 ルータとスイッチのデータ転送の違い ... 150

## 5-5 ルート情報の登録方法 ... 151
### 5-5-1 スタティックルート ... 153
- ルート情報をスタティックルートで登録する例 ... 153
- スタティックルートによる経路の切り替え ... 155
### 5-5-2 ルーティングプロトコル ... 157
- ルート情報をルーティングプロトコルで登録する例 ... 157
- ルーティングプロトコルによるルートの切り替え ... 158
### 5-5-3 ルート集約 ... 159
- ルート集約によって障害の影響範囲が小さくなる例 ... 161
- 集約ルートの生成 ... 162
- デフォルトルート ... 167
### 5-5-4 スタティックルートとルーティングプロトコルの選択 ... 168
- スタティックルートのメリット・デメリット ... 169
- ルーティングプロトコルのメリット・デメリット ... 170

## 5-6 ルーティングプロトコルの分類 ... 171
### 5-6-1 ルーティングプロトコルの適用範囲 ... 171
### 5-6-2 ルーティングアルゴリズムによる分類 ... 173

目次

　　　　　　■ ディスタンスベクタ型 ……………………………………………………… 173
　　　　　　■ リンクステート型 ……………………………………………………………… 174
　　　　　　■ ハイブリッド (拡張ディスタンスベクタ) 型 ………………………………… 175
　　　5-6-3　ネットワークアドレスの認識による分類 ……………………………… 176
　　　　　　■ クラスフルルーティングプロトコル ……………………………………… 176
　　　　　　■ クラスレスルーティングプロトコル ……………………………………… 176

## 5-7　ルーティングの動作　　　　　　　　　　　　　　　　　177
　　　5-7-1　ルーティング対象のパケットを受信 …………………………………… 178
　　　5-7-2　ルーティングテーブルでルート情報を検索 …………………………… 178
　　　　　　■ 最長一致検索 (ロンゲストマッチ) …………………………………… 179
　　　5-7-3　パケットを出力インタフェースから送信 …………………………… 182
　　　　　　■ 宛先ホストがルータの直接接続のネットワーク上に存在する場合 ……… 182
　　　　　　■ 宛先ホストがリモートネットワーク上に存在する場合 ………………… 184
　　　5-7-4　ヘッダの変化 ……………………………………………………………… 186

## 5-8　ホストでのルーティング　　　　　　　　　　　　　　　188
　　　5-8-1　ホストでのルーティングの概要 ………………………………………… 188
　　　5-8-2　ホストでのルーティングの設定 ………………………………………… 189
　　　5-8-3　ホストでのルーティングの動作 ………………………………………… 191
　　　　　　■ 宛先IPアドレスがホストと同じネットワークの場合 …………………… 191
　　　　　　■ 宛先IPアドレスがホストと異なるネットワークの場合 ………………… 192
　　　5-8-4　デフォルトゲートウェイの冗長化 ……………………………………… 193

## 5-9　VRRP　　　　　　　　　　　　　　　　　　　　　　196
　　　5-9-1　VRRPの概要 ……………………………………………………………… 196
　　　5-9-2　VRRPの仕組み …………………………………………………………… 197
　　　　　　■ VRRPの設定と動作の例 …………………………………………………… 197

---

第6章

# RIP　　　　　　　　　　　　　　　　　　　　　　　　201

## 6-1　RIPの概要　　　　　　　　　　　　　　　　　　　　202
　　　6-1-1　RIPの特徴 ………………………………………………………………… 202

## 6-2　RIPの仕組み　　　　　　　　　　　　　　　　　　　205
　　　6-2-1　RIPの処理の流れ ………………………………………………………… 205
　　　6-2-2　RIPルートの生成 ………………………………………………………… 206
　　　6-2-3　RIPのコンバージェンス ………………………………………………… 207
　　　　　　■ RIPルートのやり取りの具体例 ………………………………………… 208
　　　6-2-4　RIPのメトリック ………………………………………………………… 210
　　　6-2-5　RIPのタイマー …………………………………………………………… 212

xii

|  | ■ RIPエントリが削除されるまでのプロセス | 212 |

| 6-2-6 | スプリットホライズン | 214 |
|  | ■ スプリットホライズンの具体例 | 214 |
| 6-2-7 | ルートポイズニングとトリガードアップデート | 215 |
|  | ■ ルートポイズニングとトリガードアップデートの具体例 | 216 |

**6-3 RIPのパケットフォーマット** ......................................... **218**

| 6-3-1 | RIPのカプセル化 | 218 |
| 6-3-2 | RIPv2のパケットフォーマット | 218 |

## 第7章

# OSPF　221

**7-1　OSPFの概要** ..................................................... **222**

| 7-1-1 | OSPFの特徴 | 222 |

**7-2　OSPFの仕組み** ................................................... **225**

| 7-2-1 | OSPFパケットの種類 | 225 |
| 7-2-2 | OSPFの処理の流れ | 225 |
| 7-2-3 | OSPFネイバーの発見とリンクステートデータベースの同期 | 227 |
|  | ■ ルータID | 227 |
|  | ■ ネイバーとアジャセンシー | 228 |
|  | ■ DR/BDR | 228 |
|  | ■ OSPFの有効化 | 233 |
|  | ■ ネイバーの発見とリンクステートデータベースの同期の動作 | 234 |
| 7-2-4 | OSPFのメトリック | 237 |

**7-3　マルチエリア構成** ................................................. **239**

| 7-3-1 | 大規模なOSPFネットワークの問題点 | 239 |
| 7-3-2 | エリアとは | 240 |
|  | ■ エリア分割のルール | 242 |
| 7-3-3 | ルータのタイプ | 243 |
| 7-3-4 | LSAの種類 | 244 |
|  | ■ LSAタイプ1 ルータLSA | 245 |
|  | ■ LSAタイプ2 ネットワークLSA | 245 |
|  | ■ LSAタイプ3 ネットワークサマリーLSA | 246 |
|  | ■ LSAタイプ4 ASBRサマリーLSA | 247 |
|  | ■ LSAタイプ5 AS外部LSA | 248 |
|  | ■ LSAタイプ7 NSSA外部LSA | 248 |
| 7-3-5 | エリアの種類 | 249 |
|  | ■ バックボーンエリア | 250 |
|  | ■ 標準エリア | 250 |

目次

- ■ スタブエリア ........................................................... 250
- ■ トータリースタブエリア ............................................. 252
- ■ NSSA (Not-So-Stubby Area) ..................................... 253
- ■ トータリーNSSA ...................................................... 255
- 7-3-6 バーチャルリンク ........................................................... 256

**7-4 OSPFのパケットフォーマット** ................................................ **258**
- 7-4-1 OSPFパケットのカプセル化 ................................................ 258
  - ■ OSPFヘッダ ........................................................... 258
  - ■ Helloパケットのフォーマット ...................................... 260
  - ■ DDパケットのフォーマット ......................................... 262
  - ■ LSRパケットのフォーマット ........................................ 264
  - ■ LSUパケットのフォーマット ........................................ 265
  - ■ LSAckパケットのフォーマット ..................................... 266
- 7-4-2 LSAのフォーマット ........................................................... 266
  - ■ LSAヘッダのフォーマット .......................................... 267
  - ■ LSAタイプ1 ルータLSAのフォーマット ........................ 268
  - ■ LSAタイプ2 ネットワークLSAのフォーマット ................ 270
  - ■ LSAタイプ3 ネットワークサマリーLSA、
    LSAタイプ4 ASBRサマリーLSAのフォーマット .............. 271
  - ■ LSAタイプ5 AS外部LSAのフォーマット ...................... 272
  - ■ LSAタイプ7 NSSA外部LSAのフォーマット ................... 273
  - ■ オプションフィールド .............................................. 274

# 第8章

# EIGRP ................................................................................. 277

**8-1 EIGRPの概要** ................................................................... **278**
- 8-1-1 EIGRPの特徴 ................................................................. 278

**8-2 EIGRPの仕組み** ............................................................... **280**
- 8-2-1 EIGRPの処理の流れ ....................................................... 280
- 8-2-2 EIGRPのパケットタイプ .................................................. 282
- 8-2-3 EIGRPルートの生成 ....................................................... 285
- 8-2-4 EIGRPのメトリック ....................................................... 285
- 8-2-5 ネイバーの発見とルート情報の交換 ................................. 287
- 8-2-6 DUALによるコンバージェンス ........................................ 289
  - ■ DUALで使われる用語 .............................................. 289
  - ■ FDとAD (RD) の具体例 ............................................ 290
  - ■ サクセサとフィージブルサクセサの決定 ...................... 291
  - ■ フィージブルサクセサが存在する場合のコンバージェンスの例 ........... 293
  - ■ フィージブルサクセサが存在しない場合のコンバージェンスの例 ........... 294

xiv

目次

■ 不等コストロードバランシング ................................................ 296

## 8-3 EIGRPのパケットフォーマット　　297

### 8-3-1 EIGRPのカプセル化 ................................................ 297
### 8-3-2 EIGRPヘッダ ................................................ 298
### 8-3-3 EIGRP TLVタイプ ................................................ 299
■ General TLV ................................................ 300
■ IP-Specific TLV ................................................ 301

# 第9章

# BGP　　305

## 9-1 BGPの概要　　306

### 9-1-1 BGPの特徴 ................................................ 306
■ BGPの信頼性 ................................................ 307
■ BGPの安定性 ................................................ 308
■ BGPの拡張性 ................................................ 308
■ BGPの柔軟性 ................................................ 309
### 9-1-2 AS番号 ................................................ 309
■ グローバルAS番号とプライベートAS番号 ................................................ 309
■ 4バイトAS番号 ................................................ 309
### 9-1-3 ASの種類 ................................................ 310
■ スタブAS ................................................ 310
■ マルチホーム非トランジットAS ................................................ 311
■ トランジットAS ................................................ 312
■ IP-VPNでのBGP ................................................ 313

## 9-2 BGPの仕組み　　314

### 9-2-1 BGPルータが保持するデータベース ................................................ 314
■ ネイバーテーブル ................................................ 314
■ BGPテーブル ................................................ 315
■ ルーティングテーブル ................................................ 315
### 9-2-2 BGPのメッセージ ................................................ 315
### 9-2-3 BGPの基本的な動作の流れ ................................................ 316
■ BGPネイバー確立の状態遷移 ................................................ 317
■ BGPルータID ................................................ 318
### 9-2-4 BGPパスアトリビュート ................................................ 319
■ パスアトリビュートの概要 ................................................ 319
■ ORIGINアトリビュート ................................................ 320
■ AS_PATHアトリビュート ................................................ 321
■ NEXT_HOPアトリビュート ................................................ 323

xv

**9-3　BGPの利用** ................................................................ **325**

9-3-1　マルチホーム非トランジットASの場合 ....................................... 325
　　■ マルチホームASで考慮すること ........................................... 326

9-3-2　トランジットASの場合 ..................................................... 330
　　■ トランジットASを設計・運用するうえでのポイント ........................ 331
　　■ IBGPネイバー ............................................................. 333
　　■ IBGPルートのNEXT_HOPの到達性 ............................................ 334
　　■ トランジットASのパターン2──フルメッシュIBGP ........................... 335
　　■ IBGPスプリットホライズン ................................................ 337
　　■ ルートリフレクタ、コンフェデレーションの概要 ........................... 337
　　■ ルートリフレクタの仕組み ................................................ 338
　　■ コンフェデレーションの仕組み ............................................ 340

**9-4　ポリシーベースルーティング** .............................................. **343**

9-4-1　ポリシーベースルーティングの概要 ......................................... 343

9-4-2　パスアトリビュートによるベストパスの決定 ................................. 344

9-4-3　LOCAL_PREFERENCEアトリビュートによるベストパスの決定 ...................... 347

9-4-4　MEDアトリビュートによるベストパスの決定 ................................... 348

9-4-5　COMMUNITYアトリビュート ................................................... 349
　　■ Well-Known COMMUNITY ..................................................... 351
　　■ COMMUNITYアトリビュートを利用するための手順 .............................. 353

---

**第10章**

# ルート制御 ................................................................ **355**

**10-1　ルート制御の概要** ........................................................ **356**

**10-2　再配送** ................................................................. **356**

10-2-1　複数のルーティングプロトコルを利用するケース ............................ 356
　　■ ルーティングプロトコル移行時の暫定措置 .................................. 357
　　■ 利用している機器の制約 .................................................. 358
　　■ ネットワークの管理範囲の違い ............................................ 358

10-2-2　再配送とは ............................................................... 359
　　■ 再配送の例 .............................................................. 359

10-2-3　再配送の仕組み ........................................................... 360
　　■ シードメトリック ........................................................ 361
　　■ 外部ルートの認識 ........................................................ 362

10-2-4　再配送の注意点 ........................................................... 363

**10-3　ルートフィルタ** ......................................................... **364**

10-3-1　ルートフィルタの利用 ..................................................... 364

10-3-2　パッシブインタフェースによるフィルタ ..................................... 365

目次

| | | |
|---|---|---|
| 10-3-3 | ルートフィルタのポイント | 366 |
| | ■ フィルタするルートの指定方法 | 366 |
| | ■ フィルタするタイミング | 368 |

**10-4 ポリシーベースルーティング** **371**

| | | |
|---|---|---|
| 10-4-1 | ポリシーベースルーティングとは | 371 |
| 10-4-2 | ポリシーベースルーティングの限界 | 372 |

## 付録

# SDN 375

**A-1 SDNの概要** **376**

| | | |
|---|---|---|
| A-1-1 | SDNとは何か | 376 |
| | ■ 今までのネットワークの課題 | 376 |
| | ■ SDNコントローラ | 380 |
| A-1-2 | ネットワーク仮想化 | 382 |
| A-1-3 | SDNの適用領域 | 383 |
| | ■ データセンターのネットワーク | 383 |
| | ■ 企業ネットワーク | 383 |
| | ■ 電気通信事業者のネットワーク | 384 |

**A-2 SDNを実現する技術** **384**

| | | |
|---|---|---|
| A-2-1 | ネットワーク制御方式 | 384 |
| | ■ ホップバイホップ方式 | 385 |
| | ■ オーバーレイ方式 | 385 |
| A-2-2 | OpenFlowとは | 386 |
| | ■ OpenFlow Switch Specification | 386 |
| A-2-3 | OpenFlowの拡張 | 393 |
| A-2-4 | OpenFlowポート | 393 |
| A-2-5 | OpenFlowチャネル | 394 |
| A-2-6 | OpenFlowメッセージ | 395 |
| | ■ ハンドシェイク | 397 |
| | ■ スイッチの設定変更 | 397 |
| | ■ フローエントリの追加・変更・削除 | 398 |
| | ■ グループエントリの追加・変更・削除 | 398 |
| | ■ パケットイン、パケットアウト | 399 |
| | ■ OpenFlowチャネルの正常性確認 | 400 |
| A-2-7 | OF-CONFIG | 400 |
| A-2-8 | パケットイン、パケットアウト | 402 |
| A-2-9 | ネットワークトポロジーの発見 | 403 |

**A-3 SDNアーキテクチャ** **404**

xvii

目次

**A-4** プログラマビリティ ........................................................ **406**

**A-5** SDNコントローラの実装例 ........................................... **407**

索引 ........................................................................................ 409

第**1**章

# ネットワーク上の
# 通信の基礎

この章では、ネットワーク上の通信の全体像について概観します。通信の主体は主にアプリケーションで、アプリケーション間のデータ転送をさまざまなプロトコルを組み合わせて実現していることが重要なポイントです。

- 1-1 通信プロトコルとネットワークアーキテクチャ
- 1-2 階層の考え方
- 1-3 IPアドレスとポート番号
- 1-4 通信プロトコルの役割
- 1-5 ネットワークの全体構成

第1章　ネットワーク上の通信の基礎

## 1-1

# 通信プロトコルとネットワークアーキテクチャ

コンピュータネットワーク上での通信の基本的な仕組みについて解説します。通信を行うための決まりごとであるプロトコルを複数組み合わせて、ネットワークアーキテクチャによって通信を行います。

### 1-1-1　通信プロトコル

　コンピュータネットワークで通信を行うためには、さまざまな決まりごとが必要です。たとえば、次のようなものです。

- データのフォーマット
- データの表現方法
- 通信相手の識別方法
- 正常時の動作、エラー時の動作

　こうした通信を行ううえでの決まりごとを「通信プロトコル」（または単にプロトコル）と呼びます。通信を行う機器同士は、同じ通信プロトコルに基づいてネットワーク上での通信を行います。

　ネットワーク上の通信ではさまざまな機能が必要です。そうした機能ごとに、複数の通信プロトコルが定義されています*。そして、それらを組み合わせて通信が実現されます。1つの通信プロトコルは、ある機能に特化したものとなっていて、そのおかげで複雑になり過ぎない、機能追加などの拡張も行いやすい、というメリットがあります。

> ＊　通信プロトコルの多くは、IETF（Internet Engineering Task Force）やIEEE（Institute of Electrical and Electronics Engineers）などの組織・団体によって定義されています。そして、それに基づいて、通信のための機器やソフトウェアが作成されています。

### 1-1-2　ネットワークアーキテクチャ

　コンピュータネットワークで通信を行うために必要な一連のプロトコルを組み合わせたものをネットワークアーキテクチャといいます。通信アーキテクチャ、プロトコルスタックとも呼ばれます。ネットワークアーキテクチャでは、「ネットワークの通信に必要な機能」を機能的に意味のあるまとまりに整理して、階層構造化しています。そして、各階層の機能を実現するための通信プロトコルが用意されています。

　代表的なネットワークアーキテクチャとして、TCP/IPがあります。また、「ネットワークの通信に必

2

1-1　通信プロトコルとネットワークアーキテクチャ

要な機能」を考える物差しとして、OSI参照モデルがあります。

## ■ OSI参照モデル

OSI参照モデルは、「ネットワークの通信に必要な機能」を7つの階層で表現したものです。

図1-1に示すように物理層が最も下の階層で、アプリケーション層が最も上の階層です。物理層から順番に、レイヤ1（L1）、レイヤ2（L2）、……と表現することもあります。

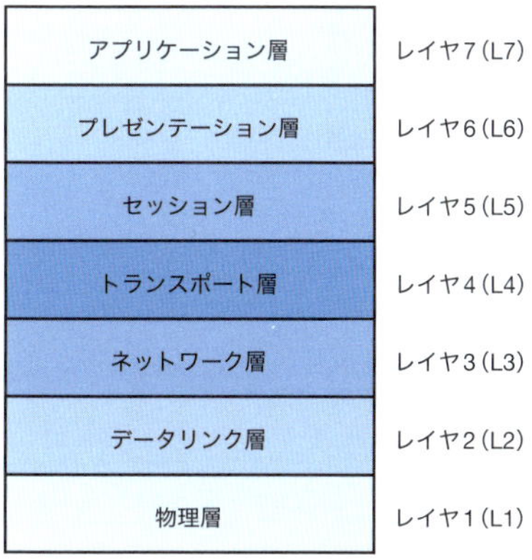

| | |
|---|---|
| アプリケーション層 | レイヤ7（L7） |
| プレゼンテーション層 | レイヤ6（L6） |
| セッション層 | レイヤ5（L5） |
| トランスポート層 | レイヤ4（L4） |
| ネットワーク層 | レイヤ3（L3） |
| データリンク層 | レイヤ2（L2） |
| 物理層 | レイヤ1（L1） |

図1-1　OSI参照モデルの階層構造

OSI参照モデルの階層に基づいたネットワークアーキテクチャとして、OSIプロトコルがあります。しかし、OSIプロトコルは一般には利用されていません。OSI参照モデルの7階層にそれぞれプロトコルの実装を用意していては、煩雑になり過ぎるからです。

現在、OSI参照モデルの7つの階層は、ネットワークアーキテクチャのモデルとしてではなく、ネットワークの機能や機器の特徴を示したり、ネットワークの状態について言及したりするときの物差しとして使われています。たとえば、「レイヤ3スイッチ」や「レイヤ4-7スイッチ」などのネットワーク機器の名称は、OSI参照モデルの階層に基づいています。また、ネットワークの障害発生時に「このトラブルはネットワーク層のトラブルだ」などと言う場合がありますが、これもOSI参照モデルに基づいています。

## ■ TCP/IP

現在、最も広く一般に利用されているネットワークアーキテクチャが、TCP/IPです。「ネットワークの通信に必要な機能」を4つの階層で考えて、各階層の通信プロトコルを組み合わせて通信を行います。OSI参照モデルの7階層に比べると、階層が少ない分、プロトコルの組み合わせもシンプルになります。次ページの図1-2は、OSI参照モデルとTCP/IPの階層構造を対比したものです。図の中では、主なTCP/IPのプロトコルも併せてまとめています。

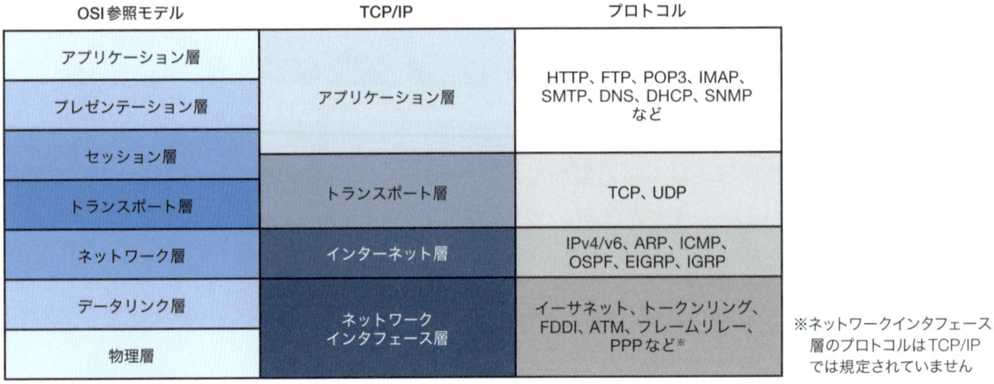

第1章　ネットワーク上の通信の基礎

| OSI参照モデル | TCP/IP | プロトコル |
|---|---|---|
| アプリケーション層 | アプリケーション層 | HTTP、FTP、POP3、IMAP、SMTP、DNS、DHCP、SNMPなど |
| プレゼンテーション層 | | |
| セッション層 | トランスポート層 | TCP、UDP |
| トランスポート層 | | |
| ネットワーク層 | インターネット層 | IPv4/v6、ARP、ICMP、OSPF、EIGRP、IGRP |
| データリンク層 | ネットワークインタフェース層 | イーサネット、トークンリング、FDDI、ATM、フレームリレー、PPPなど※ |
| 物理層 | | |

※ネットワークインタフェース層のプロトコルはTCP/IPでは規定されていません

図1-2　OSI参照モデルとTCP/IP、および主なTCP/IPのプロトコル

## 1-1-3 データの呼び方

　ネットワークを流れるデータの呼び方は、その通信プロトコルがOSI参照モデルのどの階層に位置するかによって異なります。データの呼び方と通信プロトコルの階層の、主な例をまとめたものが**表**1-1です。

表1-1　データの呼び方は通信プロトコルの階層によって異なる

| データの呼び方 | 通信プロトコルの階層 | 主な例 |
|---|---|---|
| メッセージ | 主にアプリケーション層 | HTTPメッセージ |
| セグメント | 主にトランスポート層 | TCPセグメント |
| データグラム | 主にトランスポート層/ネットワーク層 | UDPデータグラム、IPデータグラム |
| パケット | 主にネットワーク層 | IPパケット |
| フレーム | 主にデータリンク層 | イーサネットフレーム |

　このように、データの呼び方を使い分けることで、その通信プロトコルが対象としている階層を明確にすることができます。ただ、こうしたデータの呼び方は、目安として考えてください。ネットワーク層以上のデータ全般をパケットと呼ぶなど、厳密な使い分けがなされていないこともあります。

## 1-2
# 階層の考え方

サーバやPC上のアプリケーション間で、さまざまなデータをやり取りします。アプリケーション層以下の階層の主な役割は、アプリケーションのデータを転送することです。階層ごとにどのような範囲で、どのような方法でデータを転送するかが異なっています。

### 1-2-1 通信の主体はアプリケーション

　ネットワークの通信の仕組みを考えるうえで、まず意識していただきたいのが、通信の主体です。ネットワークの通信は、基本的にアプリケーション間で行います。つまり、通信の主体はアプリケーションです。

　たとえば、手元のPCからインターネットのWebサイトを閲覧する場合、通信は手元のPCとインターネットの向こうにあるWebサーバとの間で行われます。もう少し細かく考えると、PC上のInternet ExplorerやFirefoxなどのWebブラウザと、Webサーバ上のApacheやIIS（Internet Information Services）といったWebサーバアプリケーションとの間で通信を行っています（図1-3）。

図1-3　通信は基本的にアプリケーション間で行う

　電子メールも同様です。電子メールの送受信では、PC上のメールソフトとメールサーバ上のメールサーバアプリケーション間で通信を行っています。

　こうしたアプリケーション間の通信の手順やデータフォーマットなどの決まりごとは、アプリケーション層のプロトコルとして定義されています。Webサイトの閲覧であれば、アプリケーション層のプロトコルとしてHTTP（Hyper Text Transfer Protocol）を利用します。HTTPでは、Webサイトを表現するHTMLファイルをどのような手順でやり取りするかが決められています。電子メールであれば、SMTP（Simple Mail Transfer Protocol）やPOP3（Post Office Protocol version 3）、IMAP（Internet Message Access Protocol）を利用します。

　アプリケーション層の下位に位置するプロトコルの主な役割は、アプリケーション間の通信のデータを転送することです。PCとWebサーバは、たいていの場合、別々のネットワークに接続されてい

ます。その間のネットワークの構成もさまざまです。さらに、1つのPC内で複数のアプリケーションが動作していることもあります。そのような環境の中で、特定のアプリケーション間のデータを正しく送り届けるために、アプリケーション層の下位に位置するトランスポート層、インターネット層、ネットワークインタフェース層のプロトコルが用いられます（図1-4）。

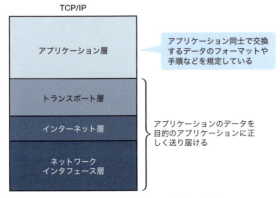

図1-4　アプリケーション層とその下位層の役割

### 1-2-2　階層ごとの通信経路

前述のように、トランスポート層以下の階層の主な役割は、アプリケーション層のプロトコルが扱うデータを正しく送り届けることです。トランスポート層、インターネット層、ネットワークインタフェース層の3つの階層がありますが、データを送り届ける範囲は階層ごとに異なります。

それを確認するために、図1-5のような簡単なネットワーク構成を考えてみます。図に示すとおり、PCやサーバなどをネットワークに接続するには、レイヤ2スイッチを利用します。そして、さまざまなネットワークをルータによって相互接続します。また、ルータによって区切られる範囲を「1つのネットワーク」と考えます。

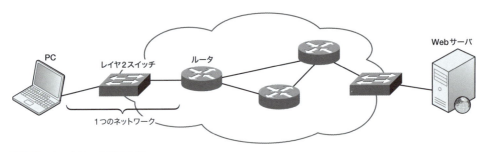

図1-5　ネットワーク構成の例

通信を行うPCとWebサーバの間には複数のルータが存在していて、複数のネットワークがあります。そして、PCとWebサーバは異なるネットワークに接続されています。このような環境で、「1つのネットワーク」内でデータを転送するには、ネットワークインタフェース層のプロトコルを利用します。そして、PCとWebサーバのようにアプリケーションを動作させているコンピュータ間でデータを転送するには、インターネット層のプロトコルを利用します。また、通信するアプリケーション間でデータを転送するには、トランスポート層のプロトコルを利用します（図1-6）。

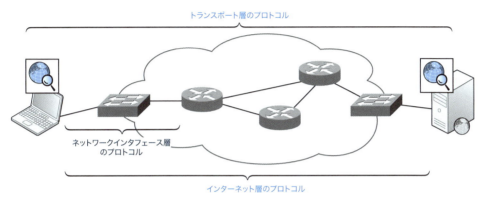

図1-6　各階層のプロトコルがデータを扱う範囲

このようなPCとWebサーバ間のやり取りを別のイメージで表すと、図1-7のようにトランスポート層以下のプロトコルによって階層ごとの通信経路を作成してデータを転送していると考えられます。

図1-7　階層ごとに通信経路を作成しているとみなすこともできる

　PCでWebサイトを閲覧するときには、PCのWebブラウザとWebサーバのWebサーバアプリケーション間で、トランスポート層の通信経路を作成します。トランスポート層の通信経路は、インターネット層の通信経路をベースにしています。また、インターネット層の通信経路は、PCやWebサーバのようなコンピュータ間に作成されます。これはルータによって区切られた、複数のネットワークインタフェース層の通信経路を組み合わせたものになっています。
　階層ごとのプロトコルによって、PC上のWebブラウザとWebサーバ上のWebサーバアプリケー

ションの間でHTMLファイルや画像ファイルを転送し、Webサイトを閲覧できます。

なお、WebブラウザやWebサーバアプリケーションのようなアプリケーションレベルでは、PCとWebサーバ間のネットワーク構成を意識する必要はありません。インターネット接続回線の種類や速度といったネットワーク構成をまったく気にすることなく、透過的にアプリケーション間のデータ転送を行うことが可能です。

以降では、こうした階層ごとの通信経路を作成してデータを転送するプロトコルを総称して、転送プロトコルと呼ぶことにします。TCP/IPの階層ごとの代表的な転送プロトコルは、次のとおりです。

- トランスポート層
  - ▶ TCP
  - ▶ UDP
- インターネット層
  - ▶ IPv4/IPv6
- ネットワークインタフェース層
  - ▶ イーサネット
  - ▶ PPP

転送プロトコルについて、1つ注意点があります。それは、上位層の転送プロトコルは下位層の転送プロトコルをベースにしているという点です。ネットワークの障害などで、下位の転送プロトコルが正常に機能していないと、上位の転送プロトコルも機能しません。ある階層が機能していなければその上位の階層も機能しないという知識は、ネットワーク障害の原因を調査する際にとても重要です。障害の原因を調査するときは、まずはネットワークインタフェース層が正常に機能しているかどうかを調べることから始めます。これにより、問題が上位にあるのか下位にあるのかを切り分けることができます。

## 1-3
# IPアドレスとポート番号

アプリケーション間でデータを転送するには、まずはアプリケーションが動作しているPCやサーバを特定しなければいけません。そのためにIPアドレスを利用します。さらに、1台のコンピュータ上で複数のアプリケーションが動作していることがあるので、ポート番号によってアプリケーションを特定します。

現在のコンピュータネットワークの通信は、ほとんどがTCP/IPを利用します。TCP/IPが規定しているのは、インターネット層以上の階層に含まれているプロトコルです。ネットワークインタフェー

ス層のプロトコルは特に規定していないので、この層にどのようなプロトコルを利用するかは自由です。

インターネット層のプロトコルのうち、最も重要なのがIP（Internet Protocol）です。IPによってエンドツーエンド（ネットワークを介して実際に通信する送信元と最終的な宛先）の通信を実現します。IPによるエンドツーエンドの通信では、通信相手の識別にIPアドレスを利用します。通信が宛先にたどり着いたら、トランスポート層のプロトコルであるTCP（Transmission Control Protocol）またはUDP（User Datagram Protocol）によって、アプリケーションへの通信の振り分けを行います。その際、通信をどのアプリケーションに振り分けるかは、ポート番号で識別します。

このように、IPアドレスとポート番号を組み合わせることで、ネットワーク上のどの端末間の、どのアプリケーション間の通信であるかを特定できます。

ここでは、IPアドレスとポート番号について詳しく解説していきます。

## 1-3-1 IPアドレス

TCP/IPネットワークで通信するPCやサーバ、ルータなどのネットワーク機器を総称して、ホストと呼びます。そして、これらのホストを識別するための32ビットの識別情報がIPアドレスです[*1]。ルータなどのネットワーク機器は、通信用に複数のインタフェース[*2]を持つことがありますが、それぞれのインタフェースにIPアドレスを設定することができます。そして、IPアドレスによってインタフェースを識別します。

図1-8のように、インタフェースにIPアドレスを設定することで、IPによる通信を行うことができます。IPで何らかのデータを転送するときは、IPパケットのヘッダ（データの先頭に付加する制御情報）に宛先/送信元IPアドレスを指定します。そして、ルータはその宛先IPアドレスを参照してルーティング（目的のネットワークへ転送）を行います。

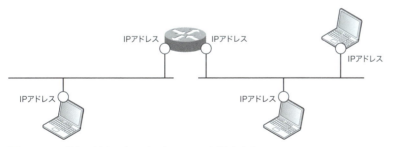

図1-8　IPアドレスはホストのインタフェースに設定する

IPアドレスは32ビットの情報で、「0」「1」のビットが32個並んだものです。しかし、ビットの羅列は人間にとって非常に扱いにくいため、通常はドット付き10進数で表記します。具体的には、32ビットを8ビットずつ10進数に変換して表記します。このとき、8ビットごとの区切りとして「.」（ドット）

を用います。たとえば、「11000000101010000000000100000001」というビットの羅列は「192.168.1.1」となります。10進数の数値はそれぞれ8ビットなので、$2^8$の256通り、0〜255の範囲に収まります。「10.256.1.2」のように255を超える数値を使っているIPアドレスは、正しいIPアドレスではありません。

> *1 本書では、IPアドレスとして32ビットのIPv4アドレスのみを考えます。128ビットのIPv6アドレスについては取り上げません。
> *2 インタフェースとは、接触面などの意味を持つ言葉です。ネットワーク機器のインタフェースと言った場合は、機器と通信回線の接触面ということで、主にポートを指します。物理的なポートばかりでなく論理的なポートもあります。

### ■ IPアドレスの種類

#### 通信の用途による分類

IPアドレスは、通信の用途によって、次の3種類に分類できます。

- ユニキャストアドレス
- ブロードキャストアドレス
- マルチキャストアドレス

ユニキャストは、1対1の通信です。PCやルータなどのインタフェースに設定するIPアドレスは、ユニキャストアドレスです。通信したいホストに設定されているユニキャストアドレスを宛先IPアドレスとして指定することで、1対1の通信を行うことができます（図1-9）。

図1-9 ユニキャストアドレスは1対1の通信で使用する

ブロードキャストとマルチキャストは、1対多の通信です。同じデータを複数のホストに一括して送信するときに、ブロードキャストまたはマルチキャストの通信を行います。ブロードキャストの宛先は、同じネットワーク上のすべてのホストです。そして、マルチキャストの宛先は、同じアプリケーションを動作させているなど、何らかの特徴によってグループ化されたホストです。

宛先IPアドレスとしてブロードキャストアドレスを指定することで、ブロードキャストの通信ができます。同様に、宛先IPアドレスとしてマルチキャストアドレスを指定することで、マルチキャストの通信ができます（図1-10）。PCのLANポートなどのインタフェースにブロードキャストアドレスやマルチキャストアドレスを設定することはできません。また、送信元IPアドレスとしてブロードキャストアドレスやマルチキャストアドレスが指定されることもありません。

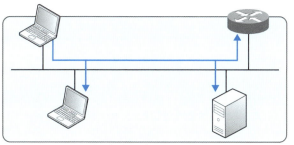

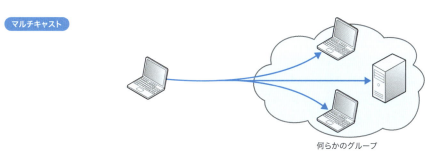

図1-10　ブロードキャストアドレスとマルチキャストアドレスは1対多の通信で使用する

### アドレスの有効範囲による分類

また、IPアドレスは、その有効範囲によって、次の3種類に分類できます。

- グローバルアドレス
- プライベートアドレス
- リンクローカルアドレス

　グローバルアドレスは、インターネット上で重複しない一意のIPアドレスで、インターネット全体で有効です。インターネットで通信するにはグローバルアドレスが必要です。一方、プライベートアドレスは企業LANや家庭内LANなど、他の組織のネットワークと接続しない範囲でのみ有効なIPアドレスです。リンクローカルアドレスは、ルータで区切られる範囲内の同じネットワーク内でのみ有効なIPアドレスです。宛先IPアドレスがリンクローカルアドレスのパケットは、ルータを超えて転送（ルーティング）されることはありません。

### ■ ユニキャストアドレスの構成とアドレスクラス

　通信の用途としては、1対1のユニキャストが最も多く使われます。ホストのインタフェースに設定するIPアドレスもユニキャストアドレスなので、ユニキャストアドレスが最も重要です。
　TCP/IPネットワークは、たくさんのネットワークがルータによって相互接続されて構成されています。ネットワーク上のホストを特定するには、まず、そのホストがどのネットワークに接続されてい

第1章　ネットワーク上の通信の基礎

るかがわからないといけません。そのために、ユニキャストのIPアドレスは次のような構成になっています。

　　　IPアドレス ＝ ネットワークアドレス ＋ ホストアドレス

　32ビットのIPアドレスは、ネットワークアドレスとホストアドレスに分けることができます。前半のネットワークアドレスで、ネットワークを識別します。そして、後半のホストアドレスで、ネットワーク内のどのホスト（インタフェース）であるかを識別します。

　IPアドレスの32ビットのうち、何ビット目までがネットワークアドレスで何ビット目からがホストアドレスであるかは一定ではありません。この部分はIPアドレスを理解するうえでのポイントなので、丁寧に説明していきます。

　ネットワークアドレスとホストアドレスの区切り位置は、当初はアドレスクラスという考え方で固定的に決まっていました。アドレスクラスには、クラスA～Eまでありますが、クラスA～Cがユニキャストアドレスについて規定しています。クラスDは、ユニキャストアドレスではなくマルチキャストアドレスを定義しているクラスです。クラスEは実験用で、PCやルータなどのインタフェースに設定することはありません。

　クラスA～Cによって決まるのは、次の2点です。

- IPアドレスの先頭のビットパターン
- ネットワークアドレスとホストアドレスの区切り位置

　あるIPアドレスがどのクラスのものであるかは、IPアドレスの32ビットの先頭がどのようなビットパターンで始まるかによって識別できます。そして、32ビットのうち、どこまでがネットワークアドレスでどこからがホストアドレスであるかという区切りもクラスによって決まります。

### クラスA

　クラスAの特徴は、次のとおりです。

- 先頭のビットパターン：「0」
- 先頭8ビットの10進表記：1～126
- ネットワークアドレスとホストアドレスの区切り：8ビット目
- ネットワークアドレスの数：126個
- ホストアドレスの数：約1,600万個

　クラスAのIPアドレスは、先頭1ビットが「0」で始まります（**図1-11**）。先頭の8ビット分を10進数で考えると1～126の範囲です*。つまり、1～126の範囲で始まるIPアドレスはクラスAのIPアドレスです。そして、ネットワークアドレスとホストアドレスの区切りは8ビット目です。

　先頭1ビットを除き、ネットワークアドレスとして7ビット分使えるので、クラスAのネットワーク

の数は$2^7-2=126$個です。ここで「-2」としているのは、7ビット分のネットワークアドレスのビットがすべて「0」の場合とすべて「1」の場合を除いているからです。この2つのアドレスは他の用途のために予約されていて、利用できません。

この126個のクラスAのネットワークそれぞれで、$2^{24}-2=16,777,214$個のホストアドレスを利用することができます。

> ＊ 8ビットをすべて「0」とすべて「1」で考えると0〜127の範囲になりますが、ネットワークアドレスのビットがすべて「0」の場合とすべて「1」の場合を除きます。クラスAのネットワークアドレスは8ビットなので、「00000000」と「01111111」を除いた「00000001」〜「01111110」の範囲の8ビットの10進表記は1〜126となります。

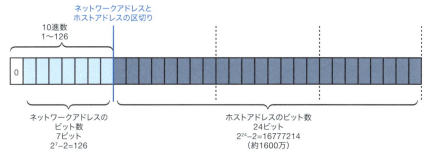

図1-11　クラスAのIPアドレス

### クラスB

クラスBの特徴は、次のとおりです。

- 先頭のビットパターン：「10」
- 先頭8ビットの10進表記：128〜191
- ネットワークアドレスとホストアドレスの区切り：16ビット目
- ネットワークアドレスの数：16,384個
- ホストアドレスの数：65,534個

クラスBのIPアドレスは、先頭2ビットが「10」で始まります（図1-12）。先頭の8ビット分を10進数で考えれば、128〜191です。

ネットワークアドレスとホストアドレスの区切りは16ビット目にあります。したがって、先頭2ビットを除き、ネットワークアドレスとして14ビット、ホストアドレスとして16ビット利用できます。ネットワークアドレスは14ビットなので、$2^{14}-2=16,382$個のクラスBのネットワークがあります。各クラスBのネットワークでは、それぞれ$2^{16}-2=65,534$個のホストアドレスを利用することができます＊。

> ＊ この計算で-2としているのは、やはりビットがすべて「0」と「1」の場合を除くからです。

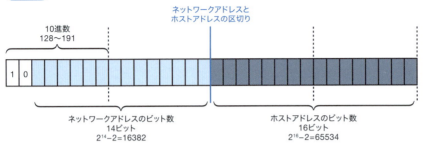

図1-12　クラスBのIPアドレス

## クラスC

クラスCの特徴は、次のとおりです。

- 先頭のビットパターン：「110」
- 先頭8ビットの10進表記：192～223
- ネットワークアドレスとホストアドレスの区切り：24ビット目
- ネットワークアドレスの数：2,097,150個
- ホストアドレスの数：254個

　クラスCのIPアドレスは、先頭3ビットが「110」で始まります（**図1-13**）。先頭の8ビット分を10進数で考えると192～223です。また、ネットワークアドレスとホストアドレスの区切りは24ビット目にあります。先頭3ビットを除き、ネットワークアドレスとして21ビット、ホストアドレスとして8ビット利用できます。

　クラスCのネットワークの数は、$2^{21}-2=2,097,150$個です。クラスCのネットワークそれぞれで、$2^8-2=254$個のホストアドレスを利用することができます[*]。

> [*]　この計算で-2としているのは、やはりビットがすべて「0」と「1」の場合を除くからです。

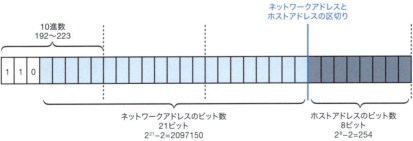

図1-13　クラスCのIPアドレス

表1-2は、クラスA～クラスCのIPアドレスの特徴をまとめたものです。

表1-2 アドレスクラスの特徴

| クラス | A | B | C |
| --- | --- | --- | --- |
| 先頭のビット | 0 | 10 | 110 |
| 先頭8ビットの10進表記 | 1～126 | 128～191 | 192～223 |
| 区切り | 8ビット | 16ビット | 24ビット |
| ネットワーク数 | 126 | 16382 | 2097150 |
| ホスト数 | 16777214 | 65534 | 254 |

こうしたクラスに基づいたアドレスの考え方を、クラスフルアドレスと呼びます。

### ■ クラスレスアドレス

先ほどのクラスフルアドレスは、ネットワークアドレスとホストアドレスの区切りを8ビット単位で考えていました。ただ、これではIPアドレスを割り当てる際に、とても多くのアドレスが無駄になってしまいます。たとえば、クラスAの1つのネットワークでは、1,600万以上のIPアドレスを利用できます。どんなに巨大なグローバル企業であっても、たった1つのネットワークに1,600万以上のホストを接続するようなネットワーク構成は現実的ではないでしょう。クラスAのネットワークでは、使われないIPアドレスが数多く生じてしまいます。

インターネット資源を管理するICANN（Internet Corporation for Assigned Names and Numbers）は、IPアドレスの無駄を少なくするために、現在ではクラスフルアドレスの利用をやめています。クラスの考え方によらないIPアドレスを、クラスレスアドレスと呼びます。クラスレスアドレスでは、ネットワークアドレスとホストアドレスの区切りが必ずしも8ビット単位にはなりません。区切りが12ビットになったり、20ビットになったりと、必要に応じて柔軟にネットワークアドレスとホストアドレスの区切りを決めることができます（図1-14）。

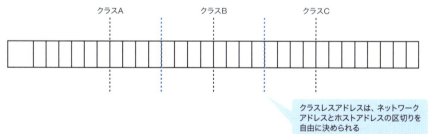

図1-14 クラスレスアドレスではネットワークアドレスとホストアドレスの区切り位置を自由に決められる

クラスレスアドレスは、クラスフルアドレスをベースにして、次の2つの方法で考えます。

- サブネッティング
- 集約

サブネッティングとは、クラスフルアドレスのホストアドレス部分の一部を借りて、ネットワークアドレスとして利用することで、1つのネットワークを複数に分割することです。集約は、複数のクラスフルアドレスのネットワークアドレスのうち、共通する部分を1つのネットワークアドレスにまとめることです。これらを行うために、新たにサブネットマスクという情報を利用します。

### サブネットマスク

クラスフルアドレスでは、あるIPアドレスがどのクラスのものかを判断することで、ネットワークアドレスとホストアドレスの区切り位置がわかりました。たとえば、「10.1.100.1」というIPアドレスは、先頭1バイト（8ビット）が「10」で始まるIPアドレスなので、クラスフルアドレスとして考えればクラスAのアドレスです。そのため、ネットワークアドレスは先頭1バイト目の「10」で、ホストアドレスは2バイト目以降の「1.100.1」であることがわかります。

ところが、クラスレスアドレスとして考えると、ネットワークアドレスとホストアドレスの区切り位置がわかりません。そこで、クラスレスアドレスでは、ネットワークアドレスとホストアドレスの区切りを明示するために、サブネットマスクを使います。

サブネットマスクは、IPアドレスと同じく32ビットのビット列からなっています。ビット「1」がネットワークアドレスを表し、ビット「0」がホストアドレスを表します（**図1-15**）。

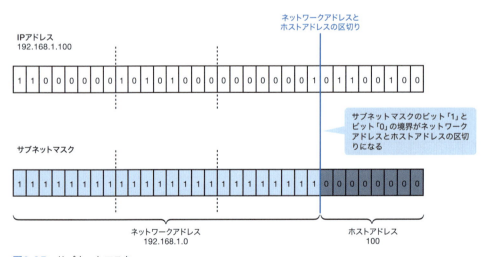

図1-15　サブネットマスク

サブネットマスクも、IPアドレスと同じく8ビットずつ10進数に変換して「.」（ドット）で区切る、ドット付き10進表記を使います。また、他にも、プレフィックス表記というものがあります。サブネットマスクは、必ず先頭からネットワークアドレスを示すビット「1」が連続して、その後にホストアドレスを示すビット「0」が連続します。ビット「1」とビット「0」が交互に現れるようなサブネットマスクはありません。そこで、先頭からビット「1」がいくつ連続しているかでサブネットマスクを表すことができます。プレフィックス表記では、「/」の後に、先頭から連続するビット「1」の数を記述します。図1-16は、サブネットマスクの表記方法をまとめたものです。

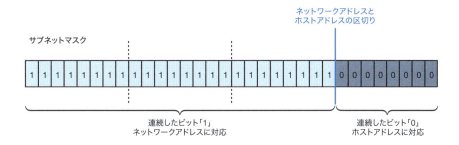

図1-16　サブネットマスクの表記方法

なお、クラスフルアドレスでのネットワークアドレスとホストアドレスの区切りを示すサブネットマスクのことを、ナチュラルマスクと呼びます。ナチュラルマスクをまとめたものが表1-3です。

表1-3　ナチュラルマスク

| クラス | サブネットマスク（ドット付き10進表記） | サブネットマスク（プレフィックス表記） |
| --- | --- | --- |
| A | 255.0.0.0 | /8 |
| B | 255.255.0.0 | /16 |
| C | 255.255.255.0 | /24 |

サブネッティングと集約は、ナチュラルマスクを基準として考えます。クラスのナチュラルマスクの区切り位置を後ろにずらすとサブネッティング、前にずらすと集約を行うことになります。

## ■ サブネッティングの考え方

　ではここで、実際にサブネッティングを行ってみましょう。サブネッティングするには、まず、クラスのナチュラルマスクを考えます。そして、サブネットマスクを後ろにずらすことで、IPアドレスの32ビットのうち、ネットワークアドレスとして利用できるビット数を増やします。その結果、1つのネットワークアドレスを複数のネットワークアドレスに分割することができます。サブネットマスクをnビット後ろにずらすことによって、1つのネットワークアドレスは$2^n$個に分割できます。

　例として、クラスBの172.16.0.0/16というネットワークアドレスをサブネッティングしてみます。今回はサブネットマスクを後ろに8ビットずらして/24とします。この場合、もともと172.16.0.0/16という1つのネットワークアドレスは、172.16.0.0/24～172.16.255.0/24という256（$2^8$）個のネットワークアドレスに分割されることになります（図1-17）。

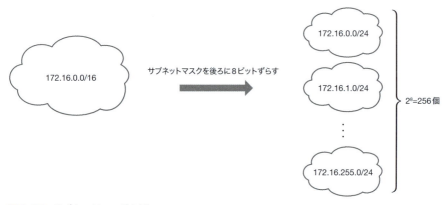

図1-17　サブネッティングの例

## ■ FLSMとVLSM

　1つのネットワークアドレスをサブネッティングして複数に分割するとき、次の2つの手法があります。

- FLSM（Fixed Length Subnet Mask：固定長サブネットマスク）
- VLSM（Variable Length Subnet Mask：可変長サブネットマスク）

　この2つの違いは、分割した後のネットワークアドレスで共通のサブネットマスクを利用しているかどうかです。FLSMではすべてのサブネットで共通のサブネットマスクを利用します。一方、VLSMではサブネットごとに異なるサブネットマスクを利用します。

　次ページの図1-18のシンプルなネットワーク構成で、FLSMとVLSMの違いについて考えます。

　図では、2つの拠点のLANを専用線で接続しているネットワーク構成を想定しています。拠点内には、それぞれ1つずつのネットワークがあります。拠点1のLANにはホストが50台接続されるもの

とします。つまり、IPアドレスは50個必要です。これにはルータのIPアドレスも含んでいるものとします。そして、拠点2のLANにはホストが20台接続されるものとします。こちらもルータのIPアドレスも含んでいるものとします。

図1-18 ネットワーク構成例

### FLSMのサブネッティング

図1-18のネットワーク構成例のIPアドレスを、172.16.0.0/16をサブネッティングしてアドレッシングします。FLSMのサブネッティングを行う例は、表1-4のようになります。

表1-4 FLSMの例

| ネットワーク | 必要なIPアドレス数 | ネットワークアドレス | IPアドレス範囲 |
| --- | --- | --- | --- |
| 拠点1 LAN | 50 | 172.16.1.0/24 | 172.16.1.1～172.16.1.254 |
| 拠点2 LAN | 20 | 172.16.2.0/24 | 172.16.2.1～172.16.2.254 |
| ルータ間（専用線） | 2 | 172.16.0.0/24 | 172.16.0.1～172.16.0.254 |

172.16.0.0/16を3つに分割していますが、そのサブネットマスクをすべて「/24」で共通にしているのがFLSMのサブネッティングです（図1-19）。

図1-19 FLSMの例

FLSMのサブネッティングのメリットはわかりやすいことです。すべて共通のサブネットマスクを利用するので、設定がわかりやすくなります。また、/24などのわかりやすい区切りのサブネットマスクがよく使われます。一方、デメリットはIPアドレスの無駄が多くなることです。特に上記の例では、ルータ間のネットワークでIPアドレスの無駄が多くなります。ルータ間の専用線のネットワークでは

IPアドレスが2つあれば足ります。ところが、/24のサブネットマスクだと254個のIPアドレスが利用できますので、252個のIPアドレスが無駄になってしまいます。

### VLSMのサブネッティング

FLSMでのIPアドレスの無駄が多くなるというデメリットを解消するために、VLSMのサブネッティングを行います。前掲の図1-18のネットワーク構成の場合、拠点1のLANでは50個のIPアドレスが必要です。50個のIPアドレスをまかなうためには、/26のサブネットマスクを利用すればよいです。たとえば、拠点1のLANには172.16.1.0/26のアドレスを割り当てます。具体的なIPアドレスの範囲は、172.16.1.1/26～172.16.1.62/26の62個です。そして、ルータ間は2つのIPアドレスがあれば足ります。2つのIPアドレスをまかなうには/30のサブネットマスクを利用します。また、拠点2のLANでの20個のIPアドレスをまかなうために、/27のサブネットマスクを利用します。このように必要なIPアドレスの数をまかなうためのサブネットマスクを考えていくのがVLSMです。VLSMでのアドレッシングの例は、表1-5のようになります。

表1-5　VLSMの例

| ネットワーク | 必要なIPアドレス数 | ネットワークアドレス | IPアドレス範囲 |
| --- | --- | --- | --- |
| 拠点1 LAN | 50 | 172.16.1.0/26 | 172.16.1.1～172.16.1.62 |
| 拠点2 LAN | 20 | 172.16.2.0/27 | 172.16.2.1～172.16.2.30 |
| ルータ間（専用線） | 2 | 172.16.0.0/30 | 172.16.0.1～172.16.0.2 |

VLSMはIPアドレスの無駄が少なくなる半面、わかりにくいというデメリットがあることに注意が必要です。ネットワークごとにサブネットマスクが変わってしまったり、/26などわかりにくい区切りになってしまいます（図1-20）。

図1-20　VLSMの例

なお、一度サブネッティングしたネットワークアドレスをさらにサブネッティングするのもVLSMです。たとえば、上記の例の172.16.1.0/26は、一度172.16.1.0/24でサブネッティングしたネットワークアドレスをさらに4つに分割しているとみなすこともできます（表1-6）。

1-3 IPアドレスとポート番号

表1-6　サブネッティングしたネットワークアドレスをさらに分割

| サブネットマスク | /24 | /25 | /26 |
|---|---|---|---|
| IPアドレス数 | 254 ($2^8-2$) | 126 ($2^7-2$) | 62 ($2^6-2$) |
| ネットワークアドレス | 172.16.1.0 | 172.16.1.0 | 172.16.1.0 |
| | | | 172.16.1.64 |
| | | 172.16.1.128 | 172.16.1.128 |
| | | | 172.16.1.192 |

　FLSMとVLSMは、どちらかが優れているというわけではありません。メリットとデメリットを考えて、適切なサブネッティングを行うことが重要です。たとえば、企業の社内ネットワークはプライベートアドレスを利用してアドレッシングします。プライベートアドレスは、IPアドレスの無駄が多くても、あまり気にする必要はありません。そこで、わかりやすさを重視してFLSMのサブネッティングを行います。一方、インターネットの通信を行うためのグローバルアドレスは、できる限り無駄を少なくしなければいけません。VLSMによって、IPアドレスを無駄なく利用するようにします。

　以上、サブネッティングについて解説しました。一方、クラスレスアドレスの集約は、ルーティングの動作に深くかかわります。そのため、集約についてはルーティングについて解説する第5章で解説します。

### 1-3-2　ポート番号

　ポート番号とは、PCやサーバ上で稼働しているアプリケーションを識別するための情報です。ポート番号は、TCPまたはUDPのヘッダに記述されます。

　ここまでに何度も説明したとおり、1台のPCや物理サーバでは、さまざまなアプリケーションが動作していて、しばしばそれらを同時に利用しています（図1-21）。

　また、PCや物理サーバ上には、ユーザーが明示的に起動せずともバックグラウンドで動作しているプログラムもあります。たとえば、ファイル共有やプリンタ共有のプログラム、ウイルスチェックを行うためのセキュリティソフトなどです。

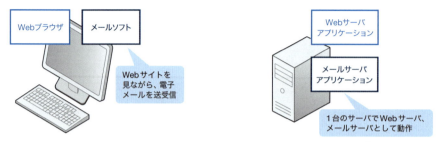

図1-21　1台のPCや物理サーバではいろいろなアプリケーションが動作している[*]

> ＊　実際には、1台の物理サーバはたいてい1つの役割を果たすために設置されます。Webサーバとメールサーバは別々の物理サーバで稼働するケースがほとんどです。ただし、コストなどの理由から1台の物理サーバでWebサーバとメールサーバといった複数の役割を兼ねている場合もあります。

　ネットワーク上で実際にデータを送受信するのは、Webブラウザなどのアプリケーションです。IPアドレスによってPCや物理サーバに転送されてきたデータは、ポート番号によって適切なアプリケーションへと振り分けられます（図1-22）。

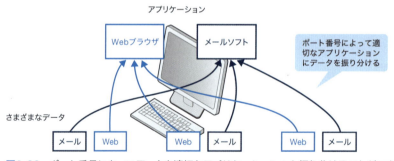

図1-22　ポート番号によってデータを適切なアプリケーションへと振り分けることができる

　ポート番号は、フローを表す表記方法にも利用されます。フローとはアプリケーションの通信における一連のデータのことです。ほとんどの場合において、アプリケーション間の通信が1つのデータだけで完結することはありません。通常は、連続していくつものデータがアプリケーション間で転送されていきます。この際、これらの一連のデータのことをアプリケーションフローまたは単にフローと呼びます。

　図1-23は、WebサーバアプリケーションとWebブラウザ間の通信のフローを表したものです。WebサーバアプリケーションからWebブラウザへ向けて、連続していくつものデータが転送され、そのデータのIPアドレスおよびポート番号にはすべて同じものが指定されています。

　フローは、「IPアドレス：ポート番号」という形で表記します。たとえば「192.168.1.1:50000」のようになります。

## 1-3 IPアドレスとポート番号

図1-23 IPアドレスとポート番号でフローを表す

### ■ ポート番号の範囲

ポート番号は16ビットの情報を10進数で表記します。16ビットなので、10進表記だと$2^{16}$で0～65535の範囲です。この範囲の中で、さらに次の3つの意味に分けられています。

- ウェルノウンポート番号（0～1023）
- 登録済みポート番号（1024～49151）
- ダイナミック/プライベートポート番号（49152～65535）

#### ウェルノウンポート番号

ウェルノウンポート番号[*]は、主にサーバアプリケーションを識別するための番号です。インターネットに関連する番号を管理する組織であるIANA（Internet Assigned Numbers Authority）によって割り当てられています。クライアント（PC）からサーバに接続する際、クライアント側は、サーバアプリケーションに接続するためにポート番号を知っている必要があります。そのため、サーバアプリケーションでは決まったウェルノウンポート番号を利用することで、クライアントからの接続を受けられるようにします。ウェルノウンポート番号の割り当ては、以下のIANAのWebサイトで確認できます。表1-7は主なウェルノウンポート番号の例です。

**URL** Service Name and Transport Protocol Port Number Registry
　　http://www.iana.org/assignments/service-names-port-numbers/service-names-port-numbers.xml

[*] ウェルノウンポート番号は、システムポート番号とも呼びます。ウェルノウン（well known）とは「よく知られた」「既知の」という意味です。

表1-7 主なウェルノウンポート番号

| プロトコル | TCP | UDP |
|---|---|---|
| HTTP | 80 | — |
| HTTPS | 443 | — |
| SMTP | 25 | — |

| プロトコル | TCP | UDP |
|---|---|---|
| DNS | 53 | 53 |
| DHCP | — | 67/68 |
| NTP | — | 123 |

| プロトコル | TCP | UDP |
| --- | --- | --- |
| POP3 | 110 | — |
| IMAP | 143 | — |

| プロトコル | TCP | UDP |
| --- | --- | --- |
| FTP | 20/21 | — |
| TFTP | — | 69 |

　サーバアプリケーションを起動すると、クライアントからの接続をウェルノウンポート番号で待ち受ける状態になります。WebサーバならTCPポート番号80番、DNSサーバならTCP/UDPポート番号53番でクライアントからの接続を待ち受けます。

　クライアントアプリケーションからサーバアプリケーションに通信するときは、ウェルノウンポート番号を宛先ポート番号として指定します（**図1-24**）。ただし、ユーザーがポート番号を明示的に指定する必要はなく、クライアントアプリケーションが自動的にサーバアプリケーション側のウェルノウンポート番号を使用します。

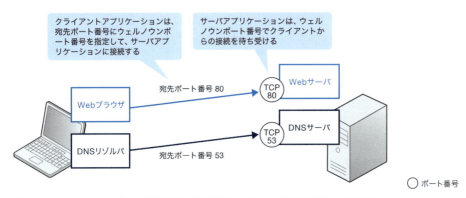

図1-24　ウェルノウンポート番号はサーバアプリケーション宛ての通信で使用する

　なお、サーバアプリケーションのポート番号として、ウェルノウンポート番号以外を利用することも可能です。その場合、サーバアプリケーション側で設定を行い、クライアントアプリケーション側でもそのポート番号をユーザーが明示的に指定しなければいけません。

### 登録済みポート番号

　登録済みポート番号*は、よく利用されるアプリケーション用のポートとしてIANAによって登録されているポート番号の範囲です。登録済みポート番号も、ウェルノウンポートについて記述しているIANAのWebページで確認することができます。

> ＊　登録済みポート番号は、ユーザーポート番号とも呼びます。

　登録済みポート番号の例として、Webプロキシサーバで一般的に利用される8080があります。

### ダイナミック/プライベートポート番号

　ダイナミック/プライベートポート番号は、主にクライアントアプリケーションを識別するためのも

のです。クライアントアプリケーションが通信する際、ダイナミック/プライベートポート番号の範囲から、重複しないようにランダムにポート番号が割り当てられます。クライアントアプリケーションのポート番号は、サーバとは違い、ランダムでかまいません。サーバのように決まったポート番号で接続を待ち受ける必要はないからです。

通常、クライアントアプリケーションがサーバアプリケーションに対して何らかの要求を送信すると、その要求に対する返事が返ってきます。その返事を、ダイナミック/プライベートポート番号によって、クライアントアプリケーションに正しく渡す必要があります。

ポート番号の仕組みがわかると、Webブラウザのウィンドウやタブをいくつ開いても各ウィンドウで混乱せずにWebサイトが表示されるのはなぜかがわかります。これは、1台のPC上で複数のWebブラウザのウィンドウやタブを起動したとき、それぞれのWebブラウザのウィンドウやタブに個別の＊ダイナミック/プライベートポートが割り当てられているからです（図1-25）。

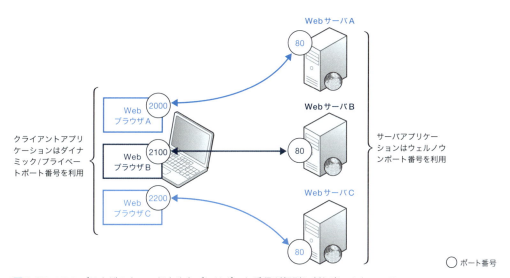

図1-25　Webブラウザのウィンドウやタブにはポート番号が個別に割り当てられている

＊　Webサイトのデータの転送を高速化するために、Webブラウザの1つのウィンドウやタブで複数のポート番号を利用することもあります。

このようなクライアントアプリケーションで利用するポート番号は、OSが自動的に割り当てます。割り当てるタイミングは、アプリケーションで何らかの通信が発生するときです。そして、通信が終了するとポート番号は解放されます。つまり、クライアントアプリケーションのポート番号の割り当ては固定的なものではなく、通信をするときだけ一時的に割り当てて、ポート番号を使い回していることになります。たとえば、いったんWebサイトを表示した後、表示をリフレッシュすると違うポート番号を利用します。

第1章　ネットワーク上の通信の基礎

## 1-4

# 通信プロトコルの役割

アプリケーション間の通信を行うために、たくさんのプロトコルが定義されています。それぞれのプロトコルの役割をしっかりと把握することが、通信の仕組みを理解するためのポイントです。

　TCP/IP の各階層に含まれる通信プロトコルには、数多くの種類があります。それぞれに役割があり、役割に応じて組み合わせて利用します。

　通信プロトコルは、その役割から、次の3つに分類して考えることができます。

- 転送プロトコル
- 制御・管理プロトコル
- アプリケーションプロトコル

ここでは、この3つの通信プロトコルの役割について解説します。

## 1-4-1　転送プロトコル

　転送プロトコルは、その名前のとおり、データを転送するための通信プロトコルです。TCP/IP の階層ごとに通信経路を作成して、データを転送します。どの階層の転送プロトコルであるかによって、データを転送する範囲が異なります。トランスポート層の転送プロトコルは、PCやサーバのようなコンピュータ上で動作するアプリケーション間でデータを転送します。インターネット層の転送プロトコルは、コンピュータ間でデータを転送します。ネットワークインタフェース層の転送プロトコルは、同じネットワーク内でのデータの転送を行います。アプリケーション間で扱うデータは、トランスポート層、インターネット層、ネットワークインタフェース層の転送プロトコルを組み合わせることで、やり取りできるようになります。

　アプリケーションで扱うデータに、各階層の転送プロトコルの制御情報であるヘッダを付加して、ネットワーク上に送信します。これがネットワーク上で転送されていき、最終的に目的のアプリケーションにデータを送り届けることができます。

　図1-26 に、階層ごとの転送プロトコルによるデータ転送の概要を簡単にまとめています。

26

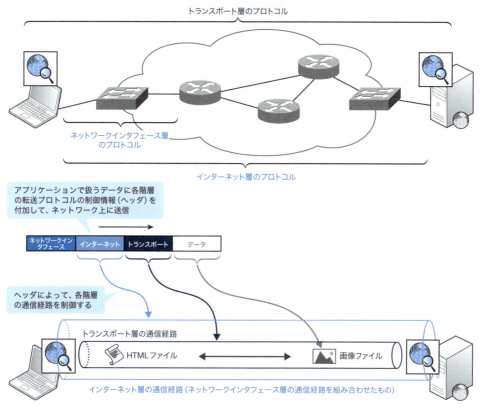

図1-26　階層ごとの転送プロトコルによるデータ転送の概要

　こうした転送プロトコルには、コネクション型プロトコルとコネクションレス型プロトコルの2種類があります。

## ■ コネクション型プロトコル

　コネクション型プロトコルは、データを転送する前に通信経路（コネクション）を確立して、宛先と通信できることをきちんと確認したうえで、データの転送を行います。データを受信すると、受信したことを送信元に通知する確認応答を返します。もしデータの転送がうまくいかなければ、データの再送を行うなどの制御が可能です。そのため、コネクション型プロトコルを利用すれば、信頼性の高いデータ転送が可能になります。その半面、コネクション型プロトコルでは、実際のデータ転送以外にさまざまな制御情報のやり取りが必要です。データ転送以外の制御情報のやり取りのことをオーバーヘッドと呼びます。オーバーヘッドが大きくなるので、データ転送の効率があまりよくありません。

　図1-27は、コネクション型プロトコルによるデータ転送の概要を表したものです。

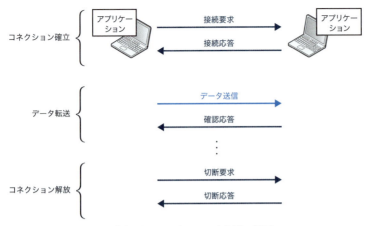

図1-27　コネクション型プロトコルによるデータ転送の概要

　この図で、濃い色の矢印で示しているのがオーバーヘッドです。データ送信の薄い色の矢印に比べて、オーバーヘッドの処理が多くなることがわかります。

　コネクション型プロトコルの代表的な例は、TCP/IPのトランスポート層に位置するTCPです。また、ネットワークインタフェース層のPPP（Point-to-Point Protocol）もコネクション型プロトコルと考えることができます。

### ■ コネクションレス型プロトコル

　コネクションレス型プロトコルは、いきなり宛先にデータを送信します。データを送信する前に通信経路（コネクション）を作成したりはしません。データがネットワーク上を転送されることで、結果的に送信元と宛先との間に通信経路ができることになります。

　コネクションレス型プロトコルは、コネクション型プロトコルに比べると、データ転送に伴うオーバーヘッドが非常に小さくなります。そのため、シンプルで効率的なデータ転送を行うことができます。半面、データ送信前にコネクションの確立を行わないので、必ずしも宛先と通信できるとは限りません。また、データの再送制御などの機能がないことがほとんどです。つまり、データ転送の信頼性はあまり高くありません。

　図1-28は、コネクションレス型プロトコルによるデータ転送の概要を示したものです。

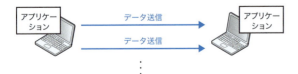

図1-28　コネクションレス型プロトコルによるデータ転送の概要

コネクションレス型プロトコルの代表的な例は、次のとおりです。

- トランスポート層
  - ▶ UDP
- インターネット層
  - ▶ IPv4/IPv6
- ネットワークインタフェース層
  - ▶ イーサネット

### ■ コネクション型プロトコルとコネクションレス型プロトコルの使い分け

コネクション型プロトコルとコネクションレス型プロトコルのメリットとデメリットをまとめたものが**表1-8**です。

表1-8　コネクション型プロトコルとコネクションレス型プロトコルのメリット/デメリット

|  | メリット | デメリット |
|---|---|---|
| コネクション型プロトコル | 信頼性が高いデータ転送が可能 | オーバーヘッドが大きくなり、データ転送の効率が悪い |
| コネクションレス型プロトコル | オーバーヘッドが小さく効率のよいデータ転送ができる | データ転送の信頼性があまり高くない |

上記のメリット/デメリットを考えると、コネクション型プロトコルとコネクションレス型プロトコルのどちらか一方が優れているわけではないことがわかります。アプリケーションによって、そのデータがどのように転送されればよいのかが異なります。信頼性が必要なアプリケーションもあれば、信頼性よりもデータ転送の効率を求めるアプリケーションもあります。たとえば、私たちが普段Webサイトを閲覧するときには、信頼性が重要です。Webサイトのデータはサイズが大きいため、分割されて転送されますが、その一部が失われてしまうと全体を組み立てることができません。確実にデータを届ける必要があります。それに対して、IP電話では、効率が重要です。IP電話の音声データは、一般的には1秒間に50個、20ミリ秒あたりに1つという割合で転送されます。1つずつのデータサイズは小さいので、分割して再構築することもありません。頻繁に小さなサイズのデータを転送できることが必要です。このように、アプリケーションに応じて、コネクション型プロトコルかコネクションレス型プロトコルかが使い分けられます。

### ■ 階層ごとの転送プロトコル

さまざまなアプリケーションの機能を実現するために、アプリケーションプロトコルが規定されています。そのアプリケーションプロトコルが、トランスポート層の転送プロトコルとして、TCPかUDPのいずれかを選択します。TCPはコネクション型プロトコル、UDPはコネクションレス型プロトコルです。TCPを選択すれば、信頼性の高いデータ転送が可能です。UDPを選択すれば、デー

タを効率よく転送することができます。

インターネット層の転送プロトコルには、IPv4かIPv6が使用されます。どちらもコネクションレス型プロトコルです。また、ネットワークインタフェース層の転送プロトコルは、インタフェースの種類によって決まります。たとえば、イーサネットのインタフェースからデータを送信するのであれば、イーサネットが使用されます。ルータなどで専用線のインタフェースからデータを送信するのであれば、PPPが使用されることが多いです。図1-29は転送プロトコルの組み合わせのイメージです。

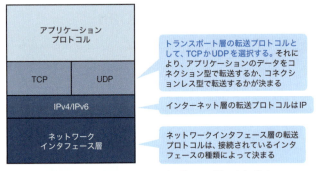

図1-29　階層ごとに転送プロトコルを選択して組み合わせる

## 1-4-2 制御・管理プロトコル

TCP/IPネットワーク上でアプリケーションのデータを送信するには、転送プロトコルだけでは足りません。ここでは、TCP/IPネットワーク上で正常に通信するための準備や制御を行うプロトコルを、制御・管理プロトコルとして考えていきます。

制御・管理プロトコルにはさまざまな機能を持つプロトコルがありますが、ここでは主なものを紹介します。

TCP/IPネットワーク上で通信するためには、次のような前提があります（図1-30）。

- ホストでTCP/IPの設定が正しくされていること
- 宛先ネットワークへのルート上のルータで、ルーティングの設定が正しく完了していること

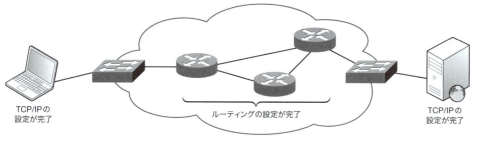

図1-30　TCP/IPネットワークで通信するための前提

上記の前提条件を満たすための制御・管理プロトコルとして、次のものがあります。

- DHCP
- ルーティングプロトコル

また、ネットワークを通じてデータを転送するためには、各種のアドレスが必要です。IPアドレスをはじめ、いろいろなアドレスがあります。プロトコルごとに扱うアドレスが異なりますが、そのアドレス同士を関連付ける必要があります。アドレスの関連付けを行う制御・管理プロトコルとして、次のものがあります。

- DNS
- ARP

以下、それぞれについて説明します。

### ■ DHCP

TCP/IPで通信するためには、当然ながら、IPアドレスをはじめとするTCP/IPの設定が正しく完了していなければいけません。IPアドレスは手動で設定することもできますが、コンピュータに詳しくないユーザーにとってはハードルが高く、設定を間違えるといった問題も起こり得ます。

そこで、TCP/IPの設定を自動的に行うためのプロトコルとして、DHCP（Dynamic Host Configuration Protocol）があります。DHCPを利用すれば、コンピュータをLANに接続するだけでIPアドレスなどのTCP/IP設定情報を自動的に取得することができます（図1-31）。

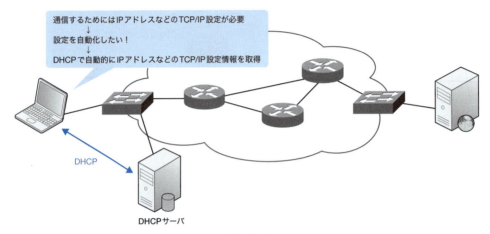

図1-31　DHCPでコンピュータのTCP/IP設定を自動的に行える

■ ルーティングプロトコル

さまざまなTCP/IPネットワークは、ルータによって相互に接続されています。ルータがIPパケットを目的のネットワークに転送する機能がルーティングです。ルーティングを行うには、ネットワーク上のすべてのルータに、ルーティングしたいネットワークの情報を登録しなければいけません。ルーティングプロトコルを利用すると、ルータ同士でさまざまな情報を交換して、ルーティングに必要なネットワークの情報を自動的に登録することができます。

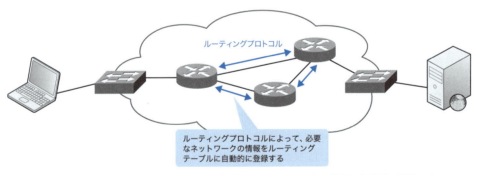

図1-32　ルーティングプロトコルでルーティングに必要なネットワークの情報を自動的に登録できる

■ DNS、ARPによるアドレスの関連付け

通信を行うためには、通信先のアドレスを指定しなければいけません。ここまで述べてきたように、コンピュータネットワークの通信は複数の通信プロトコルで実現します。そして、通信プロトコルごとに扱うアドレスが異なります。

たとえば、Webサイトのアドレスは「http://www.n-study.com/」のようなURIであり、電子メール

のアドレスは「gene@n-study.com」のようなメールアドレスです。また、IP電話では、アドレスとして電話番号を利用します。これらは、アプリケーション層のアプリケーションプロトコルで扱うアドレスです。

また、トランスポート層のTCPやUDPでは、アプリケーションプロトコルを識別するためのアドレスとして、ポート番号を利用します。

インターネット層のIPでは、IPアドレスを利用します。ネットワークインタフェース層は、イーサネットであればMACアドレスを利用します。

これら階層ごとのプロトコルで扱うアドレスは、バラバラに利用するのではなく、相互に関連付ける必要があります。そのためのプロトコルの例がDNSやARPです。

### DNS

DNS（Domain Name System）は、コンピュータのホスト名からIPアドレスを求めるためのプロトコルです。TCP/IPの通信では、必ずIPアドレスを利用します。しかし、IPアドレスは数字の羅列であり、人間にとってわかりやすいものではありません。そこで、人間がコンピュータをわかりやすく識別できるように、名前（ホスト名）を付けることができます。たとえば、Webサイトのアドレスの中の「www.n-study.com」の部分はホスト名です。DNSによって、ホスト名と対応するWebサーバのIPアドレスを関連付けることができます。メールアドレスの場合は、DNSによって@以降のドメイン名（n-study.comなど）から、対応するメールサーバのIPアドレスを関連付けることができます。

DNSでは、DNSサーバにホスト名とIPアドレスの対応を登録します。この情報をリソースレコードと呼びます。ホスト名に対応するIPアドレスを調べたいときは、DNSサーバに対して問い合わせを行います（図1-33）。DNSによって、ホスト名からIPアドレスを求めることを名前解決（Name Resolution）と呼びます。

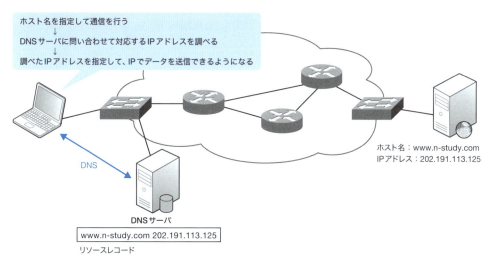

図1-33　DNSでホスト名からIPアドレスを求める（名前解決）

## ARP

　DNSによって目的のIPアドレスがわかれば、IPでデータを送信できるようになります。ただし、実際にデータをネットワーク上に送信するには、ネットワークインタフェース層の転送プロトコルが必要です。そこで、IPアドレスとネットワークインタフェース層の転送プロトコルのアドレスとの対応付けが必要になります。たとえばイーサネットでは、MACアドレス*を利用します。つまり、IPアドレスに対応するMACアドレスを調べなければいけません。そのために利用するのがARP（Address Resolution Protocol）です。

　ARPは、同じネットワーク内にARPリクエストをブロードキャストして、目的のIPアドレスに対応するMACアドレスを問い合わせます。目的のIPアドレスを持つコンピュータがARPリプライを返すことによって、IPアドレスに対するMACアドレスを調べることができます（図1-34）。ARPによって、IPアドレスからMACアドレスを求めることをアドレス解決（Address Resolution）と呼びます。

　　　*　MACアドレスについては2-1-1項で解説します。

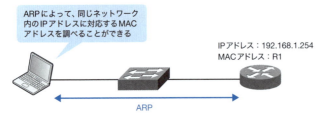

図1-34　ARPでIPアドレスからMACアドレスを求める（アドレス解決）

　なお、TCPやUDPのアドレスに当たるポート番号は、アプリケーションプロトコルによって自動的に決定されるので、関連付けのためのプロトコルは不要です。

　図1-35は、HTTPでWebサイトを閲覧する場合を例に、各階層のアドレスの関連付けをまとめたものです。

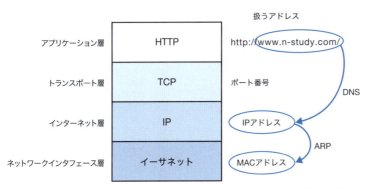

図1-35　HTTPでWebサイトを閲覧する場合の各階層のアドレスの関連付け

## 1-4-3 アプリケーションプロトコル

　ネットワーク上で利用するアプリケーションでのデータのやり取りを規定しているのがアプリケーションプロトコルです。多くのアプリケーションが存在するので、アプリケーションプロトコルにもさまざまなものがあります。よく利用するアプリケーションプロトコルをまとめたものが**表1-9**です。

表1-9　代表的なアプリケーションプロトコル

| プロトコル | 概要 |
| --- | --- |
| HTTP (Hyper Text Transfer Protocol) | WebブラウザでWebサイトを閲覧するときに利用するプロトコルです。WebブラウザとWebサーバ間でHTTPによってHTMLファイルや画像ファイルを転送することでWebサイトを閲覧します。 |
| SMTP (Simple Mail Transfer Protocol) | メールサーバ (SMTPサーバ) 間やメールサーバとメールソフト間で利用するプロトコルです。SMTPによって電子メールの送信を行います。 |
| POP3 (Post Office Protocol version 3) | メールサーバとメールソフト間で利用するプロトコルです。POP3によってメールサーバ内のメールボックスにある自分宛ての電子メールを受信することができます。 |
| FTP (File Transfer Protocol) | FTPサーバとFTPクライアント間で利用するプロトコルです。FTPによってFTPサーバ上のファイルをダウンロードしたり、FTPサーバへファイルをアップロードすることができます。 |

## 1-5 ネットワークの全体構成

通信の主体はPCやサーバなどで動作するアプリケーションですが、PCやサーバが接続されているネットワークがどのような構成になっているかを知ることも重要です。ここではネットワークの全体構成について考えていきましょう。

## 1-5-1 ネットワークの全体構成の概要

　現在、私たちがビジネスやプライベートで利用しているネットワークの全体構成の概要を示したものが次ページの**図1-36**です。

　ネットワークの全体構成は、大きく次の2つに分かれています。

- イントラネット
- インターネット

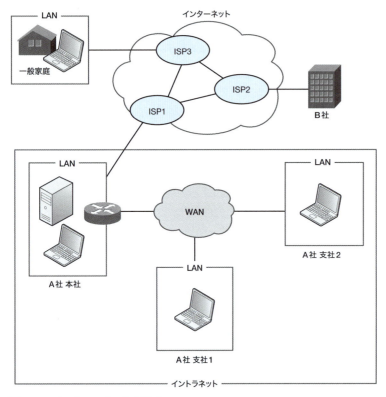

図1-36　ネットワークの全体構成

　イントラネットは、企業や大学など、ある特定の組織のネットワーク全体を指しています。そして、インターネットは世界中のさまざまなネットワークを相互接続しているネットワークです。イントラネットをインターネットに接続することで、他の組織や一般の個人ユーザーとの通信を行うことができます。前述のように、通信の主体はアプリケーションです。イントラネットやインターネットに接続しているPCやサーバ上で稼働しているアプリケーション間で、データを送受信します。それぞれのアプリケーションの機能を利用して、コミュニケーションしたり、業務を処理したり、必要な情報を収集したりします。

　アプリケーションが扱うデータのフォーマットを規定したり、アプリケーションのデータを送受信するためのネットワークアーキテクチャとしては、TCP/IPが主流です。インターネットが普及する以前の企業ネットワークでは、IBM社のSNA（System Network Architecture）などTCP/IP以外のネットワークアーキテクチャが採用されていました。しかし、このような独自のネットワークアーキテクチャに準拠した製品は、それほど大きな量産効果が見込めないので、値段が高くなりがちです。インターネットの普及に伴って、企業内のネットワーク、すなわちイントラネットでもTCP/IPを利用することでコストを抑え、特定のベンダーに依存しないように変わってきました。つまり、インター

ネットおよびイントラネットは、全体としてTCP/IPを利用したネットワークといえます。

以降で、イントラネットおよびインターネットについてもう少し詳しく触れていきます。

## 1-5-2 イントラネットの概要

イントラネットは前述のように企業や大学など、ある組織のネットワークです。イントラネットは、さらに次の2つから構成されます。

- LAN
- WAN

### ■ LAN

LAN（Local Area Network）とは、ある拠点内のネットワークです。LANは、利用するユーザー自らが構築、運用、管理を行うのが特徴です。現在のLANは、主にイーサネット技術を利用していて、レイヤ2スイッチ、レイヤ3スイッチを中心に構築します（図1-37）。利用するユーザー自らがイーサネットに対応したレイヤ2/レイヤ3スイッチなどのネットワーク機器や必要なケーブルを購入して、ネットワークを構築します。こうして構築したLANでの通信では、通信料金はかかりません。いったん構築すれば自由にLANを利用することができます。ただし、正常に通信できるようにLANを管理するのもユーザーの責任です。

また、企業の拠点のネットワークだけでなく、個人ユーザーの家庭内のネットワークもLANの一種です。ユーザー自らがネットワーク機器やケーブルを購入して、家庭内LANを構築します。

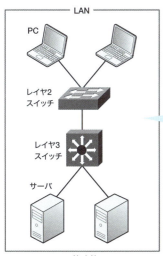

図1-37　LANの概要

### ■ WAN

　小規模な企業で拠点が1箇所しかないならば、LANを構築して1拠点内のみで通信できれば済みます。しかし、複数の拠点が存在する場合は、当然、拠点間の通信も必要です。拠点間の通信を行うには、WAN（Wide Area Network）を利用して拠点同士を相互接続します。

　それでは、WANのネットワークはどうやって構築するのでしょうか。東京と大阪の拠点であれば500km以上離れており、その間をケーブル敷設するなど困難です。もっとも、一般企業であれば、そのようなケーブル敷設は法律上、許されていません。そこで、電気通信事業者がWANを構築し、企業の拠点間を接続するためのさまざまなWANサービスを提供しています。電気通信事業者のことを、通信キャリアやサービスプロバイダと呼ぶこともあります。

　拠点間の接続を行いたい企業は、電気通信事業者が提供するWANサービスの利用契約を行います。現在主流のWANサービスとして、次のサービスがあります。

- 専用線
- IP-VPN
- 広域イーサネット

　WANサービスを利用して拠点間の通信を行うには、通信料金が必要です。料金体系は契約するサービスによって異なります。LANでの通信には通信料金はかかりませんが、WANでの通信には通信料金がかかります。これがLANとWANの大きな違いです。

　図1-38は、WANの概要を表したものです。

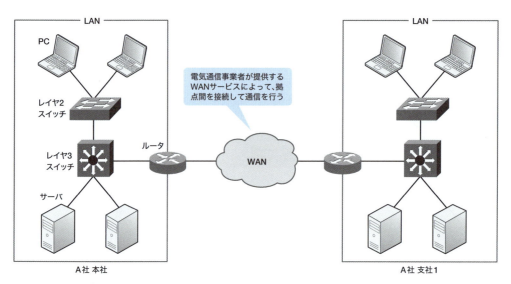

図1-38　WANの概要

WANサービスを利用するにはWANのネットワークに接続しなければなりません。WANのネットワークへ接続するために必要なインタフェースはさまざまですが、多くの場合、ルータを利用してそのインタフェースを用意します。ただ、イーサネットのインタフェースで接続できるWANサービスが増えてきているので、スイッチでWANのネットワークへ接続することもあります。

### 1-5-3 インターネットの概要

現在のコンピュータネットワークの通信は、社内など1つの組織内だけで完結するものではありません。電子メールで他の企業の人と連絡を取ったり、自社の製品やサービスの情報を個人ユーザーに提供したり、オンラインショッピングなど不特定多数の個人ユーザーにサービスを提供するなど、組織内の通信にとどまらないことが多くなっています。他の組織や一般の個人ユーザーとの通信を実現するために、インターネットへ接続します。

インターネットはAS（Autonomous System：自律システム）という構成単位が多数集まって形作られている世界的規模のコンピュータネットワークです。各ASは自分のネットワークには責任を持ちますが、他のASのネットワークには基本的に関与しません。インターネットの構成は、AS同士が接続して、BGP（Border Gateway Protocol）*というルーティングプロトコルによって各ASが管理しているネットワークの情報をやり取りし、パケットをルーティングできるようにしています。インターネット接続サービスを提供するISP（Internet Service Provider）はASの一例です。企業や個人ユーザーがインターネットに接続したい場合は、ISPとインターネット接続契約を結びます。図1-39はインターネットの概要を表したものです。

* BGPについては第9章で詳しく解説します。

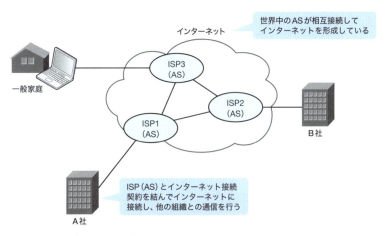

図1-39　インターネットの概要

インターネットとWANの違いがわかりにくいところです。WANとインターネットの最も大きな違いは、管理の主体がどこにあるかという点です。WANのネットワークは、WANサービスを提供する電気通信事業者が構築、運用、管理を行います。基本的にWANのネットワークは、その電気通信事業者の中で閉じたネットワーク（閉域網）となります。一方、インターネットでは全体を一元的に管理する組織はありません。インターネットに接続している個人ユーザーや企業ネットワーク間で自由に通信できるオープンなネットワークです。

ネットワークの品質や信頼性、セキュリティにおいても、WANとインターネットでは大きな違いがあります。WANサービスを提供する電気通信事業者は、WANネットワークを完全にコントロールすることができます。そのため、ユーザーごとの細かな優先制御・帯域保証ができ、ユーザーのデータを盗聴や改ざんの心配なく、安全に転送することが可能です。ところが、インターネットでは、ASが異なれば別の組織が管理しています。自AS以外の範囲ではパケットがどのように転送されるかがわからないため、優先制御や帯域保証を行うことは非常に困難です。こうしたことから、インターネットでのデータ転送は「ベストエフォート（best effort）」という言葉で表現されます。言葉の意味からすればデータを転送するために最大限努力するということですが、実際には「きちんと送信できないかもしれないけど、そのときはごめんなさい」というニュアンスが含まれます。そして、世界中の誰もがインターネットに接続可能なので、悪意のあるユーザーによってデータが盗聴・改ざんされる可能性もあります。図1-40はWANとインターネットの違いをまとめたものです。

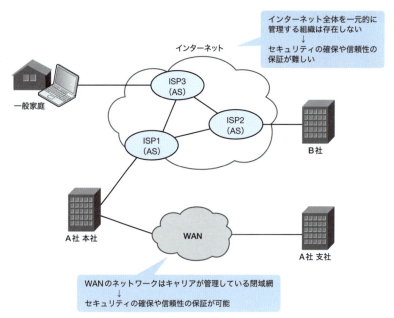

図1-40　WANとインターネットの違い

## 1-5-4 ネットワーク機器の機能

　企業や電気通信事業者のネットワーク、家庭内のネットワークは、さまざまなネットワーク機器によって構成されています。主なネットワーク機器として、次のものが挙げられます。

- レイヤ2スイッチ
- レイヤ3スイッチ
- ルータ

　ただ、これら以外にもたくさんの機器があります。たとえば、次のようなものです。

- ファイアウォール
- VPNゲートウェイ
- IPS（Intrusion Prevention System、侵入防御システム）
- ロードバランサ

　昨今では、こうしたいろいろなネットワーク機器の機能がどんどん統合されています。現在のほとんどのルータにはファイアウォールの機能が備わっていますし、企業向けのルータにはVPNゲートウェイやIPS、ロードバランサなどの機能も統合されています。そして、ネットワーク機器の機能を仮想化するようなNFV（Network Functions Virtualization）も広まりつつあります。

　こうした環境の中でネットワーク機器を理解するポイントは、「ルータ」や「スイッチ」といった種類ではなく「機能」に注目することです。まず、ネットワーク機器の「機能」を把握したうえで、現在よく使われているいろいろなネットワーク機器がどのような「機能」をサポートしていて、どのような用途で利用されるかを考えます。そうすれば、ネットワーク機器、ネットワーク構成の理解を深めることができるでしょう。

　そして、いろいろなネットワーク機器に共通している最も基本的な機能は、「データを転送する」ことです。本書の目的は、データを転送する機能についての詳細な仕組みを解説することです。以降の章で、データを転送する機能として、レイヤ2スイッチングとルーティングについての詳細を解説していきます。

第**2**章

# レイヤ2スイッチ

LANを構築する基本的な機器の1つがレイヤ2スイッチです。レイヤ2スイッチによって、どのようにデータが転送されるかについて解説します。

- 2-1　イーサネット
- 2-2　レイヤ2スイッチング
- 2-3　レイヤ2スイッチのセキュリティ機能

第2章　レイヤ2スイッチ

## 2-1

# イーサネット

現在のLANの主流のプロトコルはイーサネットです。LANを構築するレイヤ2スイッチもイーサネットを利用しています。そこで、まずはイーサネットの仕組みについて解説します。

## 2-1-1　MACアドレス

　通信をするには、通信相手を識別するためのアドレスが必要です。LANでは、MAC（Media Access Control）アドレスによって通信相手を識別します。イーサネットのLANであれば、イーサネットフレームのヘッダに宛先MACアドレスと送信元MACアドレスを指定して、イーサネットフレームを送信します（イーサネットフレームについては次項で説明します）。

　MACアドレスは48ビットのアドレスで、LANに接続するためのインタフェースにあらかじめ割り当てられています。たとえばPCやサーバのNIC（Network Interface Card）は、それぞれのMACアドレスを持っています。数多くのポートを持つレイヤ2スイッチでも、それぞれのポートごとにMACアドレスが割り当てられています。また、有線LANのインタフェースだけでなく、無線LANのインタフェースにもMACアドレスが割り当てられています。MACアドレスは原則として変更することができません。そのため、ハードウェアアドレスや物理アドレスと呼ばれることもあります。MACアドレスを表記するには、48ビットを8ビット（1バイト）ずつ16進数に変換して、「:」（コロン）または「-」（ハイフン）で区切ります\*。たとえば、「00-00-12-34-56-78」や「00:00:12:34:56:78」のようになります。

> ＊　「0000.1234.5678」のように、2バイトずつ16進数に変換して「.」（ピリオド）で区切って表記することもあります。

### ■ MACアドレスの構成

　48ビットのMACアドレスは、上位24ビットと下位24ビットでそれぞれ意味が異なります。上位24ビットは、MACアドレスが焼き付けられているNICを製造しているネットワーク機器ベンダーを識別するためのOUI（Organizationally Unique Identifier）です。OUIは、IEEEによってネットワーク機器ベンダーに割り当てられています\*。ただし、24ビットすべてをOUIとして使っているわけではありません。先頭の8ビットのうち、最下位ビットをI/G（Individual/Group）ビット、その次のビットをU/L（Universal/Local）ビットとして特別な用途に予約しています。そのため、実際にベンダーを識別するために利用するのは22ビットです。

> ＊　IEEEが割り当てているOUIは、次のリンクで確認できます。
> http://standards.ieee.org/develop/regauth/oui/oui.txt

そして、下位24ビットは、ネットワーク機器ベンダーが製造したNICを管理するためのシリアル番号となっています。図2-1にMACアドレスの構成を示します。

図2-1　MACアドレスの構成

OUIはIEEEによって重複しないように管理されていて、シリアル番号は各ベンダーによって重複しないように管理されています。そのため、MACアドレスは原則として世界中で重複することはありません。

### ■ MACアドレスの種類

ここまで、LANのインタフェースに割り当てられているMACアドレスについて解説してきましたが、これは1対1の通信で使うユニキャストのMACアドレスの話です。これ以外にも、複数の宛先にフレームを送信するためのブロードキャストやマルチキャストのMACアドレスがあります。

ブロードキャストで利用するMACアドレスは、48ビットがすべて「1」です。16進数で表記すると「FF-FF-FF-FF-FF-FF」となります。このブロードキャストMACアドレスを宛先MACアドレスに指定してフレームを送信すると、同一ネットワーク上のすべてのコンピュータがフレームを受信します。このようなブロードキャストフレームが届く範囲のことを、ブロードキャストドメインと呼びます。ブロードキャストドメインは、1つのネットワークの範囲でもあります。

マルチキャストで利用するMACアドレスは、I/Gビットが「1」となるMACアドレスです。そのため、48ビットがすべて「1」のブロードキャストMACアドレスは、マルチキャストMACアドレスの一種といえます。IPのレベルでクラスDのマルチキャストアドレス（IPマルチキャストアドレス）を宛先IPアドレスに指定してLANに送信するとき、IPマルチキャストアドレスに対応するマルチキャストMACアドレスが必要になります。

### 2-1-2　イーサネットのフレームフォーマット

イーサネットの規格には数多くの種類がありますが、すべて共通のフレームフォーマットを採用しています。また、そのフレームフォーマットにもいくつかの種類があります。TCP/IPを利用しているときには、図2-2で示すイーサネットver.2*のフレームフォーマットが使われます。

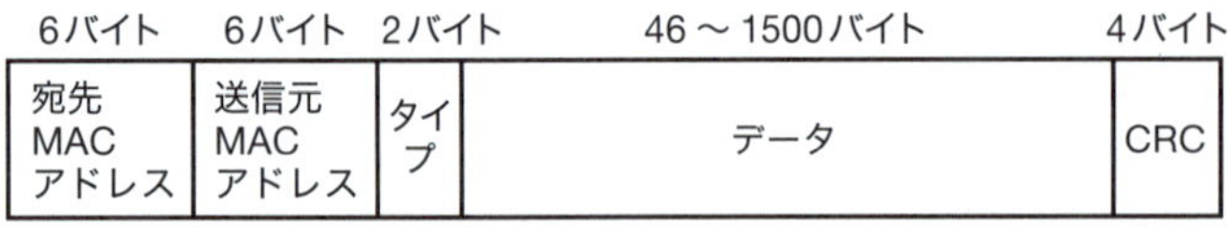

第2章　レイヤ2スイッチ

| 6バイト | 6バイト | 2バイト | 46〜1500バイト | 4バイト |
|---|---|---|---|---|
| 宛先MACアドレス | 送信元MACアドレス | タイプ | データ | CRC |

図2-2　イーサネットのフレームフォーマット

> ＊　イーサネットver.2は、DIX仕様と呼ばれることもあります。

フレームフォーマットの各フィールドについて説明します。

### 「宛先MACアドレス」フィールド

宛先MACアドレスが入ります。イーサネット上でTCP/IPの通信を行うには、ARPによって宛先IPアドレスに対応する宛先MACアドレスの情報を取得（アドレス解決）します。

### 「送信元MACアドレス」フィールド

送信元のMACアドレスが入ります。

### 「タイプ」フィールド

「データ」部分に入る、イーサネットにとっての上位プロトコルが何であるかを識別するための情報です。主な上位プロトコルを示すタイプコードの値は、表2-1のとおりです。

表2-1　主なプロトコルのイーサネットタイプコード

| タイプコード | プロトコル |
|---|---|
| 0x0800 | IPv4 |
| 0x0806 | ARP |
| 0x86DD | IPv6 |

### 「データ」フィールド

イーサネットフレームが運ぶデータ部分です。TCP/IPの通信ではIPパケットがデータ部分に含まれます。データ部分のサイズは46〜1500バイトの範囲です。1つのフレームが運ぶことができる最大値をMTU（Maximum Transmission Unit）といいますが、イーサネットのMTUは1500バイトです。データがMTUのサイズを超える場合は、データを分割する必要があります。

### 「CRC (Cyclic Redundancy Check) 」フィールド

フレームのエラーチェックを行うための情報です。FCS（Frame Check Sequence）ともいいます。

### 2-1-3　CSMA/CD

初期のLANに利用されていたネットワークの規格では、複数のホストで伝送媒体（ケーブル）を共有していました。イーサネットも、10BASE5といった古い規格では、バス型と呼ばれるネットワー

ク構成で、1本のケーブルに各ホストがぶら下がっていました。このような伝送媒体を共有しているネットワークでは、ある瞬間に何らかのデータを送信できるホストは1台のみです。あるホストがデータを送信しているとき、他のホストはデータを送信することができません。伝送媒体を共有している構成で、どのホストがどのようなタイミングで伝送媒体を利用できるかを制御する仕組みを、媒体アクセス制御方式といいます。イーサネットでは、媒体アクセス制御方式として CSMA/CD を採用しています。

CSMA/CDによる媒体アクセス制御は、基本的に早い者勝ちです。CSMA/CDの動作をフローチャートにしたものが図2-3です。

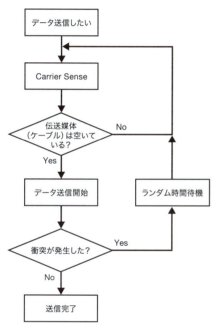

図2-3　CSMA/CDの動作

CSMA/CDの動作は、「CS」「MA」「CD」という具合に、アルファベット2文字ずつ、3つに分けて考えることができます。

データを送信したいホストは、まず「CS (Carrier Sense)」を行って、ケーブル上に他のホストのデータが流れていないか確認します*。他のホストのデータが流れていれば、そのデータが流れなくなるまで待機します。他のホストのデータが流れていなければ、自分がデータを送信することができます。ケーブルが空いていればデータを流せるという、非常に単純な仕組みです。これによって複数のホストが1本の伝送媒体（ケーブル）を共有する「MA (Multiple Access)」を実現しています。しかし、たまたま複数のホストが同時にケーブルが空いていると判断し、同時にデータを送信してしまうことが起こり得ます。その場合、データが伝送媒体上で衝突してしまい、正常に通信することが

できません（図2-4）。そこで、この衝突を検出（「CD（Collision Detection）」）したら、一定時間ジャム信号と呼ばれる信号を送ります。ジャム信号は衝突の検出を確実に行うためのもので、すべてのホストに伝わります。ジャム信号が流れている間、他のホストがデータを送信することはありません。

データの送信元のホストがジャム信号を受け取ると、ランダムな時間だけ待機し、再びCarrier Senseに戻り、フレームを送信できるかどうか判断します。データ衝突時のランダムな待機時間のことをバックオフ時間と呼びます。

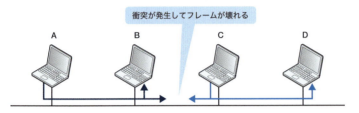

図2-4　伝送媒体を共有するネットワークでは、データの衝突が発生することがある

＊　伝送媒体上を流れる電圧を監視してCarrier SenseやCollision Detectionを行っています。

　伝送媒体を共有するCSMA/CDによる通信では、各ホストは送信と受信のどちらか一方しか行うことができません。このような通信を半二重通信といいます。半二重通信の通信環境では、1台のホストが利用できるネットワークの帯域幅は、規格上の帯域幅をホスト数で割ったものになります。たとえば、100Mbpsの半二重通信のイーサネットのLANに10台のホストが接続されている場合、1台あたり10Mbpsの帯域幅を利用できることになります。ただし、データの衝突が発生する可能性があるため、実効速度は単純に割るよりも低くなってしまいます。

　なお、現在のイーサネット規格のLANでは、各ホストは伝送媒体を共有しておらず、占有して利用することができます。そのため、上記のCSMA/CDを意識する必要はありません。ギガビットイーサネットまでは仕様上、CSMA/CDの動作を行っていますが、Carrier Senseを行うと伝送媒体は必ず空いています。いつでもフレームを送信することができ、データが衝突することはありません。10ギガビットイーサネット以降では、CSMA/CDは仕様から削除されています。

### 2-1-4　イーサネット規格

　イーサネットにはさまざまな規格があり、規格によって伝送速度や利用する伝送媒体が決まります。主なイーサネット規格を表2-2にまとめています。

2-2 レイヤ2スイッチング

表2-2　主なイーサネット規格

| 規格名 | 伝送速度 | 伝送媒体 | 伝送媒体の最大長 |
|---|---|---|---|
| 10BASE5 | 10Mbps | 同軸ケーブル | 500m |
| 10BASE2 | 10Mbps | 同軸ケーブル | 185m |
| 10BASE-T | 10Mbps | カテゴリ3以上のUTPケーブル* | 100m |
| 100BASE-TX | 100Mbps | カテゴリ5以上のUTPケーブル | 100m |
| 100BASE-T4 | 100Mbps | カテゴリ3以上のUTPケーブル | 100m |
| 100BASE-FX | 100Mbps | マルチモード光ファイバ | 400m |
| 1000BASE-CX | 1000Mbps | 同軸ケーブル | 25m |
| 1000BASE-SX | 1000Mbps | マルチモード光ファイバ | 550m |
| 1000BASE-LX | 1000Mbps | マルチモード光ファイバ | 550m |
| | | シングルモード光ファイバ | 5km |
| 1000BASE-T | 1000Mbps | カテゴリ5e以上のUTPケーブル | 100m |
| 10GBASE-T | 10Gbps | カテゴリ6A以上のUTPケーブル | 100m |
| 10GBASE-LX4 | 10Gbps | マルチモード光ファイバ | 240m |
| | | シングルモード光ファイバ | 10km |
| 10GBASE-SR | 10Gbps | マルチモード光ファイバ | 300m |
| 10GBASE-LR | 10Gbps | シングルモード光ファイバ | 10km |
| 10GBASE-ER | 10Gbps | シングルモード光ファイバ | 40km |

＊　UTPはUnshielded Twisted Pair（シールドされていない撚り対線）の略です。

## 2-2
# レイヤ2スイッチング

レイヤ2スイッチは、イーサネットの規格に基づいた、LANを構築するうえでの基本的なネットワーク機器です。レイヤ2スイッチは、PCやサーバなどをLANに接続する入り口に当たり、同一ネットワーク内でイーサネットフレームの転送を行います。ここでは、レイヤ2スイッチがイーサネットフレームを転送する仕組みについて解説します。

### 2-2-1　レイヤ2スイッチの役割

レイヤ2スイッチは、イーサネットの規格に基づいたLANを構築するためのネットワーク機器です。別名として「スイッチングハブ」や、単に「スイッチ」と呼ばれることもあります。

PCやサーバなどのホストをLANに接続するには、それらのNIC（LANポート）とレイヤ2スイッ

49

チのイーサネットインタフェース（LANポート）をLANケーブルで接続します（図2-5）。レイヤ2スイッチにはLANポートが備わっており、数多くのホストを接続することができます。

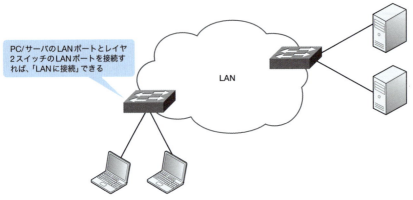

図2-5　レイヤ2スイッチはLANの入り口

　レイヤ2スイッチは、接続したホストから送信されたデータを転送します。レイヤ2スイッチによるデータの転送のことを、レイヤ2スイッチングと呼びます。

### 2-2-2 レイヤ2スイッチのデータ転送範囲

　レイヤ2スイッチをはじめとするさまざまなネットワーク機器は、受け取ったデータを転送します。それぞれのネットワーク機器の仕組みを理解するためには、その機器のデータ転送について、次の2点を把握することがポイントです。

- データを転送する範囲
- 何に基づいてデータを転送するか

　レイヤ2スイッチの場合、データを転送する範囲は「1つのネットワークの中だけ」です。そして、「MACアドレス」に基づいてデータの転送を行います。
　ここでいう「1つのネットワーク」とは、ルータやレイヤ3スイッチで区切られる範囲のことで、1台のレイヤ2スイッチに接続しているホストはすべて1つのネットワークに接続していることになります*。また、複数のレイヤ2スイッチが相互に接続して、それぞれにホストが接続している場合も、すべて1つのネットワークとなります。あくまでも区切りとなるのはルータやレイヤ3スイッチなど、レイヤ3以上を扱うネットワーク機器です。そして、レイヤ2スイッチは、同じネットワーク内のデータ転送を行います。レイヤ2スイッチでは、ネットワークを越えたデータの転送はできません。図2-6にレイヤ2スイッチのデータ転送範囲を示します。

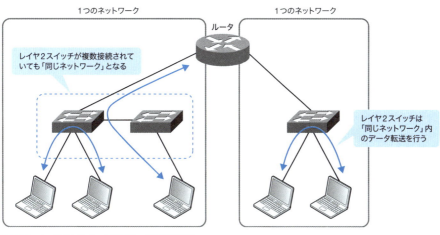

図2-6　レイヤ2スイッチのデータ転送範囲

> ＊　VLAN（Virtual LAN）により、レイヤ2スイッチでネットワークを分割することもできます。VLANを利用すると、同じレイヤ2スイッチに接続しているホスト同士でも、別々のネットワークに接続しているといったことが起こり得ます。その場合も、あくまでもレイヤ2スイッチがデータを転送する範囲は、ネットワークを分割した後の、同じネットワーク内だけです。VLANの詳細は第3章で解説します。

### 2-2-3　レイヤ2スイッチの動作

　レイヤ2スイッチにデータを転送させるために、特別な設定を行う必要はありません。レイヤ2スイッチにホストを接続すればよいだけです。

　PCやサーバなどのホストがイーサネットでデータを送信するときは、p.46「図2-2　イーサネットのフレームフォーマット」にあるように、イーサネットヘッダに宛先ホストのMACアドレスと送信元（自分自身）のMACアドレスを指定します。

　レイヤ2スイッチはデータの宛先MACアドレスを見て、自身のどのポートに転送すればよいかを判断します。ただし、そのためには、レイヤ2スイッチが自身のポートの先にどのMACアドレスを持つホストが接続しているかを知っていなくてはなりません。

　レイヤ2スイッチは、どのポートでデータを受信したか、そして、そのデータの送信元MACアドレスは何かを学習します。学習した内容はMACアドレステーブルに登録します。そして、MACアドレステーブルをデータの転送先の判断に使用します。

　もし、データの宛先MACアドレスがMACアドレステーブルに存在しなければ、すべてのポートへデータを転送します。この動作をフラッディングと呼びます。また、MACアドレステーブルに存在しない宛先MACアドレス宛てのイーサネットフレームのことを、Unknownユニキャストフレームと呼びます。レイヤ2スイッチは、「知らないMACアドレス宛てのデータはとりあえず全員に送る」

第2章　レイヤ2スイッチ

という、ちょっといいかげんなデータの転送を行います。レイヤ2スイッチによるデータの転送は、同じネットワークの中だけなので、フラッディングしたとしても他のネットワークには特に悪影響がありません。

### ■ MACアドレスの学習とデータ転送の例

レイヤ2スイッチの動作の具体例として、次ページの**図2-7**のようなレイヤ2スイッチ2台とPC3台のシンプルなネットワーク構成を考えましょう。なお、A～CはPCの名前としてだけではなく、それぞれのMACアドレスも表しているものとします。このネットワーク構成でAからCへデータを送信すると、次のような流れでMACアドレステーブルへのMACアドレスの登録、データの転送を行います。

❶ AからCへデータの送信*

AからCへ送信されるデータには、宛先MACアドレス「C」、送信元MACアドレス「A」が記載されています。

❷ L2SW1のMACアドレステーブルにMACアドレスを登録

L2SW1はポート1でデータを受信します。そのデータの送信元MACアドレスは「A」です。つまり、ポート1の先にはMACアドレスAが接続されているので、MACアドレステーブルに登録します。

❸ データの転送（フラッディング）

L2SW1はデータの宛先MACアドレス「C」とMACアドレステーブルを見ます。この段階ではまだMACアドレステーブルには「C」が登録されていません。その場合は、とにかく全員に送るためにポート2、ポート3へとデータを転送します。このデータ転送の動作がフラッディングです。

❹ L2SW2のMACアドレステーブルにMACアドレスを登録

今度は、L2SW2のポート3でデータを受信します。データの送信元MACアドレスは「A」なので、L2SW2からすればポート3の先にMACアドレスAが接続されているとして、MACアドレステーブルに登録します。

❺ データの転送（フラッディング）

L2SW2のMACアドレステーブルにもMACアドレス「C」は登録されていません。データはフラッディングされてポート1へと転送され、Cへと届きます。

> ＊ 送信元ホスト（MACアドレス「A」）が、宛先ホストのMACアドレス（今回は「C」）を知るためには、通常、ARPによるアドレス解決が必要です。この例では、話を簡単にするためにARPによるアドレス解決の動作は考慮していません。

52

2-2 レイヤ2スイッチング

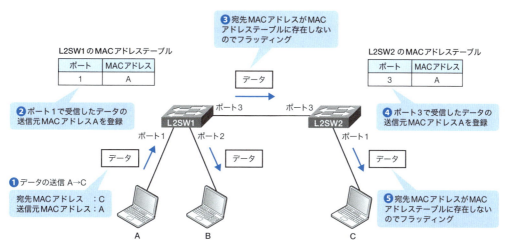

図2-7 レイヤ2スイッチのデータ転送 (A→C)

何かデータを送信すると、たいていその返事が返ってきます。そこで、CからAに返事を返す場合を考えます。

❶ CからAへデータの送信

CからAへ送信されるデータには、宛先MACアドレス「A」、送信元MACアドレス「C」が記載されています。

❷ L2SW2のMACアドレステーブルにMACアドレスを登録

L2SW2はポート1でデータを受信します。そのデータの送信元MACアドレスは「C」です。そこで、L2SW2のポート1の先にMACアドレスCが接続されていることをMACアドレステーブルに登録します。

❸ データの転送

データの宛先MACアドレス「A」とMACアドレステーブルを見ると、MACアドレスAはポート3の先に接続されていることがわかります。そこでL2SW2はポート3へデータを転送します。

❹ L2SW1のMACアドレステーブルにMACアドレスを登録

L2SW1のポート3でデータを受信します。送信元MACアドレスは「C」なので、ポート3の先にMACアドレスCが接続されていることをL2SW1のMACアドレステーブルに登録します。

❺ データの転送

L2SW1のMACアドレステーブルを見ると、宛先MACアドレスであるAはポート1に接続されていることがわかります。L2SW1はポート1にだけデータを転送します。

以上のCからAへのデータ転送の様子を図2-8に示します。

# 第2章 レイヤ2スイッチ

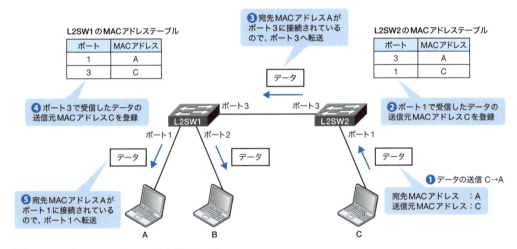

図2-8 レイヤ2スイッチのデータ転送（C→A）

　このようなやり取りを通してレイヤ2スイッチはMACアドレスをMACアドレステーブルに登録し、それに基づいてデータを転送します。この例では、L2SW1とL2SW2の最終的なMACアドレステーブルは**表2-3**、**表2-4**のようになります。

表2-3　L2SW1の最終的なMACアドレステーブル

| ポート | MACアドレス |
| --- | --- |
| 1 | A |
| 2 | B |
| 3 | C |

表2-4　L2SW2の最終的なMACアドレステーブル

| ポート | MACアドレス |
| --- | --- |
| 1 | C |
| 3 | A |
| 3 | B |

## ■ MACアドレステーブルに登録されたMACアドレスの有効期限

　MACアドレステーブルに登録されたMACアドレスの情報は、永続的なものではありません。PCやサーバを接続するポートが変更されることもあるからです。そのため、MACアドレスの情報には有効期限[*]が設けられています。有効期限が経過すると、MACアドレスの情報はMACアドレステーブルから削除されます。有効期限内に再びその送信元MACアドレスを持つデータを受信すると、登録されたMACアドレスの有効期限はリセットされます。また、ケーブルを抜いてポートがダウンす

ると、ダウンしたポートのMACアドレス情報はすぐに削除されます。

> ＊ 多くのレイヤ2スイッチでは、MACアドレステーブルに登録されたMACアドレスの有効期限はデフォルトで300秒に設定されています。

　以上のように、レイヤ2スイッチはMACアドレスを学習して、学習したMACアドレスに基づいてデータを転送します。なお、MACアドレスはOSI参照モデルのデータリンク層のアドレスです。データリンク層、すなわちレイヤ2のアドレスを見てデータを転送するのでレイヤ2スイッチと呼ばれているわけです。

### 2-2-4 共有ハブとレイヤ2スイッチの違い

　レイヤ2スイッチと見た目がよく似ている機器として、共有ハブがあります。共有ハブは、別名「シェアードハブ」「ダムハブ」「リピータハブ」、あるいは単に「ハブ」と呼ばれることもあります。共有ハブは、レイヤ2スイッチと同じようにたくさんのイーサネットポートを備えていて、ホストをLANに接続するためのネットワーク機器です。ただし、その動作はレイヤ2スイッチとはまったく異なります。

　共有ハブは、OSI参照モデルにおける物理層（レイヤ1）での処理を行うネットワーク機器です。共有ハブは、イーサネットポートで電気信号を受信すると、それを増幅して、他のすべてのポートから送信します（図2-9）。ホストから送信されたデータをビットとして認識することなく、物理的な信号としてのみ取り扱います。

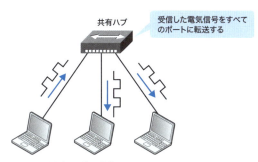

図2-9　共有ハブの動作

　共有ハブで複数のホストを接続している場合、本質的にはバス型のネットワーク構成と同じように1本の伝送媒体に複数のホストがぶら下がっているとみなせます。複数のホストが同時にデータを送信してしまうと、信号の衝突が発生します。そのため、それぞれのホストはCSMA/CDに基づいてデータを送信するタイミングを制御します（図2-10）。

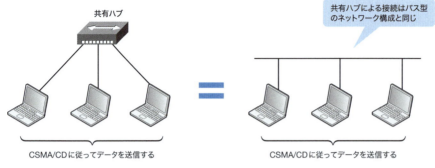

図2-10　共有ハブの接続は、本質的にはバス型のネットワーク構成と同じ

　以上のように、共有ハブとレイヤ2スイッチはまったく動作が異なることをしっかり理解しておいてください。レイヤ2スイッチのことを「スイッチングハブ」とも呼び、単純に「ハブ」と称することもよくあります。一方で、共有ハブのことも単に「ハブ」と称することがあります。「ハブ」と言った場合、それが共有ハブを意味しているのか、スイッチングハブを意味しているのかを明確にしておきましょう。

### 2-2-5　コリジョンドメインとブロードキャストドメイン

#### コリジョンドメイン

　共有ハブやバス型のネットワーク構成では、伝送媒体を共有しているのでデータの衝突（collision）が発生する可能性があります。衝突が発生したときにジャム信号が送られ、データの送信を一定時間停止する範囲のことを、コリジョンドメインと呼びます。共有ハブに接続するホストは、すべて同じコリジョンドメインに所属します。一方、レイヤ2スイッチでは、データの衝突が発生したときのジャム信号を他のポートには送りません。そのため、ポートごとに別々のコリジョンドメインとみなすことができます。レイヤ2スイッチの1つのポートに1台のホストが接続した場合、コリジョンドメイン内には1台のホストだけが所属することになり、ホストは伝送媒体を占有できます。

#### ブロードキャストドメイン

　また、ブロードキャストのデータが転送される範囲のことをブロードキャストドメインと呼びます。レイヤ2スイッチは、ブロードキャストのデータを受け取ると、それをフラッディングします。レイヤ2スイッチが何台も接続されていたとしても、フラッディングによって全体にブロードキャストが行き渡ります。つまり、全体で1つのブロードキャストドメインです。イーサネット上でTCP/IPの通信を行うとき、ブロードキャストドメインは「1つのネットワーク」の範囲に相当します。これは、同じネットワーク内の宛先MACアドレスを解決するARPがブロードキャストを利用しているためです。

図2-11で示すネットワーク構成では、コリジョンドメインは4つ、ブロードキャストドメインは1つあることになります。

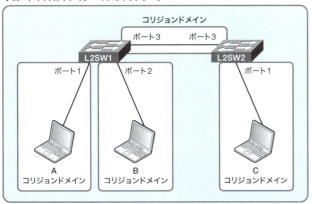

図2-11 コリジョンドメインとブロードキャストドメイン

### 2-2-6 全二重通信

CSMA/CDの項で少し触れましたが、古いイーサネットのLANは、伝送媒体を複数のホストで共有する半二重通信でした（p.48）。しかし、現在はレイヤ2スイッチによって伝送媒体を占有でき、さらにデータの送信と受信が同時に行えるようになっています。データの送信と受信を同時に行える通信方式のことを全二重通信と呼びます。これにより、半二重通信に比べ、データ転送の実効速度が飛躍的に向上します。

全二重通信を実現するには、送信用の伝送媒体と受信用の伝送媒体を用意しておく必要があります。たとえば、イーサネットの接続に利用するUTPケーブルは、8本の銅線が2本1組で4対となっています。100Mbpsのイーサネット規格で最もよく利用されている100BASE-TXでは、そのうちの1対を送信用、1対を受信用とすることで、送信と受信を同時に行う全二重通信を実現します。

また、1Gbpsのイーサネット規格で最もよく利用されている1000BASE-Tでは、ハイブリッド回路を利用します。ハイブリッド回路によって、送信用と受信用の電気信号を論理的に分離して、さらに多重化し、4対の銅線上で伝送することで全二重通信を実現します。

図2-12に100BASE-TXと1000BASE-Tの全二重通信についてまとめています。

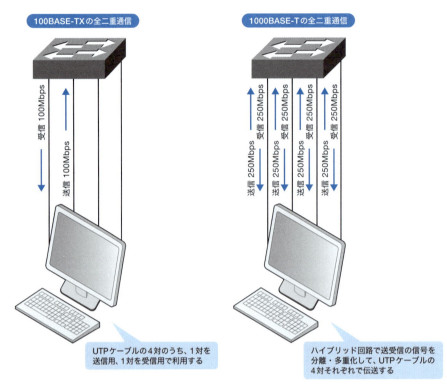

図2-12　全二重通信

### 2-2-7　オートネゴシエーション

　UTPケーブルを利用するイーサネット規格としては、10BASE-T、100BASE-TX、1000BASE-Tなどがあります。これらの規格で、ポート間の通信速度、通信モードを自動的に最適化する機能のことをオートネゴシエーションと呼びます。

　オートネゴシエーション機能に対応したレイヤ2スイッチとホストを接続した場合、それぞれが「FLP（Fast Link Pulse）バースト」と呼ばれるパルス信号を送出します。このFLPバーストのやり取りによって、互いの通信速度とサポートする通信モードを検出し、表2-5の優先順位に従って最上位のものを選択します。

表2-5　オートネゴシエーションの優先順位

| 優先順位 | 通信速度・モード |
| --- | --- |
| 1 | 1000BASE-T 全二重 |
| 2 | 1000BASE-T 半二重 |
| 3 | 100BASE-T2 全二重 |

| 優先順位 | 通信速度・モード |
|---|---|
| 4 | 100BASE-TX 全二重 |
| 5 | 100BASE-TX 半二重 |
| 6 | 100BASE-T2 半二重 |
| 7 | 100BASE-T4 |
| 8 | 10BASE-T 全二重 |
| 9 | 10BASE-T 半二重 |

　現在のレイヤ2スイッチおよびホストのNICは、ほぼ間違いなくオートネゴシエーション機能をサポートしています。そのため、レイヤ2スイッチにホストを接続すれば、自動的に最適な速度と通信モードで通信できます。注意点として、オートネゴシエーションを利用するなら、必ず両方のポートでオートネゴシエーションを有効にする必要があります。オートネゴシエーションを無効化して、速度や通信モードを固定で設定することもできますが、その場合は必ず両方のポートで同じ設定にします。もし、片方のポートを全二重に固定で設定して、もう片方のポートをオートネゴシエーションにすると、対向のポート間でFLPバーストのやり取りがなされません。その結果、オートネゴシエーションを利用しているポートの通信モードがデフォルトの半二重に設定されてしまいます。そして、対向のポート間で半二重/全二重が一致していないと、通信ができたりできなかったりと不安定な状態になります。半二重/全二重通信の設定は、対向のポート間で必ず一致させるようにしてください。

### 2-2-8 レイヤ2スイッチの管理

　レイヤ2スイッチは、「MACアドレスに基づいて同一ネットワーク内でデータを転送する」という基本的な動作だけなら、特別な設定は必要ありません。レイヤ2スイッチの電源を入れて配線すればよいだけです。

　企業向けのレイヤ2スイッチでは、管理目的でIPアドレスなどTCP/IP通信に必要な設定を行うこともあります。レイヤ2スイッチにIPアドレスなどを設定することで、次のような管理が行えます。

- ping/tracerouteによる接続性の確認
- telnet/SSHによるリモートログイン
- HTTP/HTTPSによるリモートログイン
- SNMPによるレイヤ2スイッチの監視

　レイヤ2スイッチのIPアドレスは、ルータのようにイーサネットポートに対して設定するわけではありません[1]。スイッチ内部に管理用の仮想的なホストが存在していて、そのホストに対してIPアドレスを設定するものと考えてください。スイッチ内部にはVLAN[2]も存在しており、ポートとVLANを接続して、さらにVLANと管理用の仮想ホストを接続して、その仮想ホストにIPアドレスを設定

するイメージです（図2-13）。この仮想ホストには、通常のPCやサーバのようにデフォルトゲートウェイの設定も必要です。デフォルトゲートウェイの設定がないと、他のネットワークと通信することができません。

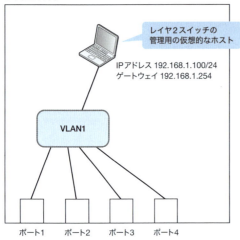

図2-13　レイヤ2スイッチのIPアドレス設定のイメージ

＊1　レイヤ2スイッチの製品によっては、管理用のイーサネットポートを持っているものもあります。管理用のイーサネットポートがある場合は、その管理用のイーサネットポートにIPアドレスを設定することになります。
＊2　VLANについては第3章で解説します。

## 2-3 レイヤ2スイッチのセキュリティ機能

レイヤ2スイッチはLANの入り口に当たります。不正なユーザーのPCがレイヤ2スイッチに接続できてしまうと、LANに不正侵入できることになります。LANを不正侵入から守るためには、レイヤ2スイッチのセキュリティ機能が重要です。

### 2-3-1　LANの入り口で不正な接続を防止する

前述のように、レイヤ2スイッチはLANの入り口です。これは、正規のユーザーにとってだけではなく、不正にLANに侵入しようとする悪意を持つユーザーにとっても同じです。LANへの不正侵入を防止するには、レイヤ2スイッチのセキュリティ機能を利用すると効果的です。

利用可能なセキュリティ機能は製品によって異なりますが、よく利用されるレイヤ2スイッチのセキュリティ機能として、次の2つがあります。

- 認証機能
- パケットフィルタリング

### 2-3-2 レイヤ2スイッチの認証機能

レイヤ2スイッチの認証機能によって、レイヤ2スイッチに接続されているPCやサーバまたはユーザーが正規のものであるか確認することができます。LANへの不正な接続を入り口で防止するという、LANのセキュリティを確保するうえで重要な機能です。認証にどのような情報を利用するかによって、認証機能として次の2つがあります。

- ポートセキュリティ
- IEEE802.1x

#### ポートセキュリティ

ポートセキュリティは、レイヤ2スイッチに接続されるホストのMACアドレスを認証に利用するものです。ポートへの接続を許可するMACアドレスをレイヤ2スイッチにあらかじめ登録しておきます。接続を許可するMACアドレスのことをセキュアMACアドレスと呼びます。ポートセキュリティにより、送信元MACアドレスがセキュアMACアドレスとなっているデータのみを転送します。送信元MACアドレスがセキュアMACアドレス以外のデータは転送せずに破棄します（図2-14）。データの破棄とあわせて、そのポートをシャットダウンして使えなくするように設定することもできます。

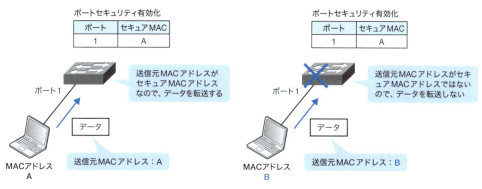

図2-14　ポートセキュリティ

ポートセキュリティは、データの送信元MACアドレスを参照してポートの利用を許可します。そのため、NICを変更したりホスト自体をリプレースしたりしてMACアドレスが変わってしまうと、ポー

トセキュリティによってポートが利用できなくなります。MACアドレスが変わったときは、セキュアMACアドレスの再設定が必要です。

また、ポートセキュリティだけでLANへの不正な接続のすべてを防御できるわけではありません。MACアドレスを偽装することは難しくありません。ポートセキュリティが有効化されていても、何らかの方法でセキュアMACアドレスが漏れてしまうと、セキュアMACアドレスに偽装した不正なホストをレイヤ2スイッチに接続できてしまいます。

### IEEE802.1x

IEEE802.1xは、レイヤ2スイッチに接続するホストの利用ユーザーを認証します。ユーザー名/パスワードによるシンプルなユーザー認証だけではなく、デジタル証明書を利用したより強固な認証を利用することもできます。IEEE802.1xの認証には、次の3つの要素があります（図2-15）。

- サプリカント
- オーセンティケータ
- 認証（RADIUS）サーバ

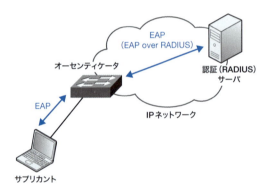

図2-15　IEEE802.1x

サプリカントとは、IEEE802.1xの認証を行うためのクライアントソフトウェアです。現在のWindowsやMac OS、LinuxなどのOSには、サプリカントの機能が備わっています。

オーセンティケータは、IEEE802.1xに対応したスイッチや無線LANアクセスポイントのことで、サプリカントからの認証要求を認証サーバへ中継する役割を持っています。

そして、認証（RADIUS*）サーバによって実際にユーザー認証を行います。

> ＊　RADIUS（Remote Authentication Dial In User Service）は、認証とアカウンティングのためのプロトコルです。

こうした3つの要素間で使われるプロトコルがEAP（Extensible Authentication Protocol）です。EAPはもともとPPPから派生したものです。EAPの方式にはいくつか種類があり、どのような情報

に基づいて認証を行いたいかに応じて、適切なものを選択します。EAP方式のそれぞれについて、認証に利用する情報をまとめたものが表2-6です。

表2-6 EAP方式

| EAP方式 | クライアント認証 | サーバ認証 |
| --- | --- | --- |
| EAP-TLS | デジタル証明書 | デジタル証明書 |
| EAP-TTLS* | ユーザー名/パスワード | デジタル証明書 |
| EAP-PEAP* | ユーザー名/パスワード | デジタル証明書 |
| EAP-FAST | ユーザー名/パスワード | ユーザー名/パスワード |

\* EAP-TTLSとEAP-PEAPは、ともにサーバとクライアント間で安全な通信を行うためのトンネルを形成し、そのトンネル上でクライアントのユーザー情報を用いた認証を行います。EAP-TTLSとEAP-PEAPはトンネルを形成する処理が異なる以外はよく似た仕組みです。

### 2-3-3 レイヤ2スイッチのパケットフィルタリング

　レイヤ2スイッチは、データを転送するときにイーサネットヘッダのMACアドレスをチェックします。企業向けの高機能なレイヤ2スイッチでは、それに加えてIPヘッダやTCP/UDPヘッダなどより上位のプロトコルのヘッダも参照して、不要な通信を拒否するパケットフィルタリングを行うことができます（図2-16）。

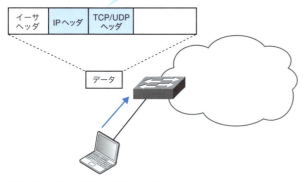

図2-16　パケットフィルタリング

　通常、パケットフィルタリングはルータやレイヤ3スイッチでVLAN間の通信に対して行います。これをLANの入り口であるレイヤ2スイッチで行うことで、不要な通信による帯域消費を最小限に抑えることができます。

第**3**章

# VLAN(Virtual LAN)

企業のLANでは、今では当たり前のようにVLANが利用されています。VLANを効果的に利用するためには、その仕組みを理解しておくことが重要です。

- 3-1 VLANの概要
- 3-2 VLANの仕組み
- 3-3 スイッチポート
- 3-4 VLAN間ルーティング
- 3-5 VLAN内でのアクセス制御

第3章　VLAN (Virtual LAN)

## 3-1

# VLANの概要

同じレイヤ2スイッチに接続されるホストは、基本的に同一ネットワーク扱いです。ところがVLANを利用すると、同じレイヤ2スイッチに接続されていても、異なるネットワークに所属するものとして扱うことができます。つまり、レイヤ2スイッチでネットワークを分割できます。まずはVLANを利用する目的から考えていきましょう。

### 3-1-1　なぜネットワークを分割する必要があるのか

　レイヤ2スイッチでVLAN（Virtual LAN）の設定を行うことで、仮想的にネットワークを分割することができます。本章でその技術の詳細を学んでいきますが、初めに、「なぜネットワークを分割する必要があるのか」について考えます。

　第2章で説明したとおり、レイヤ2スイッチは、同一ネットワーク内でイーサネットフレームを転送するネットワーク機器です。ここでいう同一ネットワークとは、ルータやレイヤ3スイッチで区切られる範囲のことです。レイヤ2スイッチだけでネットワークを構成すると、全体として1つのネットワークになります。この1つのネットワークは、いったいどれくらいまで大きくしてもよいのでしょうか。明確な基準があるわけではありませんが、ここでポイントとなるのがブロードキャストの影響です。1つのネットワークにたくさんのホストが接続されると、ブロードキャストの影響が大きくなります。TCP/IPによる通信ではブロードキャストがとても頻繁に発生するうえ、レイヤ2スイッチはブロードキャストフレームをフラッディングするからです。

　ブロードキャストされる代表的なプロトコルとしてARPがあります。イーサネット上でTCP/IPの通信を行うには、ARPによって宛先IPアドレスに対応する宛先MACアドレスを求める（アドレス解決する）必要があります。宛先IPアドレスは、人間が手動で設定したり、DNSによる名前解決で求めたりすることができますが、宛先MACアドレスはARPを使って求めなくてはなりません。ARPでは、ARPリクエストをブロードキャストして、対象のIPアドレスに対応するMACアドレスを問い合わせます。ARPリクエストはブロードキャストなので、レイヤ2スイッチはフラッディングします。

#### ■ ブロードキャストフレームのフラッディング

　ブロードキャストフレームのフラッディングの例として、ネットワークの中でARPがどのようにやり取りされているのか、図3-1の例で考えてみましょう。

3-1 VLANの概要

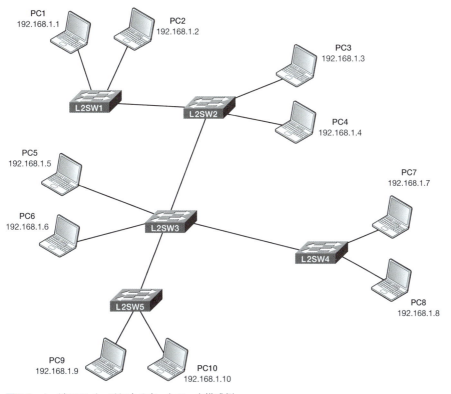

図3-1　レイヤ2スイッチによるネットワーク構成例

　5台のレイヤ2スイッチL2SW1〜L2SW5によってネットワークを構成しています。そして、これらのレイヤ2スイッチにホストとしてPC1〜PC10を接続しています。全体として1つのネットワークなので、ホストのIPアドレスには同じネットワークアドレスとなる192.168.1.1〜192.168.1.10が設定されているとします。

　ここで、PC1から同じL2SW1に接続されているPC2へデータを送信するには、PC2のMACアドレスを知る必要があります。PC2のIPアドレスが192.168.1.2であることはわかっているので、PC1は192.168.1.2へデータを送信しようとします。すると、192.168.1.2に対応するMACアドレスを問い合わせるARPリクエストが自動的に作成され、PC1から送信されます。ARPリクエストはブロードキャストであるため、ネットワーク全体にフラッディングされます。つまり、PC2のMACアドレスを問い合わせるためだけに、ネットワーク全体に負荷がかかることになります。そして、ブロードキャストフレームを受け取った各PCは、自分宛てのものであるかどうかを確認し、自分宛てでなければ破棄します。そのため、問い合わせ対象のPC2以外のPCにも負荷がかかります。

　一つひとつのARPリクエスト自体のデータサイズは大きなものではなく、データを受け取ったPCの処理負荷もそれほどかかりません。しかし、それが積み重なってくると、ネットワークの帯域幅や

67

PCのリソースを無駄に消費してしまいます（**図3-2**）。

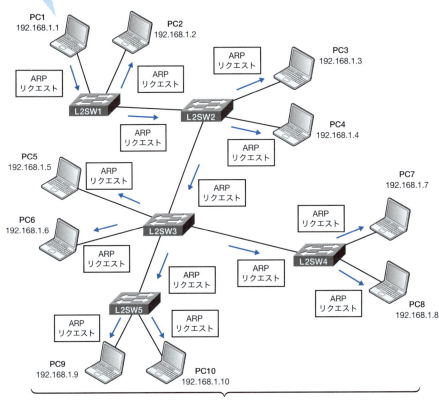

図3-2 ARPリクエストがフラッディングされ、ネットワーク全体に負荷がかかる様子

　ARPリクエスト以外にもDHCPなど、ブロードキャストを利用している通信はたくさんあります。また、ブロードキャスト以外にもマルチキャストやUnknownユニキャストフレーム*もフラッディングされます。以上のように、1つのネットワークをあまり大きくしてしまうと、ブロードキャストフレームなどのフラッディングの影響が問題になります。このような理由から、通信効率が下がり過ぎないようにネットワークを分割する必要があるのです。

> ＊　Unknownユニキャストフレームとは、スイッチのMACアドレステーブルに登録されていない宛先MACアドレスを持つフレームのことです。p.51でも解説しています。

## 3-1-2 ネットワークを分割する方法

### ■ ルータによるネットワークの分割

ネットワークを分割する方法の1つとして、ルータを利用する方法があります（図3-3）。ルータには複数のインタフェースが備わっていて、原則として、インタフェースごとにネットワークを分割できます。さらに、ルータの機能によって、分割したネットワークを相互接続できます。ルータによってネットワークを分割すると、ブロードキャストフレームはルータで遮断されます。つまり、ブロードキャストがフラッディングされる範囲を限定できるようになります。

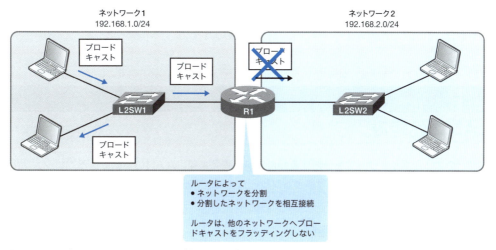

図3-3　ルータによるネットワークの分割と相互接続

### ■ レイヤ2スイッチによるネットワークの分割

ネットワークの分割をルータではなくレイヤ2スイッチで行うための機能がVLANです。VLAN機能は、企業向けのレイヤ2スイッチでは、今や必ずと言ってよいほどサポートされています。VLANによってネットワークをいくつに分割するかは、レイヤ2スイッチの設定次第で自由に決められます*。ルータによるネットワークの分割では、分割できるネットワーク数はルータのインタフェース数に依存しますので、この点が大きく異なります。VLANを利用することで、ネットワーク構成を柔軟に決めることができ、ネットワークの拡張性の向上も期待できます。

　　　　　* 設定できるVLAN数の上限は、レイヤ2スイッチの製品によって異なります。

ただし、注意が必要なのは、レイヤ2スイッチのVLAN機能は「ネットワークを分割するだけ」であることです。VLANによって分割されたネットワークは相互接続されておらず、そのままではネットワーク（VLAN）間の通信ができません。相互接続するにはルータやレイヤ3スイッチなど、レイヤ3以上を扱える機器が必要です。

第3章　VLAN (Virtual LAN)

### 3-1-3 VLANの特徴

ここまでに説明したVLANの特徴を、以下に簡単にまとめておきます。

- VLANとは、レイヤ2スイッチによってネットワークを分割する機能。また、分割したネットワーク自体もVLANと呼ぶ。
- レイヤ2スイッチの設定次第で、どのようにネットワークを分割するかを自由に決められる。そのため、ネットワークの柔軟性や拡張性が向上する。
- VLANによって分割したネットワークは相互接続されていないので、VLAN間の通信ができなくなる。

次節からは、VLANの仕組みについて詳しく解説していきます。

## 3-2
# VLANの仕組み

VLANがどのようにネットワークを分割するかについて考えます。VLANの仕組みはとてもシンプルで、同じVLANのポート間でのみイーサネットフレームを転送するということがポイントです。

### 3-2-1 VLANの基本的な機能

VLANの基本的な機能は極めてシンプルです。通常のレイヤ2スイッチでは、すべてのポート間でイーサネットフレームの転送が可能です。それをVLANによって、「同じVLANに割り当てているポート間でのみイーサネットフレームを転送する」ように制限します。同じVLANのポート間でしかイーサネットフレームを転送しないようにすることで、ブロードキャストドメイン、すなわちネットワークを分割します。

### 3-2-2 VLANの識別

VLANはVLAN番号で識別します。VLAN番号には1〜4094の数値\*を指定できます。そして、TCP/IPのネットワークはネットワークアドレスで識別します。ネットワークを設計・管理するうえでは、VLAN番号とネットワークアドレスをわかりやすく対応させておくことがとても重要です。具体的には、VLAN番号をネットワークアドレスの一部に組み込むことが一般的です。たとえば、VLAN10であれば192.168.10.0/24のネットワークアドレスに対応付けます。IPアドレスで利用する数値の範囲は0〜255なので、その範囲外のVLAN番号はネットワークアドレスに組み込むことができませ

んが、そのような場合でも何らかのルールを決めてVLAN番号とネットワークアドレスをわかりやすく対応させておきます。VLAN番号とネットワークアドレスの対応に一貫したポリシーがないと、わかりにくいネットワーク構成となってしまいます。そして、わかりにくいネットワーク構成はトラブルの元です。

> \* VLAN番号は12ビットで表されます。12ビットなので$2^{12}$=4096個の数値となりますが、0～4095のうち0と4095は予約されていて使用できません。また、製品によっては特定のVLAN番号が予約されていることがあります。例：シスコシステムズ社製品では1002～1005はイーサネット以外のVLAN番号として予約されているので利用できない。

### 3-2-3 VLAN利用時のイーサネットフレームの転送

　レイヤ2スイッチでVLANを利用したとき、イーサネットフレームがどのように転送されるかを見てみましょう。まずは、話をシンプルにするために、1台のスイッチのみの場合で考えます。

　図3-4は、1台のレイヤ2スイッチでVLANを利用している様子を表しています。レイヤ2スイッチでVLAN10とVLAN20を作成し、ポート1とポート2をVLAN10に割り当てています。また、ポート3とポート4をVLAN20に割り当てています。

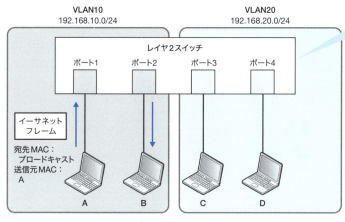

図3-4　VLANを利用している様子

　VLANを設定すると、MACアドレステーブルにはポートとMACアドレスだけではなく、VLANの情報も一緒に登録されます。ここで、PC-Aからブロードキャストフレームが送信されると、レイヤ2スイッチのポート1で受信します。すると、レイヤ2スイッチはイーサネットフレームの転送先を判断するために、MACアドレステーブル上にある、受信ポートと同じVLAN10のMACアドレスを参照します。しかし、MACアドレステーブルにはブロードキャストMACアドレスは登録されていません。そのため、フラッディングが行われることになりますが、転送先ポートは同じVLAN10のポート

のみです。つまり、レイヤ2スイッチは、ポート1で受信したブロードキャストフレームをポート2だけにフラッディングします。

　VLANは、レイヤ2スイッチを仮想的に分割する機能と考えるとわかりやすいでしょう。先ほどの図3-4の例では、VLAN10とVLAN20の2つのVLANを考えています。これは、1台のレイヤ2スイッチを仮想的に2台のスイッチとして扱うということです（図3-5）。スイッチのどのポートをどのVLANに割り当てるかは、設定で自由に決められます。また、各VLANのトラフィックは分離されています。

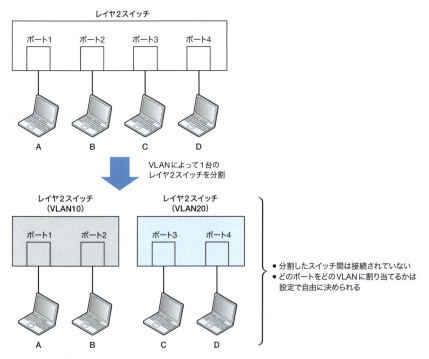

図3-5　VLANによってレイヤ2スイッチを分割するイメージ

## 3-3

# スイッチポート

レイヤ2スイッチのポートは、VLANに対してどのように割り当てるかによって、アクセスポートとトランクポートに分かれます。この2つのポートの特徴について解説します。

### 3-3-1 ポートの種類

VLANの仕組みをより深く理解するためには、レイヤ2スイッチ内部でどのようにVLANとポートが割り当てられているかを意識することが重要です。スイッチ内部でのVLANとポートの割り当て方によって、スイッチのポートは次の2種類に分けられます。

- アクセスポート
- トランクポート

アクセスポートとは、1つのVLANにのみ割り当てられているポートです。割り当てられているVLANのイーサネットフレームのみを扱うことができます。一方、トランクポートとは、複数のVLANに割り当てられているポートです。こちらは複数のVLANのイーサネットフレームを扱うことができます。

アクセスポートとトランクポートをまとめて「スイッチポート」と呼ぶことがあります。特にレイヤ3スイッチについての解説の中で「スイッチポート」という言葉が出てきたときは、レイヤ3のルータポートと対比して、レイヤ2スイッチの機能としてのポートを指していると考えてください。

### 3-3-2 アクセスポート

1つのVLANに割り当てられているポートがアクセスポートです。ここで、レイヤ2スイッチのデフォルトの状態を考えます。

VLANに対応しているレイヤ2スイッチは、デフォルトの状態でもVLANがまったくないわけではありません。特別な設定をしていなくても、レイヤ2スイッチにはデフォルトでVLAN1があり、すべてのポートはVLAN1に割り当てられています。つまり、デフォルトではすべてのポートがアクセスポートです。また、すべてのポートが同じVLANに所属しているので、すべてのポート間でイーサネットフレームの転送ができます。

このデフォルトの状態から、必要に応じてレイヤ2スイッチ内部に新しくVLANを作成します。ただし、作成したばかりのVLANにはポートが割り当てられていない状態です。そこで、作成したVLANにポートを割り当てる設定作業を行わなければいけません（図3-6）。

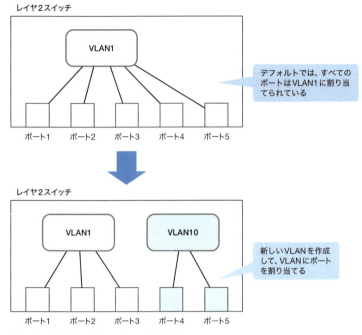

図3-6　VLANの作成とポートの割り当て

### ■ VLANメンバーシップ

ポートをVLANに割り当てること、またはポートに割り当てているVLANのことをVLANメンバーシップと呼びます。VLANメンバーシップの設定方法として、次の2つがあります。

- ポートベースVLAN（スタティックVLAN）
- ダイナミックVLAN

#### ポートベースVLAN

ポートベースVLANは、名前のとおり、レイヤ2スイッチのポートに基づいてVLANの割り当てを行う方法です。たとえば、ポート1～ポート3はVLAN1に割り当て、ポート4～ポート5はVLAN10に割り当て……というように、ポートとVLANの対応をあらかじめ設定しておきます（図3-7）。ポートとVLANの対応が固定されるので、ポートベースVLANはスタティックVLANとも呼ばれます。ポートベースVLANは、わかりやすくシンプルな設定ができます。ただし、ホストを接続するポートを変更すると、それに伴ってポートベースVLANの設定も変更しなければいけなくなります。

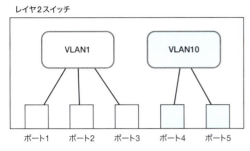

図3-7　ポートベースVLAN

### ダイナミックVLAN

ダイナミックVLANでは、ポートの先に接続されるホストに応じて、ポートに割り当てられるVLANを自動的に決定します。VLANを決定するために使用する情報として、ホストのMACアドレスやIPアドレス、ホストを利用するユーザー名などがあります。図3-8は、ユーザーベースのダイナミックVLANの概要を表しています。レイヤ2スイッチのポート1にPCを接続し、ユーザー名「gene」でログインすると、ポート1はVLAN10に割り当てられます。その後、PCの接続先をポート3に変えたとしても、同じユーザー名「gene」でログインすれば、自動的にポート3がVLAN10に割り当てられます。

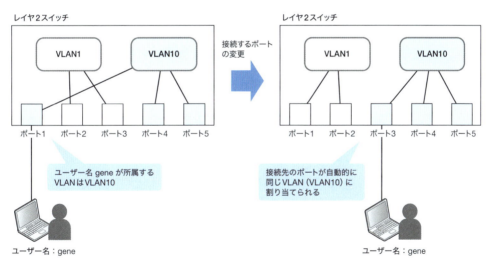

図3-8　ダイナミックVLAN

このように、ダイナミックVLANであれば、ホストを接続するポートを変更したとしても、接続先のポートは自動的に同じVLANに割り当てられます。そのため、ホストが所属するVLANを物理的な接続ポートによらずに制御することが可能です。ただし、ダイナミックVLANを実現するには、別

第3章　VLAN (Virtual LAN)

途、認証サーバを導入する必要があるなど、ポートベースVLANに比べて利用のハードルが高いといえます。また、有線LANの配線は、そう頻繁に変更されるものではありません。そのため、一般的なVLANメンバーシップの設定方法としては、ポートベースVLANを利用することが多いでしょう。**表3-1**にポートベースVLANとダイナミックVLANの違いをまとめています。

表3-1　ポートベースVLANとダイナミックVLANの違い

| | ポートベースVLAN (スタティックVLAN) | ダイナミックVLAN |
|---|---|---|
| 特徴 | ポートとVLANの割り当てを固定的に設定する | ポートに接続されるホストの持つ情報 (ユーザー名など) により、ダイナミックにポートをVLANに割り当てる |
| メリット | わかりやすいシンプルな設定になる | ホストの物理的な配線によらずにVLANに所属させられる |
| デメリット | ホストの接続先のポートを変更すると、設定の変更も必要になる | 追加で認証サーバなどが必要になる |

## 3-3-3　トランクポート

　ここまで、1台のスイッチにおけるVLANの構成について考えてきました。しかし、実際のネットワークは1台のスイッチではなく、複数台のスイッチを利用して構築することが多いでしょう。時にはスイッチをまたがってVLANの構築を行いたい場合もあるでしょう。その場合、スイッチ間で複数のVLANのイーサネットフレームを転送することになります。スイッチをまたいで複数のVLANを構築するときに、スイッチ間の接続をシンプルにするためにトランクポート*を利用します。

> ＊　トランクポートは、ベンダーによっては「タグVLAN」と呼ぶこともあります。

### ■ スイッチをまたいだVLAN構成

　スイッチをまたいだVLAN構成について、具体的に考えてみましょう。話を簡単にするために、2台のレイヤ2スイッチをまたいでVLAN10、VLAN20という2つのVLANを構成する**図3-9**の例を考えます。

　VLANによって、レイヤ2スイッチは同じVLANのポート間でのみイーサネットフレームを転送するようになります。そのため、2台のレイヤ2スイッチでVLAN10を構成するには、レイヤ2スイッチ間をVLAN10に割り当てているポート同士で接続すればよいことになります。

　同様に、2台のレイヤ2スイッチでVLAN20を構成するには、レイヤ2スイッチ間をVLAN20に割り当てているポート同士で接続します。

3-3 スイッチポート

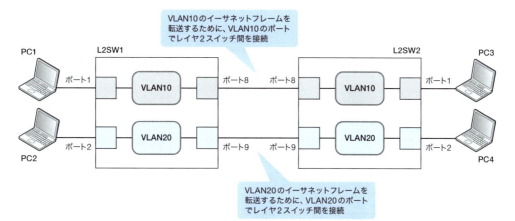

図3-9 VLANごとにスイッチ間を接続して、スイッチをまたいだVLANを構成する

　このようにVLANごとにレイヤ2スイッチ間を接続すれば、スイッチをまたいでVLANを構成できます。しかし、このようなスイッチ間の接続はとても非効率です。VLANが増えたら増えた分だけ、スイッチのポートをたくさん使うことになるからです。また、後からVLANを追加しようとすると、スイッチの設定変更だけでなく、物理的な配線の追加も必要になります。そこで、このような非効率を解消するために、スイッチ間をトランクポートで接続します。

■ トランクポートによるスイッチ間の接続

　レイヤ2スイッチのポートを、アクセスポートではなく、トランクポートとして設定することができます。トランクポートとは、複数のVLANに割り当てられていて、複数のVLANのイーサネットフレームを転送できるポートです。スイッチをまたいで複数のVLANを構成するとき、トランクポートを利用すれば、スイッチ間の接続は1本だけで済みます。そして、トランクポートで送受信するイーサネットフレームには、VLANタグが付加されます。これが仕掛けです。VLANタグによって、スイッチ間で転送されるイーサネットフレームがもともとどのVLANのものなのかを識別できるようにしています。同一VLANのポート間でのみイーサネットフレームを転送するというVLANの基本的な機能は変わりません。レイヤ2スイッチはVLANタグでVLANを識別することで、同一VLANのポート間でのみイーサネットフレームを転送します。

　VLANタグは、IEEE802.1Qで規定されています。トランクポートで扱うイーサネットフレームでは、図3-10のようにヘッダ部分にVLANタグが追加されます。

# 第3章　VLAN (Virtual LAN)

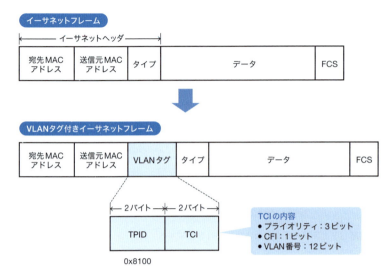

図3-10　IEEE802.1Q VLANタグ

### トランクポートによる接続の具体例

先ほどの**図3-9**のネットワーク構成を少し変更して、次ページの**図3-11**のようにスイッチ間をトランクポートで接続した場合のイーサネットフレームの転送について考えます。トランクポートを利用すれば、L2SW1-L2SW2間は1本のケーブルのみで接続できます。L2SW1、L2SW2のそれぞれで、ポート8をトランクポートとして設定すると、ポート8はVLAN10にもVLAN20にも割り当てられ、どちらのVLANのイーサネットフレームも転送可能となります＊。

> ＊　ポートをトランクポートに設定したときにデフォルトでどのVLANが割り当てられるかは、製品によって異なります。デフォルトですべてのVLANに割り当てるようにしている製品もあれば、トランクポートに割り当てるVLANを明示的に設定しなければいけない製品もあります。

ここで、VLAN10のPC1からPC3へイーサネットフレームを送信すると、まずL2SW1のポート1で受信します。ポート1はVLAN10に割り当てられています。VLAN10で受信したイーサネットフレームは同じVLAN10に割り当てられているトランクポート8に転送されます。そして、ポート8からイーサネットフレームを転送するときには、VLAN10のイーサネットフレームであることを表すVLANタグが付加されます。

続いて、L2SW2のポート8でタグ付きのイーサネットフレームを受信すると、タグからVLAN10のものであることがわかります。そこで、同じVLAN10に割り当てられているL2SW2のポート1へイーサネットフレームを転送します。このとき、VLANタグは除去して元のイーサネットフレームとします。

こうして、2台のレイヤ2スイッチL2SW1とL2SW2をまたいで、同じVLAN10のPC1からPC3へイーサネットフレームを転送することができます。VLAN20のPC2とPC4でも同様です。

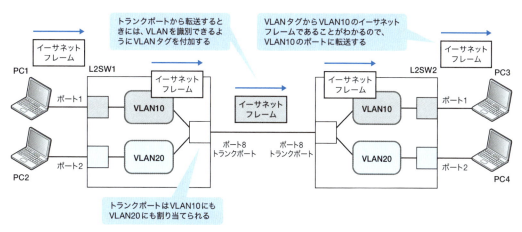

図3-11　L2SW1、L2SW2をまたいだVLAN10のイーサネットフレームの転送

　トランクポートは、「1つのポートをVLANの数だけ分割して割り当てられる機能」と考えるとわかりやすいでしょう。今回、スイッチにはVLAN10とVLAN20の2つが作成されているので、トランクポートであるポート8を2つに分割して割り当てるイメージです。
　VLANによってスイッチを論理的に分割でき、トランクポートによってVLANごとにポートを論理的に分割できます。そのため、図3-11のネットワーク構成は、論理的には図3-12のようなネットワーク構成に置き換えることができます。

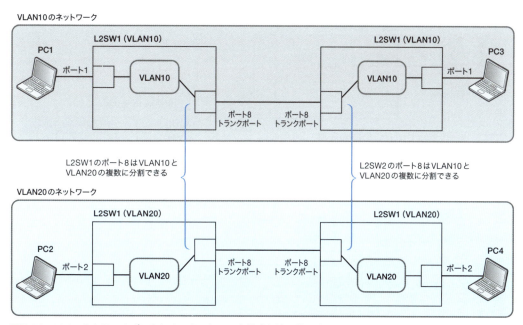

図3-12　VLANとトランクポートによるネットワーク構成を論理的に表したもの

## 第3章　VLAN (Virtual LAN)

### ■ ホストでのトランクポートの利用

　トランクポートは、スイッチ間の接続だけに利用するものではありません。ポート（NIC）がIEEE802.1Qに対応していれば、PCやサーバなどのホストでもトランクポートを利用できます。現在の一般的なNICは、ほとんどがIEEE802.1Qに対応しています。

　ホストでもトランクポートの考え方は同じです。物理的には1つのNICを、論理的にはVLANの数だけ複数に分割できます。分割した論理的なNICには、それぞれ別のIPアドレスを設定して、VLANに接続することができます。図3-13は、サーバでトランクポートを利用している例です。

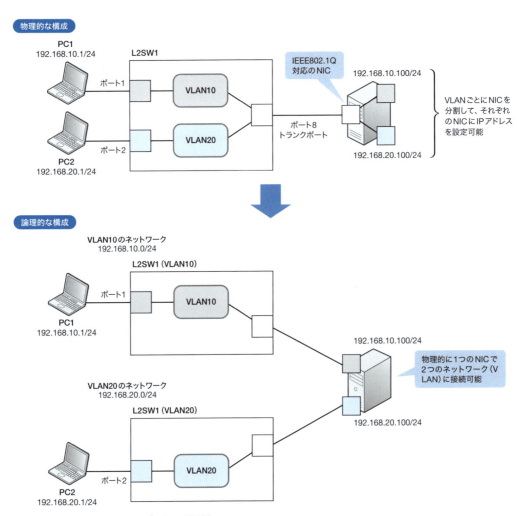

図3-13　サーバでのトランクポートの利用例

図3-13の上部では、L2SW1のトランクポート（ポート8）とサーバを物理的に接続した様子を示しています。サーバのNICがIEEE802.1Qに対応していれば、VLANごとにNICを論理的に分割できます。L2SW1でVLAN10とVLAN20の2つのVLANを作成しているので、サーバでもVLAN10のNICとVLAN20のNICの2つに論理的に分割します*。そして、それぞれのNICにIPアドレスを設定できます。図では、VLAN10は192.168.10.0/24のネットワークなので、VLAN10のNICには192.168.10.100/24のIPアドレスを設定しています。また、VLAN20は192.168.20.0/24のネットワークなので、VLAN20のNICには192.168.20.100/24のIPアドレスを設定しています。これで、物理的には1つのNICを持つサーバが、VLAN10とVLAN20の2つのネットワークに接続できます。

> ＊　このようなVLANごとのNICの分割は、OS標準の設定ではなく、NICの管理ツールで行わなければいけないことがあります。

### 3-3-4 アクセスポートとトランクポートによるスイッチ間の接続

ここでVLANの仕組みをあらためて振り返っておきましょう。レイヤ2スイッチでVLANを作成すると、同じVLANのポート間でのみイーサネットフレームを転送します。そして、スイッチ内部でどのようにVLANとポートを割り当てているかによって、レイヤ2スイッチのポートはアクセスポートとトランクポートに分かれます。アクセスポートは1つのVLANのみに割り当てられているポートです。一方、トランクポートは複数のVLANに割り当てられているポートです。トランクポートで扱うイーサネットフレームには、VLANを識別するためのVLANタグが付加されます。

以上の仕組みをより深く確認するために、図3-14のネットワーク構成を考えます。

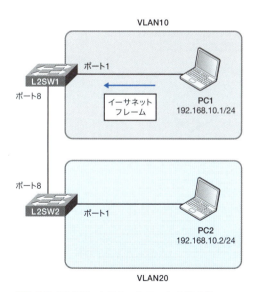

図3-14　VLANによるネットワークの構成例

## 第3章　VLAN (Virtual LAN)

　PC1とPC2には、同じネットワーク192.168.10.0/24のIPアドレスが設定されています。しかし、それぞれのPCが接続されるレイヤ2スイッチのポートに割り当てているVLANが異なっています。PC1が接続されているL2SW1のポート1はVLAN10のアクセスポートです。そして、PC2が接続されているL2SW2のポート1はVLAN20のアクセスポートです。このような構成のPC1とPC2間で通信できるようにするためには、L2SW1-L2SW2間をどのように接続すればよいかを考えます。

### ■ スイッチ間をトランクポートで接続した場合

　L2SW1-L2SW2間をトランクポートで接続した場合、PC1-PC2間では通信できません。PC1から送信されたイーサネットフレームは、L2SW1のポート1で受信します。L2SW1のポート1はVLAN10のポートです。L2SW1のポート8をトランクポートにしていれば、ポート8から転送できます。その際にはVLAN10のVLANタグが付加されます。

　L2SW2は、VLAN10のVLANタグが付加されたイーサネットフレームを受信すると、VLAN10のポートに転送します。しかし、PC2が接続されているL2SW2のポート1はVLAN20のアクセスポートなので、VLAN10のイーサネットフレームを転送できません（図3-15）。

　以上のように、スイッチ間をトランクポートで接続した場合、スイッチ間で送受信されるイーサネットフレームには、もともとどのVLANのものであるかの情報が保持されていることになります。

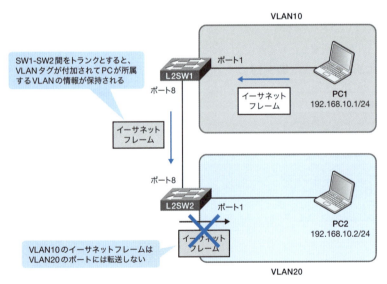

図3-15　スイッチ間をトランクポートで接続した場合

### ■ スイッチ間をアクセスポートで接続した場合

　前掲の図3-14の構成で、PC1-PC2間で通信できるようにするためには、L2SW1-L2SW2間をアクセスポートで接続します。ただし、L2SW1のポート8はVLAN10のアクセスポートにして、L2SW2

のポート8はVLAN20のアクセスポートにする、といったように対向のポートで異なるVLANを割り当てます（図3-16）。

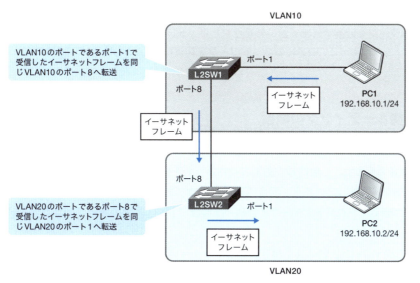

図3-16　スイッチ間をアクセスポートで接続した場合

　この場合、PC1から送信されたイーサネットフレームは、L2SW1のポート1で受信します。L2SW1のポート1はVLAN10のアクセスポートなので、同じVLAN10のアクセスポートであるポート8からイーサネットフレームを転送できます。アクセスポートなので、イーサネットフレームにはVLANタグは付加されません。つまり、PC1が所属しているVLANがVLAN10であることはイーサネットフレームを見ただけではわかりません。

　L2SW1のポート8から転送されたイーサネットフレームは、L2SW2のポート8で受信します。L2SW2のポート8はVLAN20のアクセスポートなので、同じVLAN20のアクセスポートであるポート1からイーサネットフレームを転送できます。

　こうして、PC1から送信されたイーサネットフレームはPC2まで転送できることになります。PC2から送信されたイーサネットフレームも同様です[*]。

　　　　　　　　　　[*]　ただし、実際にこのようなネットワークを構成することは推奨できません。あくまでもVLANの仕組みを解説するためのものと捉えてください。VLANとネットワークアドレスは原則として1対1で対応付けます。図のように複数のVLANを1つのネットワークに対応付けることは避けてください。同じネットワークアドレスのホストが接続されるスイッチのポートは、同じVLANに割り当てるべきです。

第3章　VLAN (Virtual LAN)

## 3-4

# VLAN間ルーティング

VLANによってネットワークを分割できますが、分割されたネットワーク間での通信ができなくなります。VLAN間ルーティングによって、VLANのネットワークを相互接続し、VLAN間の通信ができるようにします。

### 3-4-1　VLAN間ルーティングの概要

　3-1-2項で述べたとおり、レイヤ2スイッチでVLAN機能を利用すれば、ネットワークをどのように分割するかは自由に決められます。一般的に、企業の社内ネットワークであれば、部署ごとにネットワークを分割することが多いでしょう。ただ、異なるVLAN間は、そのままでは通信ができなくなってしまいます。VLANで部署ごとにネットワークを分割した場合でも、部署間の通信ができないと困ります。

　VLAN間の通信を実現するには、VLANを相互接続しなければいけません。VLANを相互接続してVLAN間の通信ができるようにすることを「VLAN間ルーティング」と呼びます。

　VLAN間ルーティングを実現するには、ルータやレイヤ3スイッチなどレイヤ3以上を扱えるネットワーク機器が必要です。次ページの図3-17は、VLAN間ルーティングの概要を表したものです。

　この図では、社内ネットワークをレイヤ2スイッチで3つのVLANに分割して、部署ごとに割り当てることを想定しています。レイヤ2スイッチのVLAN機能によって分割されたネットワークは相互接続されていません。そこで、ルータまたはレイヤ3スイッチによってVLANを相互接続します。これにより、ルータまたはレイヤ3スイッチを経由してVLAN間の通信が行えるようになります[*]。

> ＊　VLAN間の通信を行うためには、ルータやレイヤ3スイッチでのルーティングの設定、および
> ホストのTCP/IP設定が正しく行われていることが前提です。

　以降では、まず、ルータによるVLAN間ルーティングの仕組みについて解説します。その後、レイヤ3スイッチのVLAN間ルーティングの仕組みを解説します。近年では、ルータよりもレイヤ3スイッチを利用したVLAN間ルーティングを行うことが多くなっています。

3-4 VLAN間ルーティング

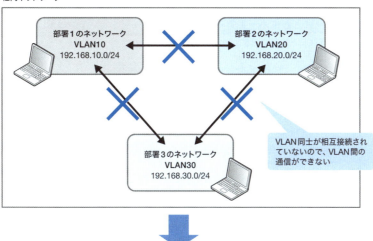

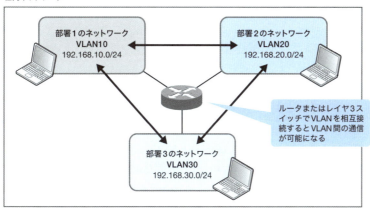

図3-17　VLAN間ルーティングの概要

## 3-4-2　ルータによるVLAN間ルーティング

　ルータは、ネットワークを相互接続して、ネットワーク間の通信を行うためのネットワーク機器です。そのため、ルータを使えばVLANによって分割されたネットワークを相互接続できます。レイヤ2スイッチのVLANをルータで相互接続するには、まずはルータとレイヤ2スイッチ間を物理的に接続しなければいけません。ルータとレイヤ2スイッチ間の物理的な接続として、次の2通りが考えられます。

- ルータとレイヤ2スイッチ間をVLANごとのアクセスリンクで接続
- ルータとレイヤ2スイッチ間をトランクリンクで接続

85

## ■ VLANごとのアクセスリンクで接続する場合

　ルータは、自身の持つインタフェースごとにネットワークを接続します。そして、1つのVLANは1つのネットワークです。そのため、VLANごとのアクセスリンクで接続する場合、ルータとレイヤ2スイッチ間の物理的な接続はVLANの数だけ必要です。これは、スイッチをまたがったVLANを構成するときと同様です。たとえば、レイヤ2スイッチで2つのVLANを作成しているのであれば、ルータとレイヤ2スイッチ間を2本の物理的なケーブルで接続します*。VLANが3つなら、ルータとレイヤ2スイッチ間を3本のケーブルで接続します。

> ＊　ネットワークの構成要素（ノード）間の接続のことを「リンク」ともいいます

　さて、物理的に接続しただけでは、ルータでVLANを接続したことにはなりません。レイヤ2スイッチ、ルータそれぞれに適切な設定が必要です。レイヤ2スイッチ側のポートは、接続したいVLANのアクセスポートとして設定します。ルータ側のインタフェース（ポート）には、接続するVLANに対応付けているネットワークのIPアドレスを設定します。「第5章 IPルーティング」で詳しく解説しますが、ルータのインタフェースにIPアドレスを設定することで、ルータはネットワークを接続します。

　次ページの図3-18は、レイヤ2スイッチのVLAN10とVLAN20という2つのVLANをルータで相互接続している例です。

　レイヤ2スイッチのポート5とルータのインタフェース（ポート）1を物理的に接続しています。この配線はVLAN10を接続するためのものです。レイヤ2スイッチでは、ポート5をVLAN10のアクセスポートとして設定し、ルータのインタフェース1にはVLAN10に対応付けている192.168.10.0/24内のIPアドレス192.168.10.254/24を設定しています。また、VLAN10にはPC1やPC2が接続されています。これらのPCにもVLAN10に対応付けている192.168.10.0/24内のIPアドレスを設定します。さらに、デフォルトゲートウェイとしてVLAN10のルータのIPアドレス192.168.10.254を設定します。

　レイヤ2スイッチのポート6とルータのインタフェース（ポート）2の接続は、VLAN20のための物理的な接続です。レイヤ2スイッチのポート6をVLAN20のアクセスポートとして設定し、ルータのインタフェース2にはVLAN20に対応付けている192.168.20.0/24内のIPアドレス192.168.20.254/24を設定しています。VLAN20内のPC3とPC4にも、VLAN20に対応付けている192.168.20.0/24内のIPアドレスとデフォルトゲートウェイ192.168.20.254を設定します。

　以上のように、VLANごとにルータとレイヤ2スイッチを物理的に接続したうえで適切な設定を行うと、VLANを相互接続できます。しかし、このようなルータとレイヤ2スイッチ間の接続構成は、拡張性に乏しいという問題があります。VLANが多ければ多いほど、ルータとレイヤ2スイッチ間の接続もたくさん必要です。また、後からVLANを追加した場合、配線の追加も必要になります。

3-4 VLAN間ルーティング

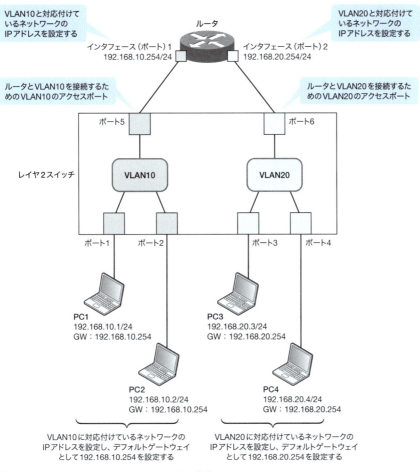

図3-18　VLANごとのアクセスリンクによる接続

## ■ トランクリンクで接続する場合

　ルータとレイヤ2スイッチ間を物理的に1本のケーブルだけで接続する構成も可能です。その1本の物理的な接続をトランクリンクとします。そのために、レイヤ2スイッチ側のポートをトランクポートとして設定します。トランクポートに設定するということは、VLANごとにポートを論理的に分割できるということです。レイヤ2スイッチにVLANが2つあれば、トランクポートは論理的に2つに分割されることになります。

　ルータ側の設定はどうでしょうか。ルータは原則として、1つのインタフェースで1つのネットワークを接続します。そこで、ルータ側でも物理的に1つのインタフェースを論理的に複数に分割します。ただし、ルータ側では、「トランクポート」ではなく「サブインタフェース」という呼び名になるので注意してください。呼び名は違いますが、サブインタフェースはトランクポートに相当します。サブ

87

インタフェースによって、ルータの物理的なイーサネットインタフェースをVLANごとに論理的に分割して扱うことができます。

図3-19は、ルータとレイヤ2スイッチ間をトランクリンクに設定して、レイヤ2スイッチのVLAN10とVLAN20という2つのVLANをルータで相互接続している例です。

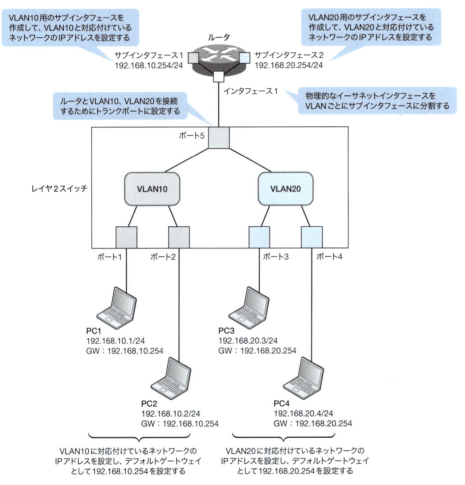

図3-19　トランクリンクによる接続

物理的には、レイヤ2スイッチのポート5とルータのインタフェース1のみを接続しています。レイヤ2スイッチのポート5をトランクポートとして設定することで、ポート5はVLAN10にもVLAN20にも割り当てられます。これによって、ポート5は論理的に2つに分割して扱うことができます。

レイヤ2スイッチ側でVLANごとにポートを分割しているので、その対向のルータ側でもVLANごとにインタフェースを分割しなければいけません。ルータでは、VLAN10用のサブインタフェース1

とVLAN20用のサブインタフェース2の2つに分割します。VLAN10用のサブインタフェース1には
VLAN10のVLANタグを扱うための設定を行います。そして、VLAN10に対応付けている
192.168.10.0/24内のIPアドレス 192.168.10.254/24を設定することで、サブインタフェース1は
VLAN10を接続します。同様に、VLAN20用のサブインタフェース2にはVLAN20のVLANタグを
扱うように設定し、VLAN20に対応付けている192.168.20.0/24のIPアドレス192.168.20.254/24を設
定します。

　PC1～PC4の設定については、前述のVLANごとのアクセスリンクで接続する場合とまったく同
じです。

　トランクリンクを利用すると、ルータとレイヤ2スイッチ間の接続を1本の物理的なケーブルに集
約できます。後からVLANが追加された場合でも、追加したVLAN用のサブインタフェースをルー
タ側で作成すればよいだけです。ただし、VLAN間の通信がたくさん行われると、ルータとレイヤ2
スイッチ間のリンクがボトルネックになる可能性があります。

## 3-4-3　レイヤ3スイッチによるVLAN間ルーティング

　ルータを利用したVLAN間ルーティングでは、レイヤ2スイッチに加えてルータが必要なので、
ネットワーク構成が複雑になってしまいます。また、VLAN間の通信はルータを経由して行われるの
で、ルータがボトルネックになります。より効率のよいVLAN間ルーティングを実現するためには、
レイヤ3スイッチを利用します。レイヤ3スイッチは、レイヤ2スイッチの内部にルータの機能を組
み込んだもので、レイヤ3スイッチ単体でVLANを相互接続することができます。ルータの機能は
ハードウェアで実装されていて、高速な処理が可能です。また、データの転送もレイヤ2スイッチと
同様の処理を1台の装置内で行うことができ、やはり高速です。レイヤ3スイッチを利用すると、ルー
タよりも高速なVLAN間の通信を実現できます。

### ■ レイヤ3スイッチのデータ転送

　まず、レイヤ3スイッチでのデータの転送について考えます。レイヤ3スイッチはレイヤ2スイッ
チの機能も備えています。レイヤ2スイッチのように、同一ネットワーク（VLAN）内であれば、
MACアドレスに基づいて適切なポートにデータを転送します。そして、異なるネットワーク（VLAN）
間であれば、IPアドレスに基づいてデータを転送します。図3-20は、レイヤ3スイッチによるデー
タ転送の概要を表しています。

# 第3章　VLAN (Virtual LAN)

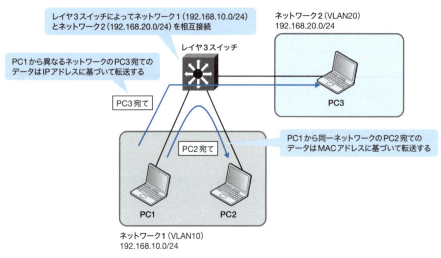

図3-20　レイヤ3スイッチによるデータ転送の概要

## ■ レイヤ3スイッチのIPアドレス設定

　3-4-2項で述べたとおり、ルータでネットワークを相互接続するには、ルータのインタフェースにIPアドレスを設定します。これはレイヤ3スイッチでも同じです。レイヤ3スイッチでネットワークを相互接続するためには、レイヤ3スイッチにIPアドレスを設定しなければいけません。このIPアドレスをどのように設定するかが、レイヤ3スイッチの設定での重要なポイントです。イメージとしては、レイヤ3スイッチの内部に仮想的なルータがあり、その内部ルータに対してIPアドレスの設定を行います。レイヤ3スイッチのIPアドレス設定方法には、次の2通りがあります。

- レイヤ3スイッチ内部の仮想インタフェース（VLANインタフェース）へのIPアドレス設定
- レイヤ3スイッチの物理インタフェースへのIPアドレス設定

### レイヤ3スイッチ内部の仮想インタフェースへのIPアドレス設定

　レイヤ3スイッチでもレイヤ2スイッチと同じように、内部にVLANを作成して、ポートの割り当てを行います。そして、レイヤ3スイッチ内部にある内部ルータとVLANを接続します。この内部ルータとVLANを接続するインタフェースがVLANインタフェースです。VLANインタフェースに対して、VLANに対応したネットワークアドレス内のIPアドレスを設定することで、内部ルータとVLANを接続することになります。VLANインタフェースはSVI（Switch Virtual Interface）と呼ばれることもあります。

### レイヤ3スイッチの物理インタフェースへのIPアドレス設定

　レイヤ3スイッチの物理インタフェースにIPアドレスを設定するには、レイヤ3スイッチの内部ルータとインタフェースを直結します。内部ルータと直結すれば、ルータと同じように物理的なイン

タフェース（ポート）にIPアドレスを設定することができます。なお、内部ルータと直結しているインタフェースのことをルーテッドポートと呼びます。

図3-21は、レイヤ3スイッチのIPアドレス設定の様子を表しています。

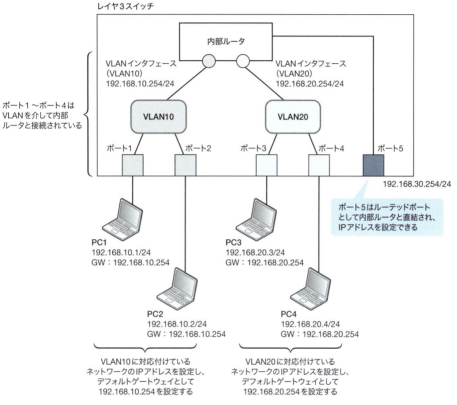

図3-21　レイヤ3スイッチのIPアドレス設定

図3-21では、レイヤ3スイッチにVLAN10とVLAN20を作成して、VLAN10のポートとしてポート1、ポート2を割り当て、VLAN20のポートとしてポート3、ポート4を割り当てています。VLAN10とVLAN20間の通信を行うために、内部ルータを介して2つのVLANを相互接続します。そのために、VLANインタフェースを作成します。VLAN10と内部ルータを接続するためのVLAN10インタフェースを作成して、VLAN10に対応する192.168.10.254/24というIPアドレスを設定しています。そして、VLAN20と内部ルータを接続するためのVLAN20インタフェースを作成して、VLAN20に対応するIPアドレス192.168.20.254/24を設定しています。こうして設定した内部ルータのIPアドレスは、クライアントPCにとってのデフォルトゲートウェイのIPアドレスとなります。

そして、ポート5は内部ルータと直結してルーテッドポートとし、IPアドレス192.168.30.254/24を設定しています。

以上のように、レイヤ3スイッチには2通りのIPアドレスの設定方法がありますが、どちらかを使わなければならないというものではありません。IPアドレスの設定方法に2つの選択肢があるというだけです。製品によっては、ルーテッドポートにできるポート数に上限があるものもありますが、VLANインタフェースを利用するか、ルーテッドポートを利用するかは自由に決められます。

### ■ 他のレイヤ2スイッチのVLAN間をレイヤ3スイッチで接続する

また、他のレイヤ2スイッチで作成したVLANを接続することもできます。

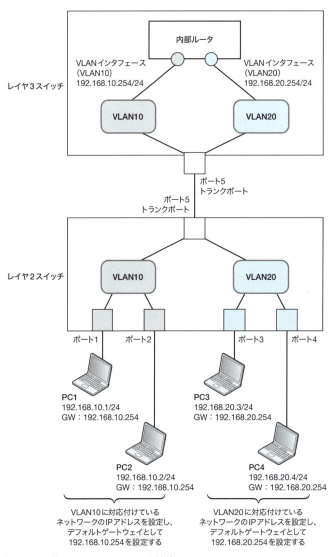

図3-22　他のスイッチのVLANを接続

3-4 VLAN間ルーティング

図3-22では、レイヤ2スイッチでVLAN10とVLAN20を作成して、PC1とPC2がVLAN10に、PC3とPC4がVLAN20に所属しています。VLAN10とVLAN20間で通信できるように、この2つのVLANをレイヤ3スイッチで相互接続している様子です。

レイヤ2スイッチとレイヤ3スイッチ間は、VLAN10とVLAN20のイーサネットフレームを転送しなければいけません。2つのVLANのイーサネットフレームを転送するために、トランクポートを利用しています。そして、レイヤ3スイッチ側にもVLAN10とVLAN20を作成して、レイヤ3スイッチの内部ルータで2つのVLANを相互接続するためのVLANインタフェースの設定を行っています。VLANインタフェースには、それぞれのVLANに対応付けているネットワークアドレスのIPアドレスを設定します。なお、クライアントPCの設定はp.91「図3-21　レイヤ3スイッチのIPアドレス設定」と同じです。

このネットワーク構成を論理構成図で表すと、図3-23のようになります。

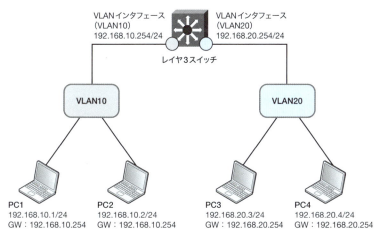

図3-23　論理構成図の例

論理構成図では、レイヤ2スイッチの接続ポートなどを意識する必要はありません。レイヤ3スイッチによってVLAN10、VLAN20の2つのVLANを相互接続している様子をシンプルに表現しています。

第3章　VLAN (Virtual LAN)

## 3-5

# VLAN内でのアクセス制御

セキュリティを確保するために、スイッチでイーサネットフレームを転送する範囲を限定するアクセス制御を利用することができます。ここでは、VLAN内でのイーサネットフレームの転送を制御するプライベートVLANを中心に解説します。

## 3-5-1 スイッチでのアクセス制御

　アクセス制御は、情報や資源の不正利用を防止するために、決められたルールに基づいて情報や資源へのアクセスを制限するセキュリティ機能です。ネットワークにおけるアクセス制御は、ルータやスイッチなどのネットワーク機器において、決められたルールに基づいて通信できる範囲を限定します。

　スイッチで利用できるアクセス制御機能として、主に次の2つがあります。

- VLAN間のアクセス制御 (パケットフィルタリング)
- VLAN内のアクセス制御 (プライベートVLAN)

### ■ VLAN間のアクセス制御 (パケットフィルタリング)

　ここまで解説してきたVLAN自体も、一種のアクセス制御機能と考えられます。VLANによって「同じVLANのポート間だけでしかイーサネットフレームを転送しない」からです。

　ルータやレイヤ3スイッチでVLANを相互接続すると、VLAN間の通信が可能になります。その際、VLAN間の通信は必ずルータまたはレイヤ3スイッチを通過することになります。

　デフォルトではVLAN間の通信はすべて許可されますが、ルータやレイヤ3スイッチでパケットフィルタリングを行うことで、不要な通信を拒否してセキュリティを高めることができます[*] (図3-24)。パケットフィルタリングでは、IPヘッダやTCP/UDPヘッダなどのさまざまな階層のヘッダ情報を参照して通信を識別したうえで、通信を許可するか拒否するかを決められます。

> [*]　製品によってはVLAN間の通信でレイヤ3スイッチを通過するときだけではなく、物理的なポートで受信したときにもパケットフィルタリングが行えます。2-3-3項で解説しています。

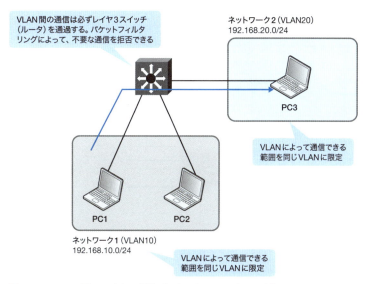

図3-24　VLAN間のアクセス制御（パケットフィルタリング）

## ■ VLAN内のアクセス制御（プライベートVLAN）

　同じVLAN内で、さらにアクセス制御をしたいというケースもあるでしょう。たとえば、集合住宅やホテルなどのインターネット接続サービスが挙げられます。集合住宅やホテルなどでユーザーにインターネット接続サービスを提供するとき、ユーザーに必要なのはインターネット方向への通信です。ユーザー間の通信は不要なはずです。ユーザー間で通信ができてしまうと、プライバシー侵害などのセキュリティリスクが高まってしまいます。

　しかし、ユーザー間の通信を制限するためにユーザーごとにVLANを分けるとなると、数多くのVLANが必要になり、管理が煩雑になってしまう恐れがあります。そこで、ユーザーを収容するVLANは1つにしながら、同じVLAN内で通信できる範囲を限定したいというニーズが出てきます（次ページの図3-25）。

　他にも、サーバファーム内のサーバのアクセス制御が例として挙げられます。複数のサーバを効率よく運用管理するためには、サーバをサーバファームに集約して設置したほうがよいでしょう。そして、サーバは同一VLANに接続して、同じネットワークのIPアドレスを設定することが多くなるでしょう。同一VLANなので、ルータやレイヤ3スイッチを介さずにサーバ間の通信ができてしまいます。しかし、必ずしもサーバ間の通信が必要なわけではありません。たとえば、ファイルサーバとメールサーバが連携して動作することはまずないでしょう。こうした独立して動作するサーバ間では特に通信させる必要はありません。本来通信させる必要がないサーバ間は、通信できないように制御しておくのがセキュリティ上望ましい構成です。つまり、同じVLAN内でのアクセス制御が求められます（次ページの図3-26）。

# 第3章　VLAN (Virtual LAN)

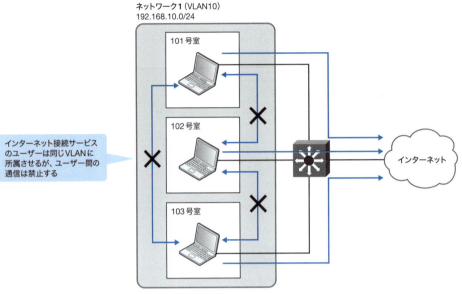

図3-25　同一VLAN内のアクセス制御の例1（インターネット接続サービス）

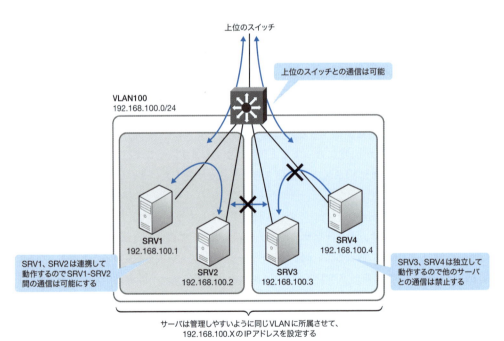

図3-26　同一VLAN内のアクセス制御の例2（サーバファーム）

以上のような、同じVLAN内のアクセス制御を実現する技術がプライベートVLANです。

3-5 VLAN内でのアクセス制御

### 3-5-2 プライベートVLANの仕組み

プライベートVLANは、VLANの中にセキュリティ要件の異なる小さなVLANを作るための技術です。もともとのネットワークアドレスと対応付けているVLANをプライマリVLANとして、プライマリVLANをさらにセカンダリVLANに分割します。セカンダリVLANは、次の2つのどちらかに設定できます。

- コミュニティVLAN
- 隔離VLAN

コミュニティVLANは、相互に通信できるポートをグループ化するものです。同じコミュニティVLANに所属するポート間で通信することができ、プライマリVLANとの通信も行えます。そして、隔離VLANは、その名前のとおり、ポートを隔離してポート間の通信ができないようにします。ただし、隔離VLANもプライマリVLANのポートとの通信は可能です。

プライベートVLANの種類を**表3-2**にまとめています。

表3-2 プライベートVLANの種類

| VLANの種類 | | 説明 |
|---|---|---|
| プライマリVLAN | | VLANそのものを表す。プライマリVLANをいくつかのセカンダリVLANに分割する。プライマリVLANはセカンダリVLANと通信できる |
| セカンダリVLAN | コミュニティVLAN | 同じコミュニティVLAN内とプライマリVLANとの通信ができる |
| | 隔離VLAN | プライマリVLANとだけ通信ができる。隔離VLANは1つのプライマリVLANに1つしか作れない |

プライベートVLANを利用する場合、プライマリVLANとセカンダリVLANに所属するポートとして、次の3つの種類があります。

- プロミスキャスポート
- コミュニティポート
- 隔離ポート

プロミスキャスポートはプライマリVLANのポートです。コミュニティポート、隔離ポートとの間で通信できます。上位のスイッチが接続されるポートをプロミスキャスポートとして設定することになります。

そして、コミュニティVLANのポートがコミュニティポートとなります。コミュニティポート間と、プロミスキャスポートとの間で通信できるポートです。たとえば、連携して動作する必要があるサーバが接続されるようなポートをコミュニティポートとして設定します。

隔離VLANのポートが隔離ポートです。隔離ポートが通信できるのはプロミスキャスポートとの間

97

のみです。他の隔離ポートやコミュニティポートとの通信はできません。他と連携する必要がないサーバなどを接続するポートを隔離ポートとします。図3-27に、プライベートVLANによるアクセス制御の様子をまとめています。

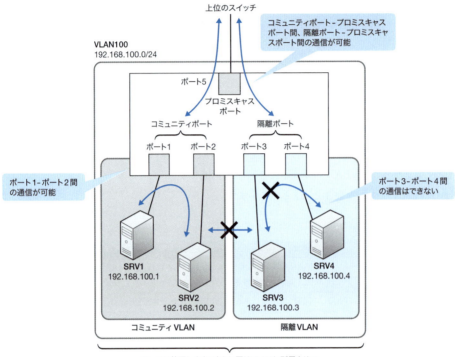

図3-27　プライベートVLANによるアクセス制御

ポート1～ポート5はすべて同一VLANのポートですが、プライベートVLAN機能によって通信できるポートが表3-3のように限定できます。

表3-3　プライベートVLANによって通信できるポート

| ポート | ポートの種類 | 通信できるポート |
| --- | --- | --- |
| ポート1 | コミュニティポート | ポート2、ポート5 |
| ポート2 | コミュニティポート | ポート1、ポート5 |
| ポート3 | 隔離ポート | ポート5 |
| ポート4 | 隔離ポート | ポート5 |
| ポート5 | プロミスキャスポート | ポート1～ポート4 |

## 3-5-3 プロテクトポート（保護ポート）

プライベートVLANに対応している製品は比較的ハイエンドなものが多く、安価なレイヤ2/レイヤ3スイッチではプライベートVLANに対応していない製品もあります。そこで、簡易的なプライベートVLAN機能として、プロテクトポート（保護ポート）と呼ばれる機能があります。

プロテクトポートは、プライベートVLANの隔離ポートの機能を簡単に実装したものと考えるとよいでしょう。プロテクトポートとして設定されたポート同士は、同じVLANのポートであっても通信できません。図3-28は、プロテクトポートの例です。

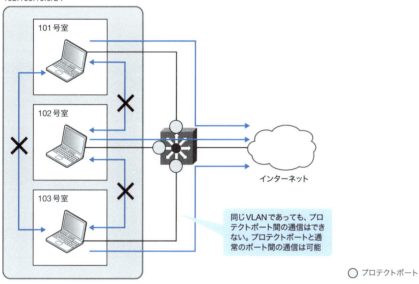

図3-28　プロテクトポートの例

たとえば、インターネット接続サービスを提供するときに、ユーザーのホストが接続されるポートをプロテクトポートにすることで、ユーザー間の通信を簡単に禁止することができます。インターネットに接続するアップリンクのポートとの間の通信は可能なので、インターネットの通信だけを許可できます。

第**4**章

# スパニングツリープロトコル

レイヤ2スイッチによる同一ネットワーク内のデータ転送を冗長化するために利用するのがスパニングツリープロトコルです。この章では、スパニングツリープロトコルの仕組みについて解説します。

- 4-1 さまざまな冗長化技術の概要
- 4-2 スパニングツリープロトコルの仕組み
- 4-3 PVST
- 4-4 RSTP
- 4-5 MST
- 4-6 リンクアグリゲーション

第4章　スパニングツリープロトコル

## 4-1

# さまざまな冗長化技術の概要

ネットワークに障害が発生しても通信を継続させるために、冗長化することを考えます。冗長化の対象となる機器などによって、冗長化技術が異なります。ここでは、さまざまな冗長化技術の特徴について解説します。

### 4-1-1　LANで利用できる主な冗長化技術

　サーバやネットワーク機器といったハードウェア、そして通信経路を冗長化することで、いつでもサービスを提供できる高可用性システムを構築できます。ただし、単にハードウェアや通信経路を複数用意すればよいわけではありません。さまざまな冗長化技術を適切に組み合わせる必要があります。

　LANで利用できる主な冗長化技術として、次のものがあります[*]。

- スパニングツリープロトコル
- リンクアグリゲーション
- スタック
- VRRP (Virtual Router Redundant Protocol)
- ルーティングプロトコル
- NICチーミング
- サーバクラスタ

さまざまな冗長化技術がありますが、これらを理解するためのポイントは次の2点です。

- どのような範囲で利用するか
- その技術を利用する目的は何か

> [*]　次節以降では、これらの冗長化技術のうち、スパニングツリープロトコル、リンクアグリゲーション、VRRP、ルーティングプロトコルについて詳しく解説します。

#### ■ スパニングツリープロトコル

　スパニングツリープロトコルは、同一ネットワーク（VLAN）で利用する冗長化技術です。スパニングツリープロトコルを利用する目的は、同一ネットワークでのイーサネットフレームの転送経路を冗長化することです。スパニングツリープロトコルによって、同一ネットワーク内のどこかに障害が発生したとしても通信を継続することができます。

102

## ■ リンクアグリゲーション

リンクアグリゲーションは、主にレイヤ2スイッチやレイヤ3スイッチといったスイッチ間の接続で利用します。リンクアグリゲーションを利用することで、スイッチ間のリンクを冗長化しつつ、同時に負荷分散を実現できます。耐障害性だけでなく、高速化の面でも効果があります。スイッチのインタフェースを1Gbpsから10Gbpsへアップグレードするよりも、低コストで手軽に、高速で信頼性の高いネットワークを構築できます。

## ■ スタック

スタックは、レイヤ2スイッチやレイヤ3スイッチで利用します。スタックを利用することで、複数のスイッチを仮想的に1台とみなして扱うことができます。スタックによって複数台のスイッチの設定や管理を一元化することもできます。

## ■ VRRP

VRRP（Virtual Router Redundancy Protocol）は、PCやサーバと同じネットワーク上の、ルータやレイヤ3スイッチで利用する冗長化技術です。VRRPにより、PCやサーバにとってのデフォルトゲートウェイを冗長化することができます。これにより、デフォルトゲートウェイとして動作しているルータやレイヤ3スイッチがダウンしても、PCやサーバ側では意識することなく通信を継続できます。

## ■ ルーティングプロトコル

ルーティングプロトコルは、システムを利用するPCとサーバ間の経路上の、ルータやレイヤ3スイッチで利用します。PCからサーバまでのエンドツーエンドの通信経路を冗長化するために、ルーティングプロトコルが必要です。エンドツーエンドの通信経路上のどこかに障害が発生した場合、ルーティングプロトコルによって自動的に経路上のルータやレイヤ3スイッチのルーティングテーブルを書き換えます。これにより、エンドツーエンドの通信を継続できます。

## ■ NICチーミング

NICチーミング*は、コンピュータに搭載した複数のNICを論理的に1つのNICとみなして扱えるようにする技術で、主にサーバで利用します。サーバにNICを複数搭載してNICチーミングを有効にすることで、障害時にNICを切り替えたり、正常時に負荷分散することができます。今日ではサーバのサービスはいつでも利用できることが求められており、サーバのネットワーク接続がダウンしてPCへのサービスを一切提供できないといった事態は避けなくてはなりません。そのため、NICチーミングの利用はサーバでは必須といってもよいでしょう。

> ＊ LinuxではNICチーミングのことをボンディング（bonding）と呼びます。

### ■ サーバクラスタ

サーバクラスタは、サービスを提供する複数のサーバで利用します。サーバクラスタによって、1台のサーバがダウンしても、サーバを切り替えてサービスを継続することができます。

図4-1と表4-1に主な冗長化技術をまとめています。

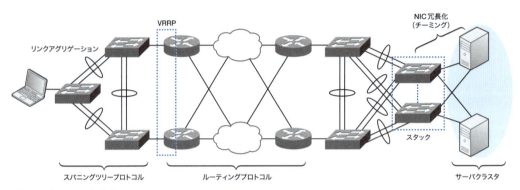

図4-1　主な冗長化技術

表4-1　主な冗長化技術のポイント

| 冗長化技術 | 利用範囲 | 目的 |
| --- | --- | --- |
| スパニングツリープロトコル | 同一ネットワーク内のレイヤ2スイッチ | 同一ネットワークのイーサネットフレームの転送経路を冗長化 |
| リンクアグリゲーション | 主にスイッチ間 | スイッチ間のイーサネットリンクの冗長化と負荷分散 |
| スタック | スイッチ | 複数のスイッチを仮想的に1台として扱う |
| VRRP | デフォルトゲートウェイとなるルータ、レイヤ3スイッチ | デフォルトゲートウェイを冗長化 |
| ルーティングプロトコル | ルータ、レイヤ3スイッチ | エンドツーエンドの通信経路を冗長化 |
| NICチーミング | 主にサーバ | サーバのネットワーク接続を冗長化 |
| サーバクラスタ | サーバ | サーバが提供するサービスを冗長化 |

## 4-1-2　冗長化技術は組み合わせて利用する

### ■ 冗長化技術の利用例

これまでざっと解説したように、冗長化技術には、その利用範囲や目的によってさまざまなものがあります。本書で紹介した以外にもたくさんの技術があります。重要なことは、どれか1つの技術だ

けを使ってもあまり意味がないということです。たとえば、スパニングツリープロトコルだけでは、それを利用している同一ネットワーク内の障害だけにしか対応できません。スパニングツリープロトコルを利用していない部分に障害が発生すると、結局は通信できなくなってしまいます。それを表しているのが図4-2です。

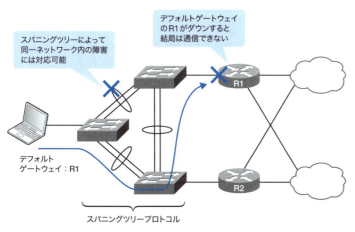

図4-2　冗長化技術は組み合わせて利用する必要がある。たとえばスパニングツリープロトコルだけでは不十分

　この図のネットワークでは、スパニングツリープロトコルで同一ネットワーク内のイーサネットフレームの転送経路を冗長化しています。スイッチ間のリンクに障害が発生したとしても、スパニングツリープロトコルによって迂回経路を作成して、継続してイーサネットフレームを転送することができます。では、他の障害の場合はどうでしょうか。PCには、デフォルトゲートウェイとしてR1のIPアドレスを設定しています。ここで、R1に障害が発生した場合、PCから他のネットワーク宛ての通信は一切できなくなります。スパニングツリープロトコルによってR1へデータを転送するための経路は確保できるのですが、R1自体がダウンしてしまうと他のネットワーク宛てのデータをルーティングできません。ネットワーク上にはR2も存在していますが、デフォルトゲートウェイが自動的にR2に切り替わったりはしません。R2にデフォルトゲートウェイを切り替えるには、VRRPを設定しておかなければいけません。

　このように、冗長化技術は単体で利用するのではなく、適切に組み合わせて利用することがとても重要です。どのように組み合わせるかはケースバイケースで検討しなければいけません。それぞれの冗長化技術の特徴をしっかりと踏まえて、必要な部分に対して適切な冗長化技術を利用することで、可用性の高いネットワークを構築できます。そして、どこまで冗長化するべきかを検討する際は、SPOF（次項で説明）を解消していくことがポイントです。

### ■ SPOF

　SPOF（Single Point Of Failure）とは、障害によって正常に機能しなくなるとシステム全体に影響が及んでしまうポイントです。日本語では「単一障害点」と呼ばれます。また、単純に「シングルポイント」と呼ばれることも多いです。

　典型的なSPOFは、サーバのネットワーク接続（NIC）です。多くのシステムはクライアント/サーバ型で、クライアントからサーバに対してネットワーク経由で何らかのリクエストを送信します。そして、サーバがそのリクエストを処理して、結果をクライアントに返します。そのため、ネットワークにつながっていないサーバは何の役にも立ちません。サーバのネットワーク接続が失われてしまうと、もうシステムを利用することはできません。つまり、サーバのネットワーク接続がSPOFです。このSPOFを解消するために、サーバにNICを複数搭載してNICチーミングを行います（図4-3）。

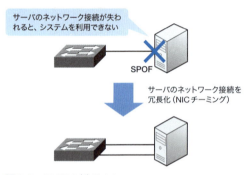

図4-3　SPOFの例 その1

　サーバのネットワーク接続さえ冗長化すればよいというわけではありません。今度は、サーバを接続しているレイヤ2スイッチがSPOFとなってしまいます。サーバを接続するレイヤ2スイッチを冗長化して、サーバのNICをそれぞれ別のレイヤ2スイッチに接続してSPOFを解消します（図4-4）。

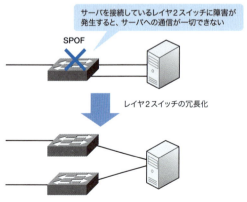

図4-4　SPOFの例 その2

4-2　スパニングツリープロトコルの仕組み

　こうしてSPOFを解消していくことが冗長化のポイントですが、すべてのSPOFを解消しようとするとキリがありません。すべてのSPOFを解消するには膨大なコストがかかるうえに、ネットワーク構成も複雑になってしまうため、現実的ではありません。実現するべき可用性のレベルを検討したうえで、SPOFをどこまで解消するかを考える必要があります。

## 4-2 スパニングツリープロトコルの仕組み

スパニングツリープロトコルによって、どのようにして同一ネットワーク内のイーサネットフレームの転送経路を冗長化するかについて解説します。

### 4-2-1 スパニングツリープロトコルの概要

　スパニングツリープロトコルは、同一ネットワーク（VLAN）内でのイーサネットフレームの転送経路を冗長化する技術です。レイヤ2レベルの冗長化技術なので、対象範囲は同一ネットワーク内だけであることをしっかりと把握しておいてください。IEEE802.1Dという規格で標準化されているので、異なるベンダーの製品が混在するネットワークでもスパニングツリープロトコルを利用することができます。

#### ■ スパニングツリープロトコルの動作

　スパニングツリープロトコルがどのように動作するのか、次ページの**図4-5**のネットワークで見てみましょう。図では、PC1とサーバ1は同一ネットワークに接続されていて、PC1とサーバ1間の転送経路は2つあります。

　スパニングツリープロトコルを利用することで、通常時は経路1を利用してイーサネットフレームを転送します。イーサネットフレームの転送がループしないように、通常時では経路2はブロックして使えなくしています。

　そして、経路1に障害が発生して使えなくなったら、経路2に切り替えて、PC1とサーバ1間のイーサネットフレームの転送を継続して行います。

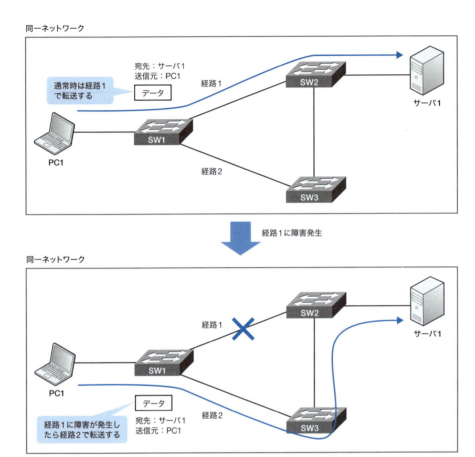

図4-5　スパニングツリープロトコルの動作

　ところで、この図ではネットワークはループ（輪）状に構成されています。このようなループ構成で冗長化されたイーサネットのネットワークでは、スパニングツリープロトコルを利用しないと、まともに通信することができません。イーサネットにはループ防止の機能が備わっていないため、ARPリクエストなどのブロードキャストフレームが延々とループしてしまうからです。ブロードキャストフレームがループする現象をブロードキャストストームと呼びます（図4-6）。

　レイヤ2スイッチはブロードキャストフレームだけではなく、マルチキャストフレームやUnknownユニキャストフレームもフラッディングします。そのため、ブロードキャストフレームでなくてもブロードキャストストームが発生します。ブロードキャストストームが発生すると、レイヤ2スイッチのリンクLEDの点滅が激しくなり、リンクの帯域幅を使い切ってしまいます。また、レイヤ2スイッチのMACアドレステーブルの情報が頻繁に書き換わり、MACアドレステーブルが不安定な状態になります。MACアドレステーブルが頻繁に書き換わってしまうことを、MACアドレステーブルのフラッピングと呼びます。

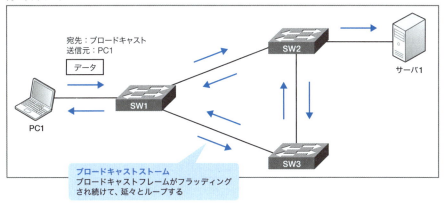

図4-6　ブロードキャストストーム

　イーサネットフレームの転送経路を冗長化するということは、レイヤ2スイッチをループ構成で接続するということです。スパニングツリープロトコルを利用することで、レイヤ2スイッチをループ構成にしてもブロードキャストストームが発生しないようにします。そして、ネットワークに何らかの障害が発生したときは、イーサネットフレームの転送経路を切り替えることができます。

### 4-2-2　BPDU

　ここからはスパニングツリープロトコルの技術の詳細について説明していきます。
　BPDU（Bridge Protocol Data Unit）は、スパニングツリープロトコルの制御情報です。スパニングツリープロトコルを有効にすると、レイヤ2スイッチはBPDUをやり取りして、スパニングツリープロトコルによるイーサネットフレームの転送経路の冗長化を行います。BPDUの主な役割は、次のとおりです。

- ルートブリッジの選出
- ループ箇所の特定
- スイッチポートのブロック（ループを防止するため）
- トポロジー[*1]の変更通知
- スパニングツリーの状態監視

BPDUには、次の2種類があります。

- コンフィグレーションBPDU
- TCN（Topology Change Notification）BPDU

BPDUは、レイヤ2でのマルチキャストで転送されます。BPDUの宛先MACアドレスは、01-80-c2-00-00-00です。スパニングツリープロトコルを有効にしているレイヤ2スイッチは、宛先MACアドレス01-80-c2-00-00-00のBPDUを受信して、スパニングツリープロトコルのさまざまな処理を行います。なお、BPDUはマルチキャストのMACアドレスを指定していますが、スパニングツリープロトコルが有効なスイッチはBPDUをフラッディングしないことに注意してください[*2]。

> *1 トポロジーとは、ネットワークの接続形態のことです。物理的な接続形態と論理的な接続形態のどちらでもトポロジーという言葉が使われます。物理的なトポロジーと論理的なトポロジーは一致していないこともあります。ここでのトポロジーとは、スパニングツリーによる論理的なトポロジーを指しています。
> *2 スパニングツリープロトコルを有効にしていないスイッチは、BPDUをフラッディングします。

■ コンフィグレーションBPDU

スパニングツリープロトコルの制御の大部分を行うためのBPDUが、コンフィグレーションBPDUです。後述するルートブリッジとして選出されたレイヤ2スイッチが、定期的にコンフィグレーションBPDUを送信します。デフォルトでは2秒ごとにコンフィグレーションBPDUを送信します。ルートブリッジ以外のレイヤ2スイッチは、ルートブリッジから受信したコンフィグレーションBPDUを基に、必要な情報を書き換えて、新たにコンフィグレーションBPDUを生成して他のスイッチへと送信します（図4-7）。

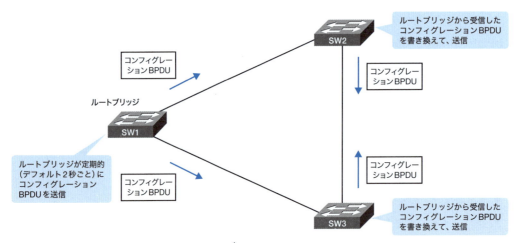

図4-7 コンフィグレーションBPDUの送信の概要[*]

> * スパニングツリープロトコルの計算が完了して、ブロッキング状態になったポートからはコンフィグレーションBPDUを送信しません。この図は、ポートがブロックされる前の状態を表しています。

4-2 スパニングツリープロトコルの仕組み

表4-2は、コンフィグレーションBPDUのフォーマットを表しています。

表4-2 コンフィグレーションBPDUのフォーマット

| フィールド | バイト数 | 概要 |
| --- | --- | --- |
| プロトコルID | 2 | 「0x0000」で固定 |
| バージョン | 1 | 「0x00」で固定 |
| BPDUタイプ | 1 | コンフィグレーションBPDUでは「0x00」 |
| フラグ | 1 | ビット8：TCN ACKフラグ<br>ビット1：TCフラグ |
| ルートID | 8 | ルートブリッジのブリッジID |
| ルートパスコスト | 4 | ルートブリッジまでの累積コスト |
| ブリッジID | 8 | BPDUを送信するスイッチの識別情報 |
| ポートID | 2 | ポートプライオリティとポート番号から構成されるポートの識別情報 |
| メッセージエージタイマー | 2 | BPDUが生成されてからの時間 |
| 最大エージタイマー | 2 | コンフィグレーションBPDUの有効時間 |
| ハロータイマー | 2 | ルートブリッジがBPDUを送信する間隔 |
| 転送遅延タイマー | 2 | リスニング状態、ラーニング状態の時間 |

## ■ TCN BPDU

TCN BPDUは、Topology Change Notificationという名前のとおり、トポロジーが変更されたことを通知するためのBPDUです。スパニングツリーの状態遷移が必要なトポロジーの変化があった場合、それを検知してTCN BPDUを送出します。TCN BPDUのフォーマットは、表4-3に示すとおりとてもシンプルです。

表4-3 TCN BPDUのフォーマット

| フィールド | バイト数 | 概要 |
| --- | --- | --- |
| プロトコルID | 2 | 「0x0000」で固定 |
| バージョン | 1 | 「0x00」で固定 |
| BPDUタイプ | 1 | TCN BPDUでは「0x80」 |

## 4-2-3 ブリッジID

スパニングツリープロトコルを有効にしているレイヤ2スイッチを識別するためのIDが、ブリッジIDです。ブリッジIDは、図4-8のように2バイトのブリッジプライオリティと6バイトのMACアドレスの合計8バイトで構成されます。

111

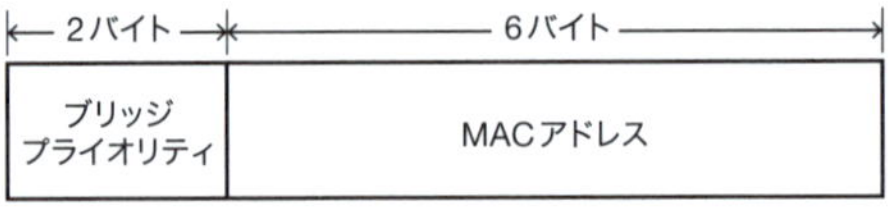

第4章　スパニングツリープロトコル

図4-8　ブリッジID

　レイヤ2スイッチには多くのイーサネットポートが備わっていて、ポートごとにMACアドレスがあります。ただし、ブリッジIDに使われるMACアドレスはポートごとのMACアドレスではなく、システムのベースのMACアドレスです*。このブリッジIDは、ルートブリッジの選出にも利用されます。ブリッジIDが最小のスイッチがルートブリッジになります。

> ＊　レイヤ2スイッチにはたくさんのイーサネットポートがあります。それぞれのイーサネットポートのMACアドレスは、システムのベースMACアドレスを基準にして割り当てられています。

## 4-2-4　パスコスト

　スパニングツリープロトコルを利用することで、ループ構成になっているネットワークトポロジーが、ルートブリッジ中心のツリー構成となります。つまり、イーサネットフレームは、ルートブリッジを中心として転送されるようになります。詳しくは次項で説明しますが、ルートブリッジ中心のツリー構成を取るために、ルートブリッジまでの最短経路を判断する必要があります。そこで、ルートブリッジまでの距離を数値化するためのパスコストが用意されています。

　パスコストの値をまとめたものが**表4-4**です。パスコストは、ポートの帯域幅から決定されて、帯域幅が大きいほどパスコストの値が小さくなります。そして、パスコストが小さいほど「より近い」とみなされます。また、あるレイヤ2スイッチからルートブリッジまでの累積のパスコストをルートパスコストと呼びます。

表4-4　ポートの帯域幅ごとのパスコストの値*

| 帯域幅 | コスト（16ビット） | コスト（32ビット） |
| --- | --- | --- |
| 10Mbps | 100 | 2000000 |
| 100Mbps | 19 | 200000 |
| 1Gbps | 4 | 20000 |
| 10Gbps | 2 | 2000 |

> ＊　コストの値として16ビットと32ビットのどちらを利用するかは、製品や設定によって変わります。いろいろなベンダーの製品が混在している環境でスパニングツリーを利用する際は、コストの認識をきちんと合わせるように注意してください。

4-2 スパニングツリープロトコルの仕組み

## 4-2-5 スパニングツリーの形成

スパニングツリープロトコルによって、ループ構成のネットワークトポロジーを、ルートブリッジを中心としたツリー構成のトポロジーにします。そのための手順は、以下のとおりです。

1. ルートブリッジの選出
2. ポートの役割（ルートポート、代表ポート、非代表ポート）の決定
3. スパニングツリーの維持

図4-9のような3台のレイヤ2スイッチがループ構成となっているネットワークトポロジーで、スパニングツリーの形成について考えていきましょう。

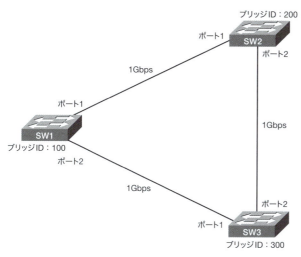

図4-9　スパニングツリーの形成について考えるための例

### ■ 1. ルートブリッジの選出

まず、スパニングツリーの中心となるスイッチであるルートブリッジを選出します。ルートブリッジは、ブリッジIDが最小のスイッチです。

スパニングツリープロトコルを有効にすると、スイッチは自分自身がルートブリッジであると仮定して、コンフィグレーションBPDUを生成して送信（マルチキャスト）します。

他のスイッチから受信したコンフィグレーションBPDUのブリッジIDが自身のものより小さければ、自分自身がルートブリッジであるという仮定が間違っていたことがわかります。そこで、より小さいブリッジIDを持つスイッチをルートブリッジとみなして、自分自身がルートブリッジであるというコンフィグレーションBPDUの生成を停止します。

そして、ルートブリッジから受信したコンフィグレーションBPDUを基にして、新しくコンフィグ

113

レーションBPDUを生成して送信します。こうして、スパニングツリーに参加するスイッチ同士で最も小さいブリッジIDを持つスイッチを認識して、ルートブリッジとして選出します。

### ルートブリッジ選出の様子

前掲の図4-9のネットワークで、ルートブリッジがどのように選出されるか具体的に考えましょう。

最初に、SW1、SW2、SW3は、自分自身をルートブリッジと仮定したコンフィグレーションBPDUを生成して送信します。コンフィグレーションBPDUのルートIDとブリッジIDのフィールドには自身のブリッジIDを入れています（図4-10）。

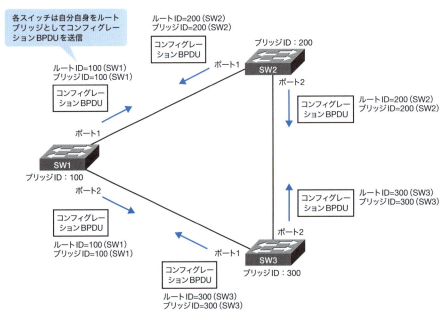

図4-10　ルートブリッジの選出 その1

SW2やSW3は、SW1から受信したコンフィグレーションBPDUを見て、SW1がより小さいブリッジIDを持っていることを知ります。SW2、SW3は自分自身がルートブリッジであるという仮定が間違っていたことがわかり、SW1をルートブリッジとして認識します。SW2、SW3は、自分自身をルートブリッジとするコンフィグレーションBPDUの生成をやめます（図4-11）。

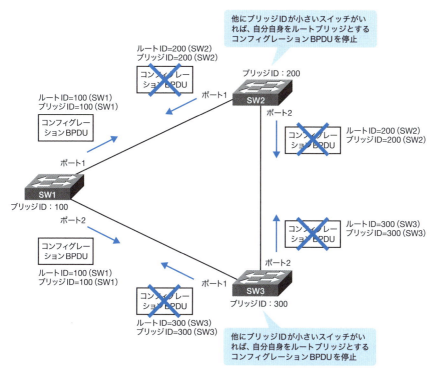

図4-11　ルートブリッジの選出 その2

　なお、2番目にブリッジIDが小さいスイッチのことをセカンダリルートブリッジと呼びます。この先、ブリッジIDによって代表ポート（後ほど説明）が決まることもあるので、ルートブリッジだけでなく、セカンダリルートブリッジも明確にしておくとよいでしょう*。ルートブリッジにしたいスイッチのブリッジIDを最も小さくして、セカンダリルートブリッジにしたいスイッチのブリッジIDを2番目に小さく設定します。

> *　スイッチ間のリンクの帯域幅がすべて同じで、3台のスイッチのループ構成の場合、ルートブリッジとセカンダリルートブリッジを決めればブロックされるポートが決まります（詳細はp.120の図4-17を参照）。

　SW2、SW3は、SW1から受信したコンフィグレーションBPDUを基にして、ブリッジIDやルートパスコスト、ポートIDなどのフィールドを書き換えたコンフィグレーションBPDUをさらに送信します（図4-12）。

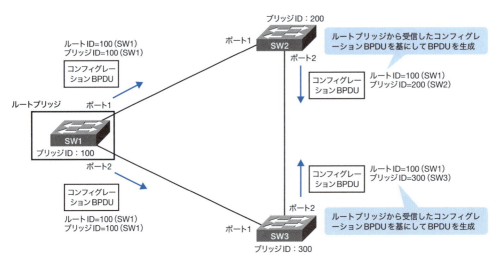

図4-12 ルートブリッジの選出 その3

### ■ 2. ポートの役割（ルートポート、代表ポート、非代表ポート）の決定

ルートブリッジの選出が済んだら、ルートブリッジまでの最短経路を判断するために、スイッチの各ポートの役割を決定します。ポートの役割として、次の3つがあります。

- ルートポート（RP：Root Port）
- 代表ポート（DP：Designated Port）
- 非代表ポート（NDP：Non Designated Port）

ルートポートは、ルートブリッジ以外のスイッチからルートブリッジまでの最短経路となるポートです。ルートブリッジにはルートポートはありません。ルートブリッジ以外のスイッチで1つのルートポートが決まります。

代表ポートは、スイッチ間のリンクにおける、ルートブリッジまでの最短経路のポートです。現在のLANのネットワーク構成では、スイッチ間は基本的に1対1で接続されるので、リンクを構成するポートは2つあります。その2つのポートのうち、どちらがルートブリッジに近いかを考えて代表ポートを決定します。また、代表ポートを持っているスイッチのことを代表ブリッジと呼びます。

ルートポートと代表ポートは、ルートブリッジまでの最短経路のポートになるので、イーサネットフレームを転送できるフォワーディング状態になります。そして、ルートポートでも代表ポートでもないポートが、非代表ポートとなります。非代表ポートはルートブリッジへの迂回経路となるので、通常時はイーサネットフレームを転送しないブロッキング状態になります。

ルートポート、代表ポートの決定には、次の1.～3.に挙げるコンフィグレーションBPDUのフィールドが利用されます。1.で決まらない場合は2.というように順に比較が行われ、必ずルートポート、代表ポートを決定します。

1. ルートパスコスト
2. ブリッジID
3. ポートID

ルートパスコストは、スイッチの各ポートからルートブリッジまでの累計のパスコストです。コンフィグレーションBPDUを受信したポートのコストをどんどん足し合わせていくことで、ルートブリッジまでの距離を計測します。ブリッジIDは、コンフィグレーションBPDUを送信するスイッチのブリッジIDです。ポートIDは、コンフィグレーションBPDUを送信するポートのポートIDです。いずれも小さい値が優先されます。

### ルートポート、代表ポート、非代表ポート決定の様子

先ほどの図4-12の続きで、ルートポート、代表ポート、非代表ポート決定の様子を詳しく見ていきます。なお、ポートのパスコストは16ビットの値を利用するものとします。

まず、ルートポートについてです。ルートブリッジであるSW1にはルートポートはありませんので、SW2とSW3のルートポートを決定します。ルートブリッジであるSW1がコンフィグレーションBPDUを送信します。そのルートIDとブリッジIDの値はともに100（SW1）です。ルートパスコストの値は、ルートブリッジ自身なので「0」です。

SW2、SW3は、SW1から受信したコンフィグレーションBPDUを基にして、コンフィグレーションBPDUを生成します。ルートIDの値はそのままですが、ブリッジIDの値は自身のブリッジIDに書き換えます。そして、ルートパスコストの値はコンフィグレーションBPDUを受信したポートのパスコストを足したものに書き換えます。図4-9（p.113）で示されているように1Gbpsのポートなので、表4-4（p.112）のとおりパスコストは「4」です。また、ポートIDの値も書き換えます（図4-13）。

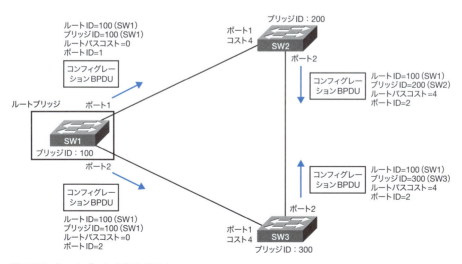

図4-13　ルートポートの決定 その1

ここでSW2に注目すると、SW1から直接受信したコンフィグレーションBPDUと、SW3を経由してきて受信したコンフィグレーションBPDUの2つがあります。これらのBPDUのルートパスコストを見ると、SW2のポート1とポート2からルートブリッジまでどれぐらいの距離があるかがわかります。SW2のポート1はルートパスコストが「4」で、ポート2は「8」です。ルートパスコストから、SW2のルートポートはポート1に決まります（図4-14）。SW3でも同様に考えて、SW3のルートポートはポート1になります。

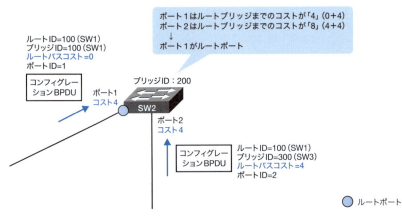

図4-14　ルートポートの決定 その2

次に、代表ポートを決めます。代表ポートは各リンクにおけるルートブリッジへの最短のポートであるため、ルートブリッジのポートは必ず代表ポートになります。つまり、SW1-SW2間のリンクではSW1のポート1、SW1-SW3間のリンクではSW1のポート2が代表ポートです。後は、SW2-SW3間のリンクでの代表ポートを考えるだけです。SW2-SW3間のリンクは、SW2のポート2とSW3のポート2で構成されています。どちらもルートパスコストは「8」になるので、ルートパスコストでは代表ポートを決定できません。そこで、次にブリッジIDを比較します。ブリッジIDが小さいスイッチのポートが優先されて、代表ポートとなります。SW2のブリッジID（200）のほうが小さいので、SW2-SW3間のリンクにおいてはSW2のポート2が代表ポートになります。

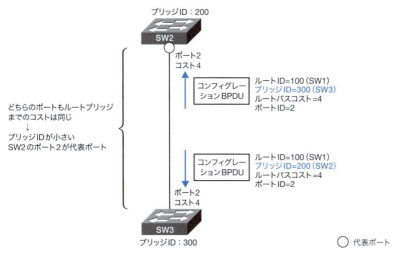

図4-15　SW2-SW3間のリンクの代表ポート

そして、ルートポートでもなく代表ポートでもないSW3のポート2が非代表ポートとしてブロッキング状態になります。最終的なスパニングツリーの状態は、**図4-16**のようになります。

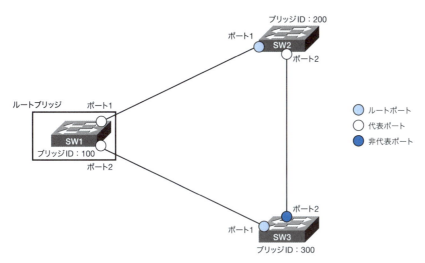

図4-16　最終的なスパニングツリーの状態

こうして最終的なスパニングツリーの状態が決まることを、「コンバージェンス（収束）する」といいます。

### スイッチの各ポートにどの役割が割り当てられるかを判断するためのポイント

スパニングツリーを形成した際に、スイッチの各ポートにどの役割が割り当てられるかを簡単に判

断するためのポイントをまとめます（**図4-17**）。

- ルートブリッジのポートはすべて代表ポート
- PCやサーバなどを接続する、ループしない部分のポートは代表ポート
- ルートポートの対向ポートは代表ポート
- 3台のループ構成では、セカンダリルートブリッジに向かう側のポートが非代表ポート

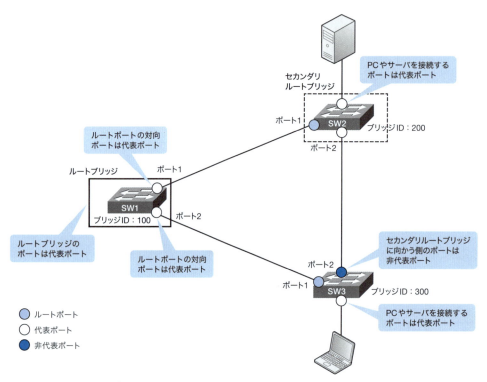

**図4-17** スイッチの各ポートにどの役割が割り当てられるかを判断するためのポイント

## ■ 3. スパニングツリーの維持

　スパニングツリーが完成した後は、その構成に変更がないかどうかを確認します。スパニングツリーの維持にもコンフィグレーションBPDUを利用します。ルートブリッジは定期的にコンフィグレーションBPDUを送信しています。ルートブリッジ以外のスイッチは定期的にコンフィグレーションBPDUを受信することで、スパニングツリーの構成に変更がないことを確認します（**図4-18**）。

　ルートブリッジがコンフィグレーションBPDUを送信するということは、すなわち、代表ポートからコンフィグレーションBPDUが送信されるということです。このことから、代表ポートはコンフィグレーションBPDUを送信するポートで、ルートポートはコンフィグレーションBPDUを受信する

ポートであるといえます。また、非代表ポートもコンフィグレーションBPDUを受信するポートです。

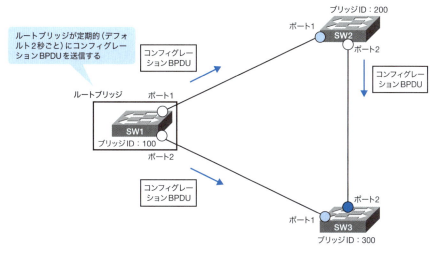

図4-18 スパニングツリーの維持

### ■ ポートの状態遷移

スパニングツリーを形成するときに、スパニングツリーに関与するスイッチのポートはいくつかの状態遷移を行います。スパニングツリーのポートの状態は、次の4つです。

- ブロッキング状態
- リスニング状態
- ラーニング状態
- フォワーディング状態

#### ブロッキング状態

すべてのポートは、まずブロッキング状態になります。スパニングツリーの計算が終了するまでは、ネットワーク上にループが存在する可能性があるためです。ブロッキング状態のポートで受信したフレームは他のポートに転送されませんし、他のポートで受信したフレームをブロッキング状態のポートには転送しません。ただし、ブロッキング状態はデータの転送をブロックしているだけで、ポートがまったく使えない（無効化されている）ということではありません。

### リスニング状態

BPDUを「聞いて」、ルートブリッジの選出やルートポート、代表ポートの決定など、実際のスパニングツリーの計算を行っている状態です。リスニング状態においても、フレームの転送はブロックされています。また、リスニング状態では、受信したフレームの送信元MACアドレスをMACアドレステーブルに登録することはありません。転送遅延タイム（後述）の間だけ、ポートはリスニング状態となります。

### ラーニング状態

リスニング状態でスパニングツリーの計算は完了しますが、完了後すぐにはイーサネットフレームの転送を行いません。転送遅延タイムの間だけフレームの受信に専念し、まずMACアドレステーブルを構築します。これは、MACアドレステーブルにMACアドレスの登録がないと、レイヤ2スイッチはUnknownユニキャストフレームとしてフラッディングするからです。先にMACアドレステーブルを構築しておくことで、フラッディングが多発するのを防ぐことができます。転送遅延タイムを経過すると、ルートポートおよび代表ポートに決まったポートはフォワーディング状態へと移行します。ルートポートでも代表ポートでもないポート（非代表ポート）は、ブロッキング状態に戻ります。

### フォワーディング状態

フォワーディング状態においてのみ、フレームの転送を行うことができます。フォワーディング状態となるポートは、ルートポートと代表ポートです。

これら4つのポートの状態を、次のように遷移します（図4-19）。

- ブロッキング状態からリスニング状態（最大エージタイム 20秒が経過したら移行）
- リスニング状態からラーニング状態（転送遅延タイム 15秒が経過したら移行）
- ラーニング状態からフォワーディング状態もしくはブロッキング状態（転送遅延タイム 15秒が経過したら移行）

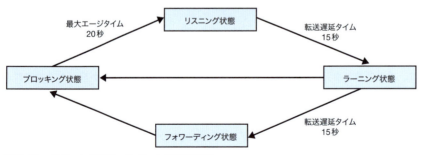

図4-19　スパニングツリーのポートの状態遷移

初期のブロッキング状態から、リスニング状態、ラーニング状態を経て、フォワーディング状態

4-2 スパニングツリープロトコルの仕組み

もしくはブロッキング状態へ至り、スパニングツリーが完成することを「コンバージェンス（収束）する」といいます。ネットワーク構成が変更され、スパニングツリーを再計算して、最終的にポートの役割が決定した場合もコンバージェンスです。

コンバージェンスという言葉は、スパニングツリープロトコルだけでなく、ルーティングプロトコルでもよく利用されます。一般的にコンバージェンスとは、「安定した状態に至ること」を指していると考えてください。また、コンバージェンスに要する時間を「コンバージェンス時間」といいます。そして、コンバージェンス時間が短いことを指して、「コンバージェンス速度が速い」や「コンバージェンスが高速」と表現します。

スパニングツリープロトコルのコンバージェンス時間は、標準では最大エージタイム（20秒）＋転送遅延タイム（15秒）＋転送遅延タイム（15秒）＝ 50秒です。

### 4-2-6 TCN BPDUによるルートブリッジへのトポロジー変更通知

スイッチがダウンするなど、スパニングツリーの状態遷移が必要な何らかの変更があった場合、TCN BPDUによって、ルートブリッジに対してトポロジーの変更通知を行うことができます。レイヤ2スイッチは、MACアドレステーブルに基づいて適切なポートにイーサネットフレームを転送しています。そこで、トポロジーが変更されたときは即座に通知することで、MACアドレステーブルのMACアドレスの登録変更を行います。

トポロジーに変更があったことは、スパニングツリーのポートの状態が変化することで検出されます。トポロジーの変更を検出すると、TCN BPDUによってルートブリッジまで通知します。ルートブリッジはルートポートの先にあるので、TCN BPDUはルートポートから送信されます。TCN BPDUを受信したスイッチは、その応答としてTCN ACKフラグとTCフラグをセットしたBPDUを送信して、さらに自身のルートポートからTCN BPDUを送信します。これをルートブリッジに到達するまで続けます。

そして、TCN BPDUを受信したルートブリッジは、スパニングツリーに参加しているレイヤ2スイッチに対して、MACアドレステーブルをリフレッシュするように通知します。具体的には、TCフラグをセットしたコンフィグレーションBPDUを一定時間（最大エージタイム＋転送遅延タイム）送信します。スイッチは、TCフラグをセットしたコンフィグレーションBPDUを受信すると、MACアドレステーブルのエージングタイムを転送遅延タイムまで短くして、いったんMACアドレステーブルをクリアします。そして、新しいトポロジーに基づいてMACアドレステーブルにMACアドレスを登録できるようにします。

TCN BPDUによるトポロジー変更通知の例を、図4-20、図4-21で見てみましょう。

# 第4章 スパニングツリープロトコル

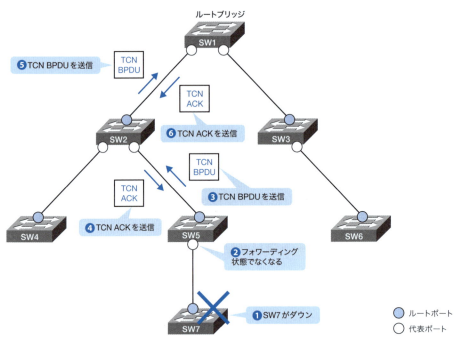

図4-20　TCN BPDUによるトポロジー変更通知 その1

❶ スパニングツリーに参加しているSW7が何らかの障害でダウンします。
❷ SW5のポートがフォワーディング状態でなくなり、SW5はトポロジー変更を検出します。
❸ SW5はルートブリッジへトポロジー変更を通知するために、ルートポートからTCN BPDUを送信します。TCN ACKを受信するまで2秒ごとにTCN BPDUを送信します。
❹ SW2はTCN BPDUを受信すると、TCN ACKを返してTCN BPDUを受信したことを通知します。TCN ACKは、コンフィグレーションBPDUのTCN ACKフラグとTCフラグをセットしたものです（図4-22）。
❺ SW2は自身のルートポートからTCN BPDUを送信します。
❻ SW1はTCN BPDUを受信すると、TCN ACKを返します。これで、ルートブリッジであるSW1がトポロジー変更を認識することができました。
❼ SW1はコンフィグレーションBPDUにTCフラグをセットして、スパニングツリーに参加しているすべてのスイッチにトポロジー変更を通知します。TCフラグをセットしたコンフィグレーションBPDUの送信は、デフォルトで35秒間（最大エージタイム20秒＋転送遅延タイム15秒）行います。
❽ SW2やSW3は、TCフラグをセットしたコンフィグレーションBPDUをツリーの下位のスイッチにも送信します。

❾ スイッチがTCフラグをセットしたコンフィグレーションBPDUを受信したら、MACアドレステーブルのエージングタイムを転送遅延タイムまで短くして、MACアドレステーブルのエントリをいったんクリアします。

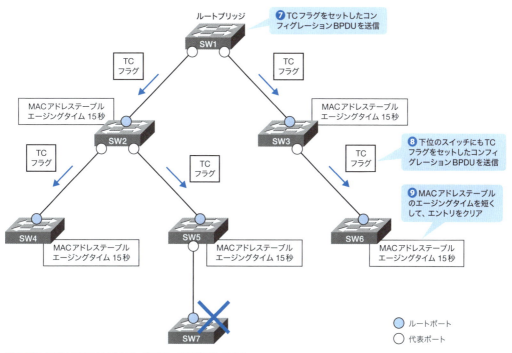

図4-21　TCN BPDUによるトポロジー変更通知 その2

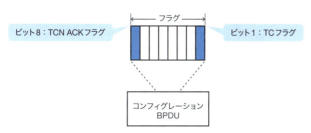

図4-22　コンフィグレーションBPDUのTCN ACKフラグとTCフラグ

### 4-2-7 スパニングツリーによる経路の切り替え

　3台のレイヤ2スイッチがループ構成となっているネットワークで何らかの障害が発生したときに、スパニングツリーによって経路がどのように切り替わるかを見てみましょう。

## ■ SW1-SW3間のリンク障害時

　図4-23のネットワークでSW1-SW3間のリンクに障害が発生したときは、SW3のポート2が新しいルートポートになるはずです。SW3にとっては直接のリンク障害なので、すぐにその障害を検出できます。SW3のポート2を新しいルートポートとして、トポロジーの変更が発生したことを新しいルートポートであるポート2からTCN BPDUを送信して通知します。また、ポート2はリスニング状態に移行します。

　SW2のポート2は、TCN BPDUを受信すると、リスニング状態に移行します。SW2は、さらにルートポートであるポート1からTCN BPDUを送信します。同様にSW1のポート1もリスニング状態に移行します。

　リスニング状態になった各ポートは、転送遅延タイムが経過したらラーニング状態に移行します。さらに転送遅延タイムが経過したら、フォワーディング状態に移行して、スパニングツリーの再計算が完了します。今回のSW3にとっての直接のリンク障害では、転送遅延タイム2回分（デフォルト30秒）の時間で経路の切り替えが完了します。

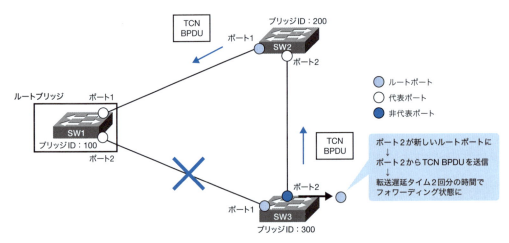

図4-23　SW1-SW3間のリンク障害時

## ■ SW1-SW2間のリンク障害時

　図4-24のネットワークでSW1-SW2間のリンク障害が発生したときは、SW3のポート2が新しい代表ポートになるはずです。SW3にとっては間接的なリンク障害です。

　正常時であれば、SW3はポート2でSW2から定期的にコンフィグレーションBPDUを受信しています。ところが、SW1-SW2間のリンク障害が発生すると、SW3のポート2にはSW2からの定期的なコンフィグレーションBPDUが届かなくなります*。定期的なコンフィグレーションBPDUが届かない状態で最大エージタイムが超過すると、ようやくSW3は障害を検出することができます。

4-2 スパニングツリープロトコルの仕組み

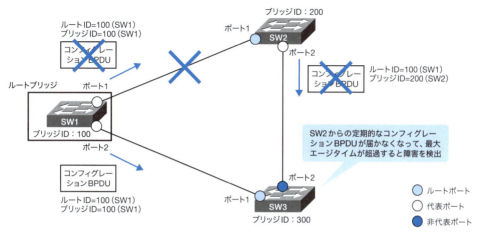

図4-24 SW1-SW2間のリンク障害時 その1

> ＊ SW1-SW2間のリンクがダウンすると、SW2はルートブリッジを認識できなくなり、自身をルートブリッジとするコンフィグレーションBPDUをポート2から送信するようになります。

　SW3はポート2をリスニング状態にしてスパニングツリーの再計算を行います。SW3のポート2は新しい代表ポートとなり、SW2のポート2はルートポートとなります。リスニング状態からラーニング状態を経てフォワーディング状態となり、スパニングツリーの再計算が完了します（**図4-25**）。この場合、SW3が障害を検出するまでに最大エージタイム（20秒間）必要で、その後、転送遅延タイム2回分の時間（30秒間）で経路の切り替えが完了します。デフォルトのタイマーの値では、合計で50秒間です。

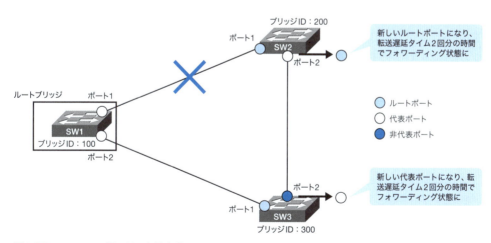

図4-25 SW1-SW2間のリンク障害時 その2

　以上のように、スパニングツリーの経路の切り替えには、30秒または50秒程度の時間が必要です。

その間はイーサネットフレームの転送はできません。これは現在のシステムとしては経路の切り替えに時間がかかりすぎです。そこで、より高速なコンバージェンスを可能にするIEEE802.1w RSTPが開発されました。RSTPであれば、数秒程度でスパニングツリーのコンバージェンスが完了して、障害時の通信断の時間を短くすることができます。RSTPについては4-4節で解説します。

## 4-3

# PVST

レイヤ2スイッチでは、VLANを利用することが当たり前になっています。スパニングツリープロトコルの利用もVLANを考慮しておくことが重要です。PVSTによってVLANごとのスパニングツリーの計算を行うことができます。

　ここまで、IEEE802.1Dの標準スパニングツリープロトコルについて説明してきました。標準スパニングツリープロトコルでは、同一ネットワークのスイッチ全体で1つのスパニングツリーのトポロジーを構成します。これをCST（Common Spanning Tree）と呼びます。CSTは、スイッチの物理的な接続が、そのままネットワークトポロジーだった時代は問題ありませんでした。しかし、現在のLANでは、VLANを利用することが当たり前になっています。CSTは、VLANをまったく考慮せずに、スイッチ全体で1つのスパニングツリーを構成します。そのため、VLANによってはイーサネットフレームの転送経路が最適ではなくなってしまいます。

　そこで新たに開発されたのがPVST（Per VLAN Spanning Tree）です。PVSTは、その名前のとおり、VLANごとのスパニングツリーを形成します。VLANごとに最適なイーサネットフレームの転送経路を決めることができ、VLAN単位でイーサネットフレームの転送の負荷分散を実現できます。次ページの図4-26は、PVSTによる負荷分散の例です。

　この図のSW1〜SW3ではVLAN1とVLAN2を作成していて、スイッチ間はトランクリンクで接続されています。VLANごとのスパニングツリーを考えると、VLAN1ではSW2のプライオリティが4096なのでルートブリッジとなります。その結果、SW1のポート1はルートポートになります。VLAN1ではポート2よりもポート1のほうがルートブリッジに近い、つまりルートパスコストが小さくなるからです。ポート2は非代表ポートとなり、ループ防止のためにブロッキング状態になります。

　一方、VLAN2ではSW3のプライオリティが4096なのでルートブリッジとなります。そして、SW1のポート2がルートポートに、ポート1が非代表ポートになります。

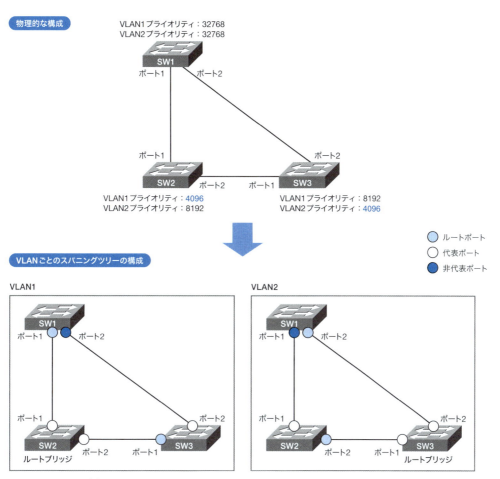

図4-26　PVSTの例

　このように、PVSTでは1つのポートの役割がVLANごとに決まります。VLANが違えば、ポートの役割が変わる場合があります。**図4-26**のSW1、SW2、SW3について、ポートの役割をVLANごとにまとめると、**表4-5**のようになります。

第4章　スパニングツリープロトコル

表4-5　それぞれのSWでのVLANごとのポートの役割

| SW1 | | | |
|---|---|---|---|
| VLAN | ポート1の役割 | ポート2の役割 | 備考 |
| VLAN1 | ルートポート | 非代表ポート | ポート1のルートパスコストが小さい |
| VLAN2 | 非代表ポート | ルートポート | ポート2のルートパスコストが小さい |

| SW2 | | | |
|---|---|---|---|
| VLAN | ポート1の役割 | ポート2の役割 | 備考 |
| VLAN1 | 代表ポート | 代表ポート | VLAN1のルートブリッジ |
| VLAN2 | 代表ポート | ルートポート | ― |

| SW3 | | | |
|---|---|---|---|
| VLAN | ポート1の役割 | ポート2の役割 | 備考 |
| VLAN1 | ルートポート | 代表ポート | ― |
| VLAN2 | 代表ポート | 代表ポート | VLAN2のルートブリッジ |

　たとえばSW1は、VLAN1のフレームをポート1で転送します。そして、VLAN2のフレームをポート2で転送します。つまり、SW1はVLANごとにフレームを転送するポートを分散させていることがわかります。

　以上のように、VLANの利用が当たり前となった今では、PVSTのようにVLANを考慮したスパニングツリーを形成することが望ましいといえます。ただし、多数のVLANが存在する環境でPVSTを利用すると、スイッチに対する負荷が大きくなってしまいます。たとえばVLANを10個作成しているネットワークであれば、PVSTを利用しているレイヤ2スイッチは10個分のBPDUをやり取りして、10個分のスパニングツリーの計算を行わなくてはなりません。しかし、多数のVLANがあったとしても、イーサネットフレームの転送経路はそれほどたくさんあるわけではありません。それぞれのVLANごとにスパニングツリーの計算を行うのは効率が悪く、スイッチの処理負荷が大きくなるだけです。

　そこで、PVSTよりもさらに効率よくイーサネットフレームの転送の負荷分散を行うために、IEEE802.1s MSTが開発されました。MSTでは、複数のVLANをグループ化して、VLANのグループごとにスパニングツリーの計算を行うことができます。詳細は4-5節で説明します。

## 4-4

# RSTP

スパニングツリープロトコルのコンバージェンスを高速化するために、IEEE802.1w RSTPが開発されました。ここではRSTPの仕組みについて解説します。

## 4-4 RSTP

### 4-4-1 RSTPの概要

4-2-7項で説明したとおり、標準スパニングツリープロトコルでは、経路の切り替えに数十秒単位の時間がかかってしまいます。障害が発生して数十秒も通信できないのは、現在のシステムでは許容できないことがほとんどでしょう。そこで、経路の切り替えをより高速に行えるスパニングツリーの規格が開発されました。それがIEEE802.1w RSTP（Rapid Spanning Tree Protocol）です。

RSTPでは、スイッチ間のリンクは原則として、ポイントツーポイント[1]の全二重通信であることを前提としています。ポイントツーポイントリンク間でハンドシェイク[2]することで、素早くスイッチのポートの役割を決定できます。ポートの役割も標準スパニングツリープロトコルから拡張されています。

> ＊1 ポイントツーポイントとは、2つの端末間だけの通信です。他に、一対多のリンク形態として
>    ポイントツーマルチポイントなどがあります。
> ＊2 ハンドシェイクとは、データ通信を始める前に各種パラメータなどの事前のやり取りを行う
>    ことです。

### 4-4-2 RSTPのポートの役割と状態

RSTPでは、ポートの役割として次の4つがあります。

- ルートポート
- 代表ポート
- 代替ポート（Alternate Port）
- バックアップポート（Backup Port）

ルートポート、代表ポートは、標準スパニングツリープロトコルのそれと同じです。標準スパニングツリープロトコルではブロッキング状態になる非代表ポートが、代替ポートとバックアップポートに細分化されています。代替ポートは、ルートポートのバックアップです。ルートポートがダウンしたときに、代替ポートが新しいルートポートの候補となります[1]。そして、バックアップポートは代表ポートのバックアップです[2]。

> ＊1 代替ポートは一意なものではなく、必ず新しいルートポートになるとは限りません。
> ＊2 ポートがバックアップポートになるのは、スイッチを共有ハブに接続した場合のみです。し
>    かし、現在のネットワーク構成で共有ハブを利用することは、ほとんどありません。そのた
>    め、バックアップポートを考慮する必要はほとんどありません。

図4-27は、RSTPのポートの役割をまとめたものです。

131

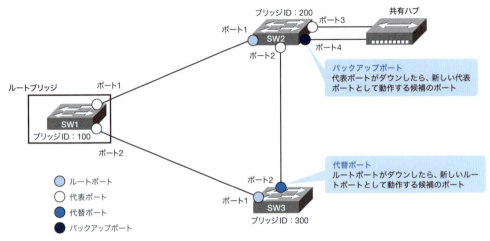

図4-27　RSTPのポートの役割

　また、RSTPのポートの状態として、**表4-6**のものがあります。標準スパニングツリープロトコルでのブロッキング状態、リスニング状態が、RSTPではディスカーディング（破棄）状態となっています*。

表4-6　標準スパニングツリープロトコルとRSTPのポート状態の対応

| 標準STPのポート状態 | RSTPのポート状態 |
| --- | --- |
| ブロッキング | ディスカーディング |
| リスニング | |
| ラーニング | ラーニング |
| フォワーディング | フォワーディング |

*　RSTPについて語られる中でも「ブロッキング状態」という表現はよく使われます。

### 4-4-3　RSTP BPDU

　RSTPのBPDUは、標準スパニングツリープロトコルのBPDUとよく似ています。RSTP BPDUのフォーマットは**表4-7**のとおりです。

表4-7　RSTP BPDUのフォーマット

| フィールド | バイト数 | 概要 |
| --- | --- | --- |
| プロトコルID | 2 | 「0x0002」で固定 |
| バージョン | 1 | 「0x02」で固定 |
| BPDUタイプ | 1 | 「0x02」で固定 |

| フィールド | バイト数 | 概要 |
| --- | --- | --- |
| フラグ | 1 | ビット8：TCN ACKフラグ |
| | | ビット7：アグリーメントフラグ |
| | | ビット6：フォワーディングフラグ |
| | | ビット5：ラーニングフラグ |
| | | ビット4、ビット3：ポートの役割 |
| | | 00 - Unknown |
| | | 01 - 代替ポートまたはバックアップポート |
| | | 10 - ルートポート |
| | | 11 - 代表ポート |
| | | ビット2：プロポーザルフラグ |
| | | ビット1：TCフラグ |
| ルートID | 8 | ルートブリッジのブリッジID |
| ルートパスコスト | 4 | ルートブリッジまでの累積コスト |
| ブリッジID | 8 | BPDUを送信するスイッチの識別情報 |
| ポートID | 2 | ポートプライオリティとポート番号から構成されるポートの識別情報 |
| メッセージエージタイマー | 2 | BPDUが生成されてからの時間 |
| 最大エージタイマー | 2 | BPDUの有効時間 |
| ハロータイマー | 2 | ルートブリッジがBPDUを送信する間隔 |
| 転送遅延タイマー | 2 | ラーニング状態の時間 |
| バージョン1長さ | 2 | 「0x0000」（将来使用） |

　標準スパニングツリープロトコルではコンフィグレーションBPDUとTCN BPDUの2種類のBPDUを使用していましたが、RSTPのBPDUは1種類です。RSTPにおけるトポロジー変更通知は、TCフラグをセットしたBPDUを利用します。

### 4-4-4　プロポーザル/アグリーメントによるポートの役割の決定

　標準スパニングツリープロトコルでは、ルートブリッジからのコンフィグレーションBPDUに基づいて、ルートポートや代表ポートを決定しています。それに対して、RSTPではポイントツーポイントリンクの2つのポート間でハンドシェイクして、代表ポートとルートポートを決定できるようにしています。そのために利用するBPDUのフラグが、プロポーザルフラグとアグリーメントフラグです。プロポーザルフラグは、自身のポートを代表ポートとして振る舞おうとするフラグです。アグリーメントフラグは、対向ポートを代表ポートとして受け入れて、自身のポートをルートポートとするためのフラグです。

　2台のスイッチをポイントツーポイントリンクで接続すると、それぞれのスイッチはポートをディス

カーディング状態にしたうえで、自身をルートブリッジであると仮定して、代表ポートとしてプロポーザルフラグをセットしたBPDU（プロポーザルBPDU）を送信します。

プロポーザルBPDUを受信した側では、ルートブリッジの情報やルートパスコストをチェックします。相手のほうが勝っている場合は、対向のポートを代表ポートとして認めます。プロポーザルBPDUを受信したポートをルートポートとし、アグリーメントフラグをセットしたBPDU（アグリーメントBPDU）を送信します（図4-28）。

自身のポートのほうが勝っている場合は、対向のポートからアグリーメントBPDUを受信したら、すぐに代表ポートとしてフォワーディング状態に移行します。

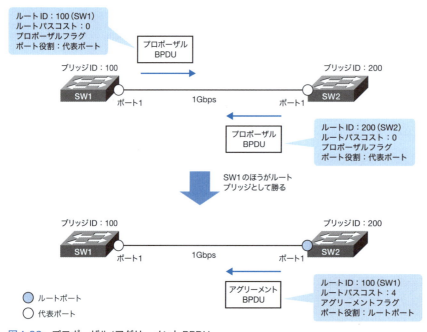

図4-28　プロポーザル/アグリーメントBPDU

もし、プロポーザルBPDUを受信したポートよりもルートポートとして適切なポートがある場合は、アグリーメントBPDUは送信しません。その場合、対向のポートは標準スパニングツリープロトコルと同じように転送遅延タイム2回分を待って代表ポートになり、フォワーディング状態に移行します。

3台のスイッチがループ構成になっている場合、プロポーザル/アグリーメントによって、図4-29のようにポートの役割が決定されます。

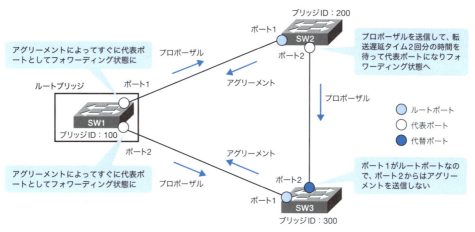

図4-29　プロポーザル/アグリーメントによるポートの役割の決定の例

## 4-5 MST

多数のVLANを利用しているネットワーク構成で、効率よくスパニングツリーの負荷分散を行うためのプロトコルがMSTです。MSTの概要について解説します。

### 4-5-1 MSTの概要

　MST（Multiple Spanning Tree）は、多数のVLANがあるネットワーク環境で、通常時にVLANのグループごとにイーサネットフレームの転送経路を負荷分散できるようにするためのスパニングツリーの拡張です。IEEE802.1sで標準化されています。また、MSTの利用条件として、RSTPが有効でなければなりません。つまり、MSTを利用することで、イーサネットフレームの転送経路の負荷分散と、RSTPの高速なコンバージェンスが可能になります。

　MSTでは、レイヤ2スイッチをMSTリージョンにグループ化します。MSTリージョンとは、共通のリージョン名、リビジョン番号、VLANとインスタンスの対応を設定しているスイッチの集合です。複数のVLANをMSTインスタンスに対応付けて、MSTインスタンスごとにスパニングツリーのトポロジーを構成することができます。

　次ページの図4-30がMSTの例です。SW1〜SW3それぞれでVLAN1〜VLAN10の10個のVLANを作成して、スイッチ間はトランクリンクで接続しているものとします。そして、SW1〜SW3で、共通のMSTリージョンの設定を行います。具体的には、MSTリージョン名、リビジョン番号、VLANとインスタンスの対応を設定します。VLANとインスタンスの対応として、VLAN1〜VLAN5

をMSTインスタンス1とし、VLAN6～VLAN10をMSTインスタンス2とします。

さらに、MSTインスタンスごとにスパニングツリーの構成をそれぞれ考えます。

MSTインスタンス1では、SW2のプライオリティが最も小さいのでルートブリッジになります。また、SW3がセカンダリルートブリッジになります。そのため、SW1のポート2が代替ポートとなり、イーサネットフレームの転送をブロックします。MSTインスタンス1に対応付けているVLAN1～VLAN5のイーサネットフレームは、SW1-SW2間のリンクで転送します。

MSTインスタンス2では、SW3のプライオリティが最も小さいのでルートブリッジになり、SW2がセカンダリルートブリッジになります。SW1のポート1が代替ポートになり、イーサネットフレームの転送をブロックします。MSTインスタンス2、すなわちVLAN6～VLAN10のイーサネットフレームは、SW1-SW3間のリンクで転送します。

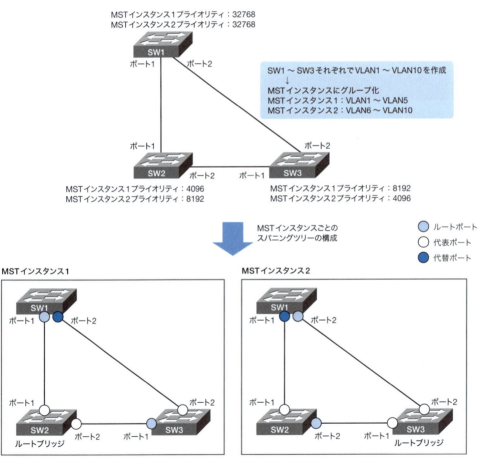

図4-30　MSTの例

## 4-6 リンクアグリゲーション

リンクアグリゲーションによって、帯域幅とリンクの冗長化を実現できます。リンクアグリゲーションはとても広く利用されています。ここでは、リンクアグリゲーションの仕組みについて解説します。

### 4-6-1　LANの高速化

　LANの通信を高速化しようとしたとき、真っ先に思いつくことは、高速なリンクにアップグレードすることです。たとえば、現在ギガビットイーサネット（1Gbps）のリンクを利用しているのであれば、10ギガビットイーサネット（10Gbps）のリンクにアップグレードします。ただし、それなりのコストが必要です。10ギガビットイーサネットに対応したスイッチ製品のコストはかなり下がってきたとはいえ、新しいスイッチを導入するにはコストがかかります。場合によっては、より高品質なケーブルが必要になったり、ケーブルを再敷設するコストがかかることも考えられます。

#### ■ リンクを複数にするという考え方

　高速化の手段として、リンクそのものをアップグレードするのではなく、通信するリンクの数を増やすというのはどうでしょうか。もし、スイッチに利用していないポートがあれば、複数のリンクでスイッチ間を接続して負荷分散することで通信を高速化しよう、という考え方です。ループ構成となりますが、スパニングツリープロトコルを使えばフレームがループする恐れもありません。……しかし、これでは通信の高速化は実現できません。単純にスイッチ間を複数のリンクで接続しただけでは、1つのリンクを除いて残りのリンクはスパニングツリーによってブロックされてしまうからです。

　その様子を表したのが図4-31です。

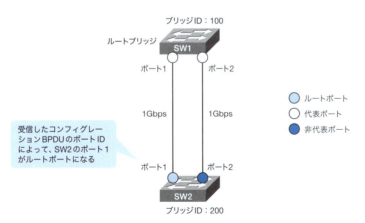

図4-31　2台のスイッチを単純に2本のリンクで接続した場合

図4-31のネットワーク構成例ではSW1のブリッジIDのほうが小さいので、SW1がルートブリッジになります。そして、SW1のポート1、ポート2が代表ポートになります。SW2では、ポート1かポート2のどちらかがルートポートになります。SW2のルートポートの選出は、ルートパスコストやブリッジIDでは決まりません。SW1が送信するコンフィグレーションBPDUをSW2が受信しますが、ルートパスコストは同じです。ブリッジIDも同じになってしまいます。そこで、受信したコンフィグレーションBPDUのポートIDによってルートポートを選出します。SW2のポート1で受信するコンフィグレーションBPDUのポートIDのほうが小さいので、SW2のポート1がルートポートとなります。残ったSW2のポート2はブロッキング状態になります。

以上のように、2本のリンクで接続したとしても、イーサネットフレームの転送に利用できるのは1本のリンクだけです。これは、3本、4本のリンクで接続しても同じです。

## 4-6-2　リンクアグリゲーションの利用

前項の考え方を発展させたものがリンクアグリゲーションです。複数のリンクをそのまま扱うのではなく、まとめて1つのリンクとして扱うのがポイントです。リンクアグリゲーションを利用すれば、通常時には複数のリンクでイーサネットフレームの転送を負荷分散させることができます。そして、1本のリンクに障害が発生したとしても、残りのリンクでイーサネットフレームの転送を継続できます。

リンクアグリゲーションは、スイッチ内部に複数の物理ポートをまとめた仮想的なポートを作成する機能だと考えてください。リンクアグリゲーションによってスイッチ内部に作られた仮想的なポートと、物理ポートを対応付けることで、複数のポートをグループ化します。図4-32がリンクアグリゲーションの例です。

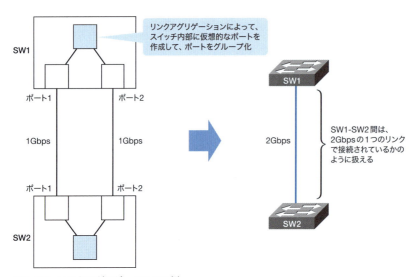

図4-32　リンクアグリゲーションの例

この図では、2つのスイッチSW1とSW2を2本のギガビットイーサネットのリンク（1Gbps）で接続しています。それぞれのスイッチでリンクアグリゲーションの設定を行うことで、仮想的なポートを作成して2つの1Gbpsのポートをグループ化します。これにより、SW1とSW2は実質的に2Gbpsの1つのリンクで接続されているかのように扱うことができます。

リンクアグリゲーションは、片方のスイッチだけで設定しても意味がありません。当然ながら、両方のスイッチで正しく設定しなければいけません。そこで、両方のスイッチで効率よくリンクアグリゲーションの設定を行うためのプロトコルとしてLACP（Link Aggregation Control Protocol）があります。LACPは、IEEE802.3adとして標準化されています。LACPによって対向のスイッチ間でネゴシエーションを行うことで、リンクアグリゲーションを正常に機能させることができます。

### 4-6-3　リンクアグリゲーションでのイーサネットフレームの転送

リンクアグリゲーションによって複数のリンクを1つにまとめた場合のイーサネットフレームの転送について考えてみましょう。注意しなければいけないのは、複数のリンクへのフレームの振り分けられ方です。スイッチは転送するイーサネットフレームのアドレス情報などからハッシュ計算を行い、利用するリンクを振り分けます。そのため、同じアドレス情報のイーサネットフレームは、同じリンクを通じて転送されることになります。

イーサネットフレームのアドレス情報をどのように判断するかは、スイッチの設定や製品によって異なります。送信元MACアドレス、宛先MACアドレスや、ネットワーク層のIPアドレス、さらにはトランスポート層のTCP/UDPポート番号などによって利用するリンクの振り分けを行うことができます。リンクアグリゲーションのリンク上で、どのようなアドレス情報のイーサネットフレームを転送するかを考えて、適切な振り分けが行われるように設定しなければいけません。

#### ■ リンクの振り分けの例

リンクの振り分けについて、図4-33のようなシンプルな例で考えてみましょう。

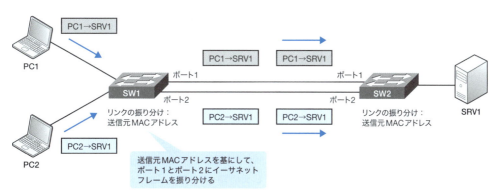

図4-33　リンクアグリゲーションでのリンクの振り分け その1

図4-33では、SW1とSW2間を2本のリンクで接続して、リンクアグリゲーションによって2本のリンクを1つにまとめています。SW1とSW2では、リンクアグリゲーションのリンクの振り分けを送信元MACアドレスに基づくものと設定しています。SW1にはPC1とPC2が接続され、SW2にはSRV1が接続されています。話を簡単にするために、すべて同一VLANと考えてください。

PC1からSRV1へのイーサネットフレームとPC2からSRV1へのイーサネットフレームでは、送信元MACアドレスが異なります。SW1は、送信元MACアドレスがPC1のイーサネットフレームはポート1へ転送し、送信元MACアドレスがPC2のイーサネットフレームはポート2へ転送するといったように、複数のリンクを振り分けることができます。PC1、PC2からSRV1宛てのイーサネットフレームは、この図のようにうまくリンクの振り分けが行えます。

そして、通信はたいてい双方向です。PC1やPC2からSRV1に何らかのデータを送信すると、その返事が返ってきます。SRV1からPC1やPC2へのイーサネットフレームの転送を考えると、図4-34のようになります。

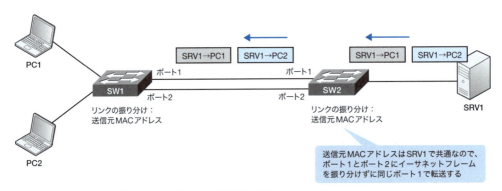

図4-34　リンクアグリゲーションのリンクの振り分け その2

SRV1からPC1またはPC2宛てのイーサネットフレームの送信元MACアドレスは、SRV1のMACアドレスで共通です。SW2でのリンクの振り分けを送信元MACアドレスに基づいて行っていると、PC1宛てもPC2宛ても結局は同じリンクにイーサネットフレームを転送することになります。しかし、1つのリンクだけに集中すると、帯域幅が足りなくなる可能性があります。この場合、SW2では宛先MACアドレスや宛先IPアドレスを基にリンクの振り分けを行うことで、うまく負荷分散できます。

先述のとおり、リンクアグリゲーションのリンク上でどのようなイーサネットフレームを転送するかをしっかり考えて、適切なリンクの振り分けができるようにすることが重要です。可能ならば、TCP/UDPポート番号など、より上位のレイヤのアドレス情報でリンクを振り分けたほうがリンクの利用効率がよくなります。通信するアプリケーションが異なれば、TCP/UDPのポート番号も異なるので、同じPCの通信であってもアプリケーションごとにリンクが振り分けられることが期待できます。

リンクの振り分けアルゴリズムにどのようなアドレス情報を利用できるかも機器によって異なるので、機器の仕様を確認しておくことが大切です。

第 **5** 章

# IPルーティング

インターネットのWebサイトを見たり、電子メールを送受信したり
といったアプリケーションの通信では、ルーティングが非常に大き
な役割を果たしています。この章以降で、ルーティングの仕組みを
詳しく解説します。

- 5-1 ルーティングとは
- 5-2 ルータによるデータ転送の特徴
- 5-3 ルーティングテーブル
- 5-4 ルータとスイッチのデータ転送の違い
- 5-5 ルート情報の登録方法
- 5-6 ルーティングプロトコルの分類
- 5-7 ルーティングの動作
- 5-8 ホストでのルーティング
- 5-9 VRRP

第5章　IPルーティング

## 5-1

# ルーティングとは

通信を行うサーバやPCは、必ずしも同じネットワーク上に接続されているとは限りません。たくさんのネットワークが相互接続されていて、サーバやPCはそれぞれ異なるネットワークに接続されていることが多いでしょう。このような異なるネットワークの送信元から最終的な宛先までデータを転送することを、エンドツーエンドの通信と呼びます。エンドツーエンドの通信を実現するためには、ルータによるルーティングがとても重要な役割を担っています。

## 5-1-1　ルータの役割

最初に、ルータの役割について考えましょう。ルータによって提供される主な機能は、次のとおりです。

- ブロードキャストドメインの分割
- ルーティング
- パケットフィルタリング
- アドレス変換（NAPT）

3-1-2項で説明したように、ルータによってブロードキャストドメイン（1つのネットワーク）を分割することができます。

異なるネットワーク上のコンピュータ同士が通信を行うには、ルータによってパケットを中継してもらう必要があります。この中継機能がルーティングです*。

> ＊　ルータだけがルーティングを行っているわけではなく、実際にはTCP/IPを利用する機器はすべてルーティングを行っています。PCやサーバなどのルーティングについては「5-8　ホストでのルーティング」で説明します。

パケットフィルタリングは、3-5-1項で説明したように、IPヘッダやTCP/UDPヘッダなどのヘッダ情報を参照して通信を識別し、通信を許可するか拒否するかを決める機能です。

また、企業の社内LANでは多くの場合プライベートアドレスを利用しています。社内LANからルータによってインターネットに接続する場合、通常プライベートアドレスとグローバルアドレスの変換が必要です。この変換をルータのNAPT（Network Address Port Translation）機能で行います。

このような機能がありますが、ルータの根本的な役割としては、ネットワークを相互接続するためのネットワーク機器だといえるでしょう。企業ネットワークの内部には、いくつものネットワークが存在しています*。ルータによって、それらのネットワークを相互接続します。インターネットにも膨大な数のネットワークが存在していて、それぞれのネットワークをルータが相互に接続しています。

142

> ＊ ここでの「ネットワーク」という言葉ですが、前者の「企業ネットワーク」とは企業のネットワークシステムの総体のことであり、後者の「ネットワーク」はレイヤ2スイッチなどで構成されルータによって区切られる範囲であることに注意してください。

　ここで、「ルータがネットワークを相互接続する」ということについて、もう少し詳しく考えます。ルータがネットワークを相互接続するには、ルータのインタフェースに物理的な配線をするとともに、インタフェースにIPアドレスを設定します。たとえば、インタフェース1に物理的な配線を行ってそのインタフェースが有効（enable）になり、IPアドレス192.168.1.254/24を設定すると、ルータのインタフェース1は192.168.1.0/24のネットワークに接続していることになります。ルータには複数のインタフェースが備わっていて、それぞれのインタフェースの物理的な配線とIPアドレスの設定を行うことで、ルータは複数のネットワークを相互接続することになります。

　図5-1は、ルータによるネットワークの相互接続の様子を表しています。

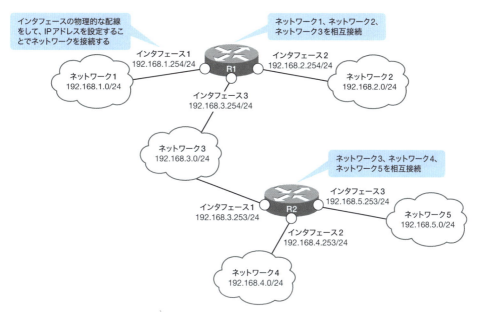

図5-1　ルータによるネットワークの相互接続

　図のR1には3つのインタフェースがあります。インタフェース1の物理的な配線をしてIPアドレス192.168.1.254/24を設定すると、ルータ1のインタフェース1はネットワーク1の192.168.1.0/24に接続されます。同様に、インタフェース2とインタフェース3にも物理的な配線をしてIPアドレスを設定することで、R1はネットワーク1、ネットワーク2、ネットワーク3を相互接続します。

　ネットワーク3には、R1だけではなくR2も接続されています。R2の3つのインタフェースにも、R1と同様に物理的な配線をしてIPアドレスを設定することで、R2はネットワーク3、ネットワーク4、ネットワーク5を相互接続します。

なお、前ページの図では1つのネットワークを雲のアイコンで表していますが、実際の内部構成としてはレイヤ2スイッチを利用していることがほとんどです。レイヤ2スイッチにルータのインタフェースやPC、サーバなどを接続して、1つのネットワークを構成しています（図5-2）。

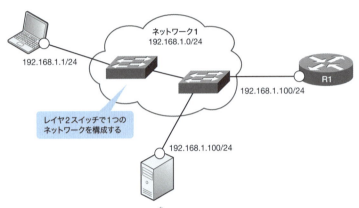

図5-2　1つのネットワークの構成[*]

* この図のレイヤ2スイッチはVLANを利用していません。

## 5-2 ルータによるデータ転送の特徴

ルータによるデータの転送であるルーティングが、どのような範囲でどのような情報に基づいて行われているかについて見ていきましょう。

第2章でも触れましたが、ネットワーク機器の主な機能はデータを転送することです。あるネットワーク機器がデータをどのように転送するかを理解するためのポイントは、次の2点です。

- データの転送範囲
- 何に基づいてデータを転送するか

ルータによるデータの転送について、上記のポイントに基づいて考えます。

### 5-2-1　データの転送範囲

ルータによるデータの転送範囲は、ルータによって相互接続されているネットワーク間です。1台

のルータで相互接続されているネットワーク間にとどまらず、何台ものルータで相互接続されているネットワーク間でのデータ転送が可能です（図5-3）。

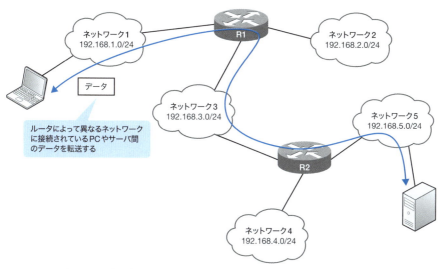

図5-3　ルータのデータ転送範囲

　この図のように、異なるネットワークに接続されているPCとサーバ間の通信のことをエンドツーエンドの通信と呼びます。ルータがネットワーク間でのルーティングを行うことで、エンドツーエンドの通信を実現できます。

### 5-2-2　何に基づいてデータを転送するか

　TCP/IPで通信するときは、通信相手を識別するためにIPアドレスを利用します。ルータはIPアドレスに基づいて、データを適切なネットワークへ転送します。ただし、そのためには、ルータの**ルーティングテーブル**に転送先のネットワークの情報があらかじめ登録されている必要があります。ルーティングするためには、まず、ルータのルーティングテーブルを作成することが大前提です。

　ルーティングテーブルの詳細は後述しますが、主な内容として、宛先のネットワークアドレスとネクストホップアドレスが登録されています。ネクストホップアドレスとは、次にデータを転送するべきルータのIPアドレスです。ルータにデータがやってくると、データに記されている宛先IPアドレスとルーティングテーブルの内容を照らし合わせて、次に転送するべきルータを判断し、データを転送します。ルーティングテーブルに登録されていないネットワーク宛てのデータは、転送することができずに破棄されます。ルーティングテーブルにネットワークの情報を登録することは、ルーティングを考えるうえでとても重要です。

　図5-4は、ルータがネットワーク間でデータをルーティングする例です。

第5章　IPルーティング

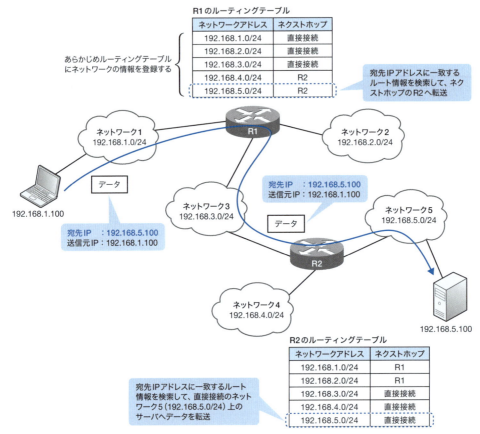

図5-4　ルーティングの例

　図の内容について説明します。まず、R1とR2は、自身のルーティングテーブルに、データを転送したいすべてのネットワークの情報を登録しておく必要があります。この図の場合は、ネットワーク1（192.168.1.0/24）からネットワーク5（192.168.5.0/24）までの5つのネットワークの情報です。

　そして、PC（192.168.1.100）からサーバ（192.168.5.100）へデータを転送するときは、宛先IPアドレスに192.168.5.100が指定されます。R1は宛先IPアドレスに一致するルーティングテーブル上のネットワークの情報を検索します。情報が見つかり、ネクストホップがR2となっているので、R1はR2へデータを転送します。

　続いて、R2でもデータに記されている宛先IPアドレスとルーティングテーブルを見て、直接接続されているネットワーク5（192.168.5.0/24）上のサーバへとデータを転送します。

　このように、ルータはIPアドレスとあらかじめ作成しているルーティングテーブルに基づいて、データを適切なネットワーク間で転送します。IPアドレスはOSI参照モデルのレイヤ3、すなわちネットワーク層のアドレスなので、ルータは「レイヤ3のネットワーク機器」に当たります。

## 5-3

# ルーティングテーブル

ルーティングするためには必ずルーティングテーブルが必要です。ここでは、ルーティングテーブルの内容について解説します。

　ルーティングを考えるうえでとても重要なポイントは、あらかじめルーティングテーブルを作っておかなければいけない、ということです。データを転送したいネットワークの情報（ルート情報）をルーティングテーブルに登録しておかなければ、ルーティングはできません。つまり、「知らないネットワーク宛てにはデータを転送できない」ということです。ルート情報の主な内容は、次のとおりです。

- ルートの情報源
- ネットワークアドレス/サブネットマスク
- メトリック
- アドミニストレーティブディスタンス
- ネクストホップアドレス
- 出力インタフェース
- 経過時間

それぞれの内容について説明していきます。

### ルートの情報源

　ルータがどうやってルーティングテーブルにルート情報を登録したのかを示しています。ルートの情報源として、大きく次の3種類があります。

- 直接接続
- スタティックルート
- ルーティングプロトコル

### ネットワークアドレス/サブネットマスク

　ルーティングする宛先のネットワークです。データの宛先IPアドレスをキーにして、ルート情報のネットワークアドレス/サブネットマスクを検索します。

### メトリック

　メトリックは、ルータから目的のネットワークまでの「距離」を数値化したものです。距離といっても物理的な距離ではなく、経由するルータの台数やルート上の通信速度といったネットワーク的な距離です。

147

第5章　IPルーティング

メトリックの情報は、ルーティングプロトコルによって学習したルート情報の中にあります。直接接続やスタティックルートのルート情報ではメトリックを考えません。ルーティングプロトコルごとに、どのような情報からメトリックを算出するかが異なりますが、最終的には1つの数値になります。距離が短いほうがよりよいルートと考えられるので、メトリックが最も小さいルートが最適ルートとなります。

## アドミニストレーティブディスタンス（Ciscoルータ独自）

ルーティングプロトコルごとに、メトリックとしてどのような要素を考慮するかが異なります。そうしたルーティングプロトコルごとに異なるメトリックを比較できるように調節するためのパラメータが、アドミニストレーティブディスタンスです*。つまり、アドミニストレーティブディスタンスとメトリックによって、ルータは目的のネットワークまでの距離を認識します。

> ＊　アドミニストレーティブディスタンスはシスコシステムズ社独自のものですが、他のベンダーのルーティングテーブルでも「優先度」などと呼称して同じような情報が含まれています。

## ネクストホップアドレス

目的のネットワークへパケットを送り届けるために、次に転送するべきルータのIPアドレスです。「ホップ（hop）」とは、ここではルータを指します。ネクストホップアドレスは、原則としてルータと同じネットワーク内の次のルータのIPアドレスです。

## 出力インタフェース

目的のネットワークへパケットを転送するときに、パケットを出力するインタフェースの情報です。ネクストホップアドレスと出力インタフェースを合わせて、目的のネットワークまでの「方向」と考えることができます。

## 経過時間

ルーティングプロトコルで学習したルート情報について、ルーティングテーブルに登録されてから経過した時間です。経過時間が長ければ長いほど、安定したルート情報と考えられます。

図5-5は、企業ネットワークでよく利用されているシスコシステムズ社のルータのルーティングテーブルの例です。

5-3　ルーティングテーブル

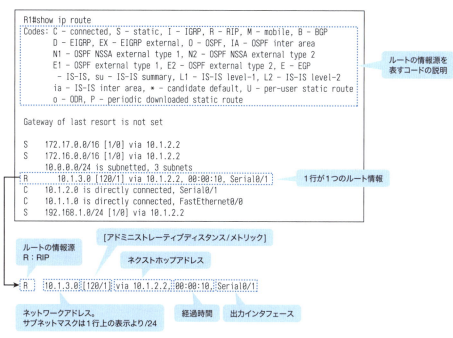

図5-5　ルーティングテーブルの例

　ルーティングテーブルは、ルータが認識しているネットワーク構成を表しています。この例のルータ（R1）は、全部で次の6つのネットワークを認識しています。

- 172.17.0.0/16
- 172.16.0.0/16
- 10.1.3.0/24
- 10.1.2.0/24
- 10.1.1.0/24
- 192.168.1.0/24

　ルーティングテーブルのルート情報のうち、最も基本的なルート情報は、直接接続のルート情報（ルートの情報源「C」）です。R1では、10.1.1.0/24と10.1.2.0/24の2つのネットワークが直接接続です。10.1.1.0/24のネットワークはインタフェース「FastEthernet0/0」で接続しています。また、10.1.2.0/24のネットワークはインタフェース「Serial0/1」で接続しています。残りのネットワークは、直接接続ではないリモートネットワークです。172.17.0.0/16、172.16.0.0/16、192.168.1.0/24はスタティックルート（後ほど説明）としてルーティングテーブルに登録しています（ルートの情報源「S」）。R1は、10.1.2.0/24上に次のルータ（10.1.2.2）がいて、そのルータの先に3つのネットワークが接続されていると認識しています。ただ、R1からは10.1.2.2のルータの先のネットワーク構成の詳細はわ

かりません。

　そして、10.1.3.0/24のネットワークはRIPによってルーティングテーブルに登録されています（ルートの情報源「R」）。RIPのようなルーティングプロトコルのルート情報では、目的のネットワークまでの距離もわかります。R1から見て、10.1.3.0/24のネットワークはやはり10.1.2.2の先にあるのですが、[120/1]だけ離れていることがわかります。

　図5-5のR1のルーティングテーブルから、R1が認識しているネットワーク構成を考えると、図5-6のようになります。

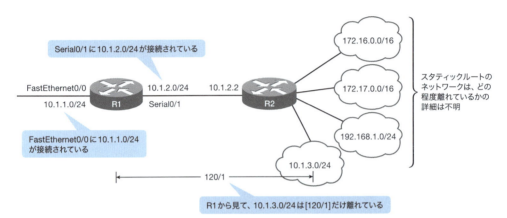

図5-6　ルーティングテーブルを基に考えた、R1が認識しているネットワーク構成

　R1はこのようにネットワーク構成を認識していて、認識しているネットワークにだけデータを転送できます。R1以外のネットワーク上の各ルータでも、同じようにルーティングテーブルで適切にネットワーク構成を認識しておくことで、はじめてエンドツーエンド通信が可能となります。

## 5-4 ルータとスイッチのデータ転送の違い

　第2章のレイヤ2スイッチでのデータ転送とルータによるルーティングの違いを考えましょう。ネットワーク機器のデータ転送のポイントは、転送の範囲と何に基づいてデータを転送するかです。

　ルータのデータ転送の特徴は、「知らないネットワーク宛てにはデータを転送しない」ということです。これは、レイヤ2スイッチでのデータ転送とは大きく異なります。レイヤ2スイッチは、データの宛先MACアドレスとMACアドレステーブルに基づいてデータを転送します。宛先MACアドレスがMACアドレステーブルに登録されていなかったら、とりあえずすべてのポートに転送します。

この動作をフラッディングと呼びます。一方、ルータは、ルーティングテーブルに登録されていないネットワーク宛てのデータを受け取ったときは、データを破棄します。

このようなデータ転送の違いは、データの転送範囲によるものです。レイヤ2スイッチのデータの転送範囲は、同じネットワーク内だけです。知らないMACアドレス宛てのデータをとりあえずフラッディングしたとしても、影響は限られています。一方、ルータはネットワーク間でのデータ転送を行います。知らないネットワーク宛てのデータをとりあえず転送してしまったとしたら、その影響は非常に大きくなる恐れがあります。

ルータとスイッチのデータ転送の違いをまとめたものが図5-7です。

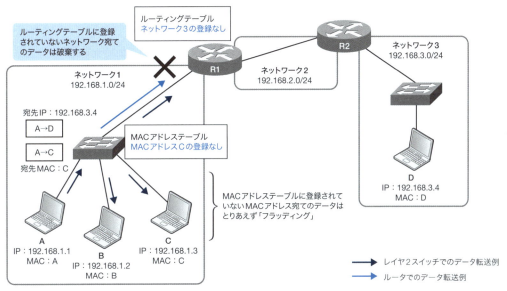

図5-7　ルータとレイヤ2スイッチのデータ転送の違い

## 5-5 ルート情報の登録方法

ルーティングテーブルにルート情報を登録しなければ、ルーティングはまったくできません。ここでは、ルータのルーティングテーブルにルート情報を登録する方法について解説します。

ここまで解説したように、ルーティングを考えるうえで不可欠なのは、ルーティングテーブルにルート情報を登録することです。ルーティングテーブルにルート情報を登録する方法として、次の3つがあります。

- 直接接続
- スタティックルート
- ルーティングプロトコル

　直接接続のルート情報は、最も基本的なルート情報です。ルータにはネットワークを接続する役割があります。直接接続のルート情報は、その名前のとおり、ルータが直接接続しているネットワークのルート情報です。

　直接接続のルート情報をルーティングテーブルに登録するための、特別な設定は不要です。ルータのインタフェースにIPアドレスを設定して、そのインタフェースを有効にするだけです。これで、設定したIPアドレスに対応するネットワークアドレスのルート情報が、直接接続のルート情報として自動的にルーティングテーブルに登録されます（図5-8）。前にも述べましたが、IPアドレスを設定するということがすなわちネットワークに接続するということです。

図5-8　直接接続のルート情報

　繰り返しになりますが、ルーティングテーブルに登録されているネットワークにのみ、データをルーティングできます。つまり、直接接続のネットワーク間のルーティングについては、ルータに特別な設定を行う必要はありません。逆に言えば、何も特別な設定をしなければ、ルータは直接接続のネットワークのことしかわかりません。そこで、ルータに直接接続されていないリモートネットワークのルート情報をルーティングテーブルに登録しなければいけません。

　ルーティングの設定とは、基本的に、リモートネットワークのルート情報をルーティングテーブルに登録することです。リモートネットワークのルート情報を登録するための方法が、スタティックルートとルーティングプロトコルです。

　ルーティングが必要なリモートネットワークごとに、スタティックルートまたはルーティングプロトコルによって、ルート情報をルーティングテーブルに登録します。それにより、リモートネットワークへのデータのルーティングが可能になります（図5-9）。

図5-9　リモートネットワークのルート情報の登録[*]

　　　　　* 図ではR1のルーティングテーブルのみを取り上げていますが、R1だけではなくR2のルーティングテーブルにもリモートネットワークのルート情報を登録しなければいけません。

　ネットワーク上のすべてのルータのルーティングテーブルに、必要なルート情報をすべて登録している状態を、コンバージェンス（収束）といいます。

## 5-5-1　スタティックルート

　スタティックルートは、ルータにコマンドを入力するなどして、ルーティングテーブルにルート情報を手動で登録するものです。スタティックルートを設定するときは、次の点に注意が必要です。

- 「すべて」のルータに、必要な「すべて」のルート情報を登録する
- ネットワーク構成が変更されたときは、それに合わせてスタティックルートの設定も変更する

　1台のルータのルーティングテーブルにだけルート情報を設定しても、エンドツーエンドの通信はできません。ネットワーク上のすべてのルータのルーティングテーブルに対して、それぞれのルータにとってのリモートネットワークを漏れなく登録しなければいけません。そして、登録するべきルート情報として、通信は双方向で行うことが基本であることを思い出してください。何らかのデータを転送すると、ほとんどの場合、その返事が返ってきます。返事のデータも正しくルーティングできなければ、最終的に通信ができません。返事のデータを転送するための、戻りのルート情報も必要だということを、しっかりと把握しておいてください。

### ■ ルート情報をスタティックルートで登録する例

　例として、図5-10のネットワーク構成でスタティックルートの設定を考えてみましょう。

第5章　IPルーティング

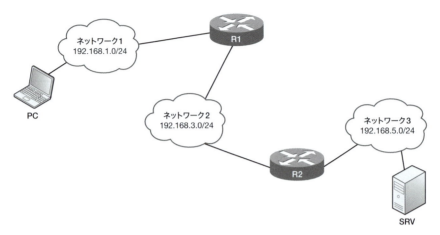

図5-10　スタティックルートを考えるための例

　PCからSRVへデータを送信するためには、R1とR2のルーティングテーブルに、SRVが接続されている192.168.5.0/24のルート情報が必要です。R1にとっては、192.168.5.0/24はリモートネットワークです。R1では、スタティックルートの設定でルーティングテーブルに192.168.5.0/24のルート情報を登録します。R2にとっては、192.168.5.0/24は直接接続です。R1とR2のルーティングテーブルに192.168.5.0/24のルート情報があれば、PCからSRV宛てのデータをルーティングすることができます（図5-11）。

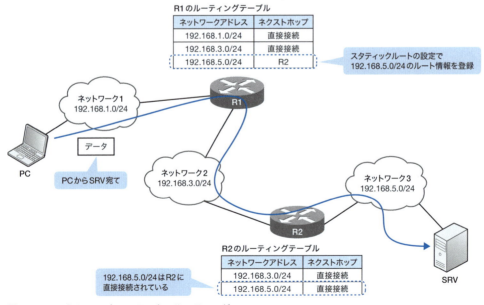

図5-11　PCからSRV宛てのデータのルーティング

PCからSRVにデータを送信すると、その返事が返ってきます。SRVからPCへ返事のデータを返すためには、R1とR2のルーティングテーブルに192.168.1.0/24のルート情報が必要です。R1にとっては、192.168.1.0/24は直接接続されています。R2にとってはリモートネットワークなので、スタティックルートの設定で192.168.1.0/24のルート情報を登録します。これでSRVからPCへの返事のデータもルーティングすることができます。

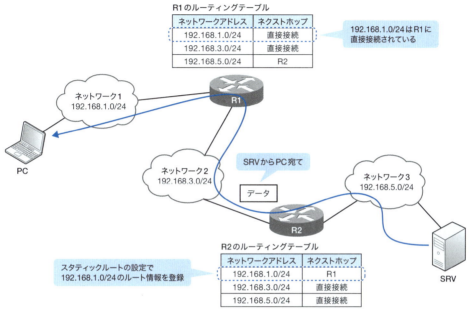

図5-12　SRVからPC宛てのデータのルーティング

## ■ スタティックルートによる経路の切り替え

　先ほど例として考えたネットワーク構成は、ルータ2台でネットワーク数も3つしかないので、スタティックルートの設定もそれほど負担にはなりません。しかし、ネットワークの規模が大きくなり、多数のルータによって多数のネットワークが相互接続されるようになると、管理者にとってスタティックルートの設定作業はとても大きな負担になってしまいます。

　そして、ネットワークの規模が大きくなると、ルート上のどこかに障害が発生した場合でもルートを切り替えて通信が継続できるように、冗長化することが多くなります。ルートを切り替えるということは、ルーティングテーブルを書き換えるということです。スタティックルートでルート情報を登録している場合は、管理者がネットワークの障害を認識したうえで、各ルータのルーティングテーブルを書き換えていきます。その様子を表しているのが**図5-13**です。プライマリ回線としているR2-R4間で障害が発生した場合、管理者がスタティックルートの設定を変更して、ようやくバックアップ回線経由でのデータのルーティングができるようになります。ルーティングテーブルの更新が手作業で

あるため、対応されるまで長時間通信できなくなることも考えられます。

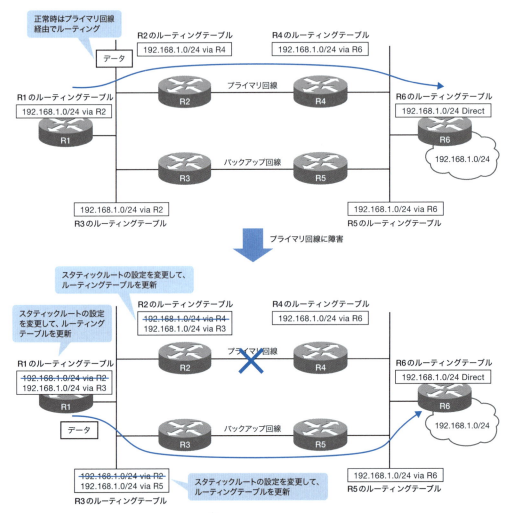

図5-13　障害発生時のルートの切り替えの例[*]

> [*] この図では192.168.1.0/24のルート情報のみを取り上げて考えていますが、実際にはそれだけでは不十分です。通信は双方向なので、戻りのルート情報についても同じように考えて、スタティックルートの設定を変更しなければいけません。なお、戻りのネットワークについては図には明示していません。

　また、障害発生時のルートの切り替えだけではなく、新しくネットワークを追加した場合も、スタティックルートであれば新しいルート情報を手動でルーティングテーブルに登録しなければいけません。このように、スタティックルートでは、ネットワークの構成変化を自動的にルーティングテーブ

ルに反映することはできません。

こうした特徴から、スタティックルートによるルーティングテーブルの設定は、比較的小規模な
ネットワーク構成で行われることが多いです。

### 5-5-2 ルーティングプロトコル

ルーティングプロトコルは、ルータ同士でさまざまな情報を交換して、自動的にルーティングテー
ブルにルート情報を登録します。あるいは、ネットワークの障害に応じてルーティングテーブルの
ルート情報を書き換えます。具体的なルーティングプロトコルとしては、次のようなものがあります。

- RIP (Routing Information Protocol)
- OSPF (Open Shortest Path First)
- EIGRP(Enhanced IGRP)
- BGP (Border Gateway Protocol)

RIPは、比較的規模が小さいネットワークで利用されるルーティングプロトコルです。OSPFと
EIGRPは、中〜大規模なネットワークで利用されるルーティングプロトコルです。そして、インター
ネット上のルータは、ルーティングプロトコルとして主にBGPを利用しています。

それぞれのルーティングプロトコルの詳細については、次章以降で解説します。本章では、ここか
ら、各ルーティングプロトコルを学んでいくうえで基本となる知識をまとめて説明していきます。

#### ■ ルート情報をルーティングプロトコルで登録する例

p.154のスタティックルートの解説で使用したネットワーク構成例（**図5-10**）において、ルーティ
ングプロトコルを利用した場合を考えます。R1とR2で同じルーティングプロトコルを有効にすると、
ルータ同士がルーティングプロトコルの情報を交換します。最もシンプルなルーティングプロトコル
であるRIPの場合、R1はR2に192.168.1.0/24のルート情報を送信します。また、R2はR1に
192.168.5.0/24のルート情報を送信します。それぞれのルータは、受信したルート情報をルーティン
グテーブルに登録して、データをルーティングできるようになります（**図5-14**）。このような、ルーティ
ングプロトコルによってルーティングテーブルに登録されたルート情報を総称して、ダイナミック
ルートと呼びます。

# 第5章 IPルーティング

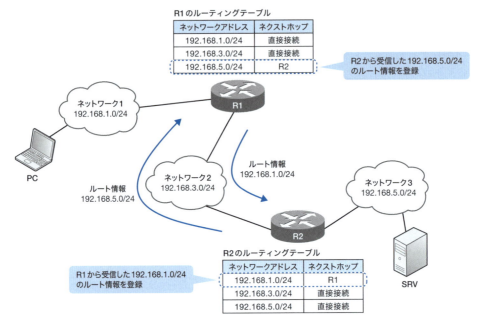

**図5-14** ルーティングプロトコルによるルート情報の登録の例

### ■ ルーティングプロトコルによるルートの切り替え

　ルーティングプロトコルを利用していれば、ネットワーク構成の変更に伴って、ダイナミックにルーティングテーブルを更新することができます。その様子を**図5-15**で確認しましょう。

　目的のネットワーク192.168.1.0/24について、ルーティングプロトコルによってプライマリ回線経由のルート情報とバックアップ回線経由のルート情報を受信します。その際、メトリックを調整するなどしてプライマリ回線経由のルート情報を優先するようにしておきます。その結果、データのルーティングはプライマリ回線経由で行うことになります。

　プライマリ回線に何らかの障害が発生すると、ルーティングプロトコルによってその障害を認識できます。プライマリ回線経由のルート情報が届かなくなり、バックアップ回線経由で受信しているルート情報に更新します。このルーティングテーブルの更新には、管理者は介在する必要はありません。プライマリ回線の障害というネットワーク構成の変化に伴って、自動的にルーティングテーブルを更新できます。なお、どのように障害を検出して、どれぐらいの時間でルーティングテーブルを更新できるかは、使用するルーティングプロトコルによって異なります。

5-5 ルート情報の登録方法

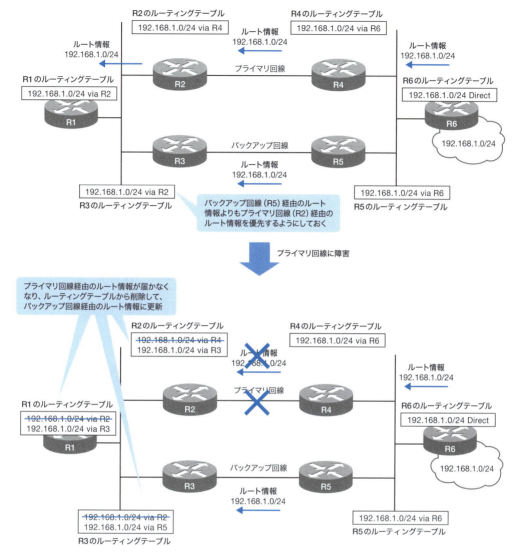

図5-15 障害発生時のルートの切り替えの例

### 5-5-3 ルート集約

　**ルート集約**とは、複数のネットワークアドレスのルート情報を1つにまとめることを意味します。まず、ルート集約がなぜ必要かについて考えましょう。ルーティングするためには、目的のネットワークのルート情報が必要です。ですが、すべてのネットワークのルート情報をルーティングテーブルに登録するのは現実には不可能です。たとえば、大規模な企業ネットワークであれば、数百～1000以

上のネットワークが存在することがあります。また、インターネット上には数え切れないほどの膨大な数のネットワークが存在します。

　スタティックルートはもちろん、ルーティングプロトコルを利用したとしても、それほど膨大な数のルート情報をルーティングテーブルに登録することは現実的ではありません。仮に登録できたとしても、ルータに多大な負荷がかかり、処理性能が低いルータは正常に動作できなくなります。そして、膨大な数のルート情報をルーティングプロトコルで交換すると、ネットワークの帯域幅を消費してしまうことになります。

　また、リモートネットワークへのルーティングの動作を考えると、膨大な数のルート情報をルーティングテーブルに1つずつ登録することにはあまり意味がありません。たとえば、図5-16のネットワーク構成を見てください。

図5-16　ネットワーク構成例

　R1では、リモートネットワークの10.2.0.0/24〜10.2.3.0/24の4つのルート情報をルーティングテーブルに登録しています。リモートネットワークへパケットをルーティングするときは、ネクストホップへ転送します。この図では、4つのリモートネットワークへルーティングするときのネクストホップはすべて10.0.0.2で共通です。10.2.0.0/24へルーティングするときも、10.2.1.0/24へルーティングするときも、10.2.2.0/24へルーティングするときも、10.2.3.0/24へルーティングするときも、結局はネクストホップの10.0.0.2へパケットを転送します。

　そこで、ネクストホップが共通しているリモートネットワークのルート情報を1つにまとめます。図の構成例で考えると、4つのリモートネットワークのルート情報を集約して、ネットワークアドレス/サブネットマスクが10.2.0.0/16、ネクストホップが10.0.0.2というルート情報にまとめます[1]。R1は、この10.2.0.0/16のルート情報で、宛先IPアドレスが10.2.0.0/24〜10.2.3.0/24宛てのパケットをネクストホップ10.0.0.2へ転送することができます[2]。

5-5　ルート情報の登録方法

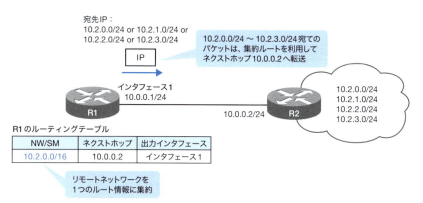

図5-17　ルート集約の例

> ＊1　集約ルートの生成方法は後述します。
> ＊2　集約ルートを利用してこのようなパケットの転送ができるように、後述する最長一致検索（ロンゲストマッチ）でルーティングテーブル上のルート情報を検索します。

こうしたルート集約を行うことによって、次のようなメリットがあります。

- ルータの負荷が少なくなる
- ルーティングプロトコルの帯域消費が少なくなる
- 障害の影響範囲が小さくなる

　ルート集約を行うと、ルーティングテーブルのルート情報の数が少なくなります。ルーティングテーブルのルート情報の数が少なくなれば、ルータのメモリ使用量も減ります。ルート情報を扱うルーティングプロトコルの処理負荷も少なくなり、ルータの負荷が抑えられます。
　また、ルーティングプロトコルでルート情報を送信するとき、ルート情報の数が少なくなるので、ルーティングプロトコルによるネットワークの帯域消費を減らすことができます。
　そして、ネットワークの障害が発生したときのルーティングテーブルの更新にも違いがあります。障害発生などのネットワーク構成の変化を自動的にルーティングテーブルに反映させるには、前述のようにルーティングプロトコルを利用します。ルート集約を行っていると、ルーティングテーブルを更新しなければいけないルータが限定され、障害の影響範囲を小さくすることができます。

■ ルート集約によって障害の影響範囲が小さくなる例

　次ページの図5-18は、ルート集約を行っていない場合の例です。ここで10.2.3.0/24のネットワークがダウンしたら、それをR1のルーティングテーブルに反映させる必要があります。ルーティングプロトコルによって具体的な内容は異なりますが、R2からR1へ10.2.3.0/24がダウンしたことを通知して、R1のルーティングテーブルを更新します。

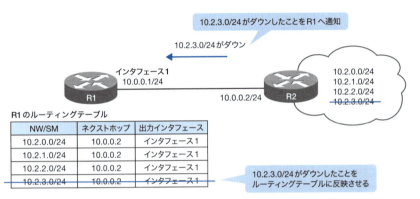

図5-18　ルート集約していないときに障害が発生した例

　一方、ルート集約を行っていると、集約ルートの範囲に含まれる個々のネットワークがダウンしたとしても、それを他のすべてのルータのルーティングテーブルに反映させる必要はありません。10.2.3.0/24がダウンしてもR2はR1にそのことを通知する必要がなく、障害発生時のルーティングテーブルの更新が必要な範囲を小さくすることができます（図5-19）。

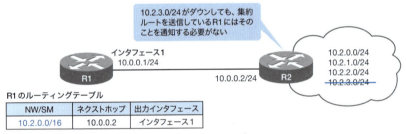

図5-19　ルート集約しているときに障害が発生した例[*]

> ＊　ルート集約では、ルーティングテーブルの書き換えが抑制されてルータの負荷が下がる半面、ダウンしたネットワーク宛てのパケットをルーティングし続けてしまうという問題があります。この図の例では、R1はダウンした10.2.3.0/24宛てのパケットをR2へルーティングし続けます。

以上のようなルート集約のメリットは、ネットワークの規模が大きくなると、とても重要になります。

### ■ 集約ルートの生成

　ルート集約によって複数のネットワークアドレスのルート情報を1つにまとめたルート情報のことを、集約ルートと呼びます。ルートの集約を行うには、まとめたい複数のネットワークアドレスのルート情報で、次の条件を満たす必要があります。

- ネクストホップアドレスが共通している
- ネットワークアドレスに共通のビット部分がある

図5-20のようにネクストホップアドレスが異なっていると、パケットの転送先が異なるので、ルート集約を行うことができません。

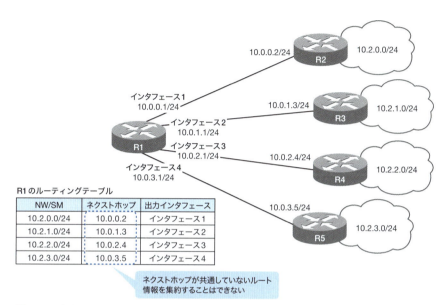

図5-20　ネクストホップアドレスが共通していないとルート集約は行えない

また、ネクストホップアドレスが共通のルート情報であっても、ネットワークアドレスに共通部分が少なくバラバラであれば、効果的なルート集約を行うことができません（図5-21）。

図5-21　ネットワークアドレスがバラバラだと効果的なルート集約は行えない

### 階層型IPアドレッシング

先ほどの集約ルートを生成する2つの条件を満たすIPアドレス割り当て方法として、階層型IPアドレッシングがあります。階層型IPアドレッシングといっても、特に難しいことはありません。IPアドレスの割り当てを連続した範囲で行うというものです。

階層型IPアドレッシングの例として、企業の拠点内のネットワークのアドレスについて考えてみましょう。拠点1と拠点2にそれぞれ10個のネットワークがある場合、次のようなアドレスの割り当てを行います。

　　拠点1：10.1.0.0/24～10.1.9.0/24
　　拠点2：10.2.0.0/24～10.2.9.0/24

このように連続した範囲のネットワークアドレスを割り当てることで、拠点1のネットワークアドレスは10.1.0.0/16、拠点2のネットワークアドレスは10.2.0.0/16というように簡単に集約して扱うことができます（図5-22）。

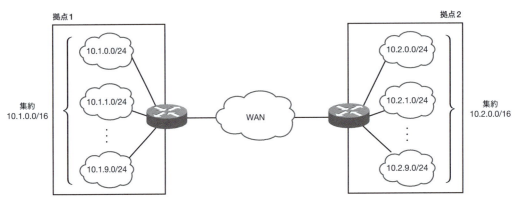

図5-22　階層型アドレッシングの例

もし、拠点内のネットワークのアドレスを連続した範囲で割り当てなければ、効率的な集約を行うことができなくなってしまいます。

### 集約ルート生成の例

このような条件のもとで、複数のルート情報を1つの集約ルートにします。集約ルートを生成するには、まとめたい複数のルート情報のネットワークアドレスを考えます。そして、ネットワークアドレスのビットが共通しているところまでサブネットマスクを左にずらすことで集約ルートを生成します。生成した集約ルートは、ずらしたサブネットマスクのビット数をnとすると、$2^n$個のネットワークアドレスを1つにまとめていることになります。

ここで具体的に、10.2.0.0/24～10.2.3.0/24の4つのネットワークアドレスを集約することを考えて

みましょう。まず、それぞれのネットワークアドレスを2進数に変換します。すると、4つのネットワークアドレスの先頭から22ビット分のビットパターンがすべて共通していることがわかります。そこで、/24のサブネットマスクを共通しているビット分の/22まで左に2ビットずらすことで、10.2.0.0/22という集約ルートを生成できます（**図5-23**）。2ビットずらしているので、10.2.0.0/22という集約ルートは$2^2$=4つのネットワークアドレスを1つにまとめていることになります。

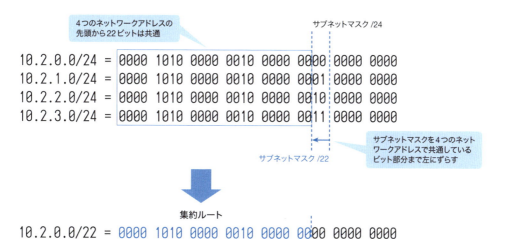

図5-23　集約ルートの生成例

このように考えた集約ルートを、個々のルート情報の代わりに、スタティックルートまたはルーティングプロトコルでルーティングテーブルに登録します。スタティックルートでの登録の場合は、集約ルートをルーティングテーブルに載せたいルータで設定します。ルーティングプロトコルの場合は、ネイバーのルータ（同じネットワークに接続されているルータ）で集約ルートを送信するように設定することで、集約ルートをルーティングテーブルに登録できます。

**図5-24**は、R1のルーティングテーブルに集約ルートをスタティックルートで登録する場合と、ルーティングプロトコルで登録する場合とをまとめたものです。

第5章　IPルーティング

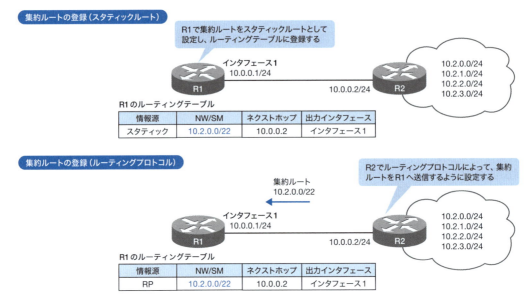

図5-24　集約ルートをルーティングテーブルに登録

　なお、複数のネットワークアドレスで共通しているビット部分は1通りとは限りません。先ほど考えた10.2.0.0/24〜10.2.3.0/24では、21ビット目まで共通していると考えることもできます（図5-23を再度確認してください）。あるいは、20ビット目まで共通していると考えることもできます。どこまでが共通のビットパターンであると考えて、サブネットマスクをいくつ左にずらすかは、どれだけの数のルート情報を1つにまとめたいかによって決定します。

　たとえば、21ビット目まで共通していると考えた集約ルート10.2.0.0/21は、サブネットマスクを左に3ビットずらしているので、$2^3 = 8$つのネットワークアドレスを1つにまとめたものです。まとめられた8つのネットワークアドレスは、10.2.0.0/24〜10.2.7.0/24です。しかし、もともとのネットワークアドレスは10.2.0.0/24〜10.2.3.0/24なので、集約ルート10.2.0.0/21は未使用のネットワークアドレスまでまとめていることになります。

　同様に、集約ルート10.2.0.0/20とすれば、サブネットマスクを左に4ビットずらしているので、$2^4 = 16$個のネットワークアドレスを1つにまとめることになります。10.2.0.0/24〜10.2.15.0/24の16個です。

　集約ルートを生成するためにサブネットマスクを左にずらすということは、IPアドレスの32ビットのうち、ネットワークアドレスとして使える部分が少なくなるということです。そのため、集約ルートは細かなネットワークの識別ができない大ざっぱなルート情報だと考えてください。ルート集約のサブネットマスクを左にずらせばずらすほど、たくさんのネットワークをまとめることになりますが、その集約ルートは細かな識別ができない大ざっぱなルート情報となります。そして、最も極端な集約ルートが、次に説明するデフォルトルートです。

## ■ デフォルトルート

デフォルトルートはすべてのネットワークを集約した最も極端な集約ルートで、「0.0.0.0/0」と表記します。サブネットマスクが/0ということは、サブネットマスクを32ビットの一番左端までずらしていることになります（図5-25）。どのようなネットワークアドレスも0ビット目までは共通しているとみなすことができるので、デフォルトルートはすべてのネットワークアドレスを集約しているといえます。また、あらゆるネットワークを集約しているデフォルトルートは、言い換えれば、最も大ざっぱなルート情報でもあります。

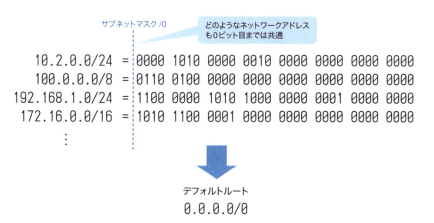

図5-25　デフォルトルートの考え方

### デフォルトルートの利用例

デフォルトルートの利用例として多いのは、インターネット宛てのパケットをルーティングするというものです。インターネットには膨大な数のネットワークが存在しますが、パケットをルーティングするときのネクストホップが共通になっていることがほとんどです。そこで、インターネットの膨大な数のネットワークをデフォルトルートにすべて集約して、ルーティングテーブルに登録します。

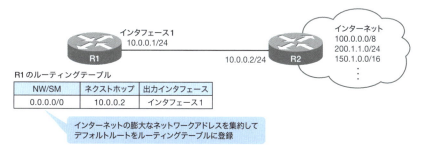

図5-26　デフォルトルートの利用例1

167

デフォルトルートはインターネット宛てのルーティングだけに使うわけではありません。企業ネットワークの小規模な拠点のルータでは、インターネットと他の拠点のネットワークをすべてデフォルトルートに集約してルーティングテーブルに登録することもあります。たとえば、**図5-27**のネットワーク構成のR1に着目してください。R1にとって、本社の拠点内のネットワーク宛てもインターネット宛ても、パケットをルーティングするときのネクストホップは共通です。インターネットのネットワークだけでなく、本社内のネットワークもデフォルトルートに集約できます。

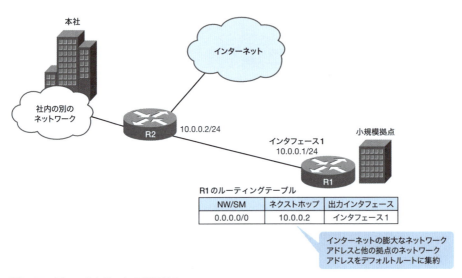

図5-27　デフォルトルートの利用例2

なお、「デフォルトルートはスタティックルートで設定する」と思いこんでいる方をときどき見かけますが、そんなことはありません。デフォルトルートも集約ルートの1つです。ですから、ルーティングプロトコルによってルータ間でデフォルトルートのルート情報を送受信して、ルーティングテーブルに登録することもできます。

## 5-5-4　スタティックルートとルーティングプロトコルの選択

ここまで見てきたように、リモートネットワークのルート情報をルーティングテーブルに登録するには、スタティックルートとルーティングプロトコルの2通りの方法があります。どちらかがもう一方よりも優れているというわけではありません。スタティックルートにはスタティックルートのメリット・デメリットがあり、ルーティングプロトコルにはルーティングプロトコルのメリット・デメリットがあります。

ネットワーク構成に応じてスタティックルートとルーティングプロトコルを組み合わせて、必要なリモートネットワークのルート情報をルーティングテーブルに登録することがポイントです。また、

1台のルータで複数のルーティングプロトコルを利用することも可能です。

たとえば図5-28において、R1は192.168.3.0/24のルート情報をスタティックルートでルーティングテーブルに登録し、192.168.4.0/24のルート情報をRIPでルーティングテーブルに登録しています。

図5-28　スタティックルートとルーティングプロトコルの組み合わせ

スタティックルートとルーティングプロトコルをどのように組み合わせればよいかを知るためには、それぞれのメリット・デメリットを把握しなければいけません。次にまとめて説明していきます。

## ■ スタティックルートのメリット・デメリット

スタティックルートのメリットとして、次の点が挙げられます。

- **ルーティングプロトコルの知識が不要**
  スタティックルートの設定自体はシンプルで、特別な知識は必要ありません。

- **ルーティングテーブルが意図せずに書き換わることがない**
  スタティックルートは管理者が明示的に設定するので、ルータが不正アクセスされるといったことがなければ、意図せずにルーティングテーブルが書き換わってしまうことはありません。

- **ルートを厳密に決められる**
  目的のネットワークまでの複数のルートが存在している場合、スタティックルートを利用すれば、管理者が意図したルートでIPパケットをルーティングすることができます。ルーティングプロトコルでも意図したルートを通すことは可能ですが、ルーティングプロトコルごとに追加の設定が必要です。

- **ルータやネットワークに負荷をかけない**
  スタティックルートを設定しても、ルータは追加の処理を行いません。また、ルート情報をネッ

トワークに送信しません。

一方、スタティックルートのデメリットは次のとおりです。

● 管理者の負担が大きい
スタティックルートだけでルーティングテーブルにルート情報を登録するには、すべてのルータで、各ルータにとってのリモートネットワークのルート情報を設定しなければいけません。多くのルータで構成される大規模なネットワークでは、設定が煩雑になり、管理者の負担が非常に大きくなります。

● ネットワーク構成の変更を自動的に反映できない
新しいネットワークが追加されたり障害発生などでネットワークの構成が変更されても、スタティックルートではルーティングテーブルを自動的に変更することができません。

## ■ ルーティングプロトコルのメリット・デメリット

ルーティングプロトコルのメリットは次のとおりです。

● ネットワーク構成の変更を自動的にルーティングテーブルに反映させられる
新しいネットワークの追加や障害発生などのネットワーク構成の変更を反映して、ルーティングテーブルにルート情報を登録できます。

● 管理者の負担が少ない
たくさんのリモートネットワークがあったとしても、必要な作業は各ルータのルータ本体とインタフェースでルーティングプロトコルを有効化するだけです。大規模なネットワークでもスタティックルートに比べると設定の手間が少ないので、管理者の負担も少なくなります。

一方、ルーティングプロトコルのデメリットは次のとおりです。

● 利用するルーティングプロトコルについての知識が必要
ルーティングプロトコルを効果的に利用するためには、利用するルーティングプロトコルの仕組みについての知識が必要です。

● ルーティングテーブルが意図せずに書き換わってしまう可能性がある
ネットワーク上を流れるルーティングプロトコルのルート情報が改ざんされてしまうと、不正確なルーティングテーブルになり、正しくルーティングできなくなる可能性があります。また、ルート情報が盗聴されると、不正なユーザーにネットワーク構成の情報を与えてしまうことになります。スタティックルートに比べると、セキュリティ上の問題が発生する可能性が高まります。

● ルータやネットワークに負荷がかかる
スタティックルートに比べて、ルーティングプロトコルの処理を行うためにルータに負荷がかか

ります。また、ネットワークにルート情報を送信するので、ネットワークの帯域幅を消費します。

このようなメリット・デメリットを踏まえて、スタティックルートとルーティングプロトコルを組み合わせて、ルーティングテーブルにリモートネットワークのルート情報を登録します。

## 5-6 ルーティングプロトコルの分類

ルーティングプロトコルにはいくつかの種類があります。それぞれのルーティングプロトコルの特徴に応じて、どのルーティングプロトコルを利用するかを考えなければいけません。ここでは、ルーティングプロトコルの分類の観点について解説します。

RIP（Routing Information Protocol）、OSPF（Open Shortest Path First）、EIGRP（Enhanced IGRP）、BGP（Border Gateway Protocol）などのルーティングプロトコルは、次の3つの観点で分類することができます。

- ルーティングプロトコルの適用範囲による分類
- ルーティングプロトコルのアルゴリズムによる分類
- ネットワークアドレスの認識方法による分類

3つの分類の観点について、順に解説していきます。

### 5-6-1 ルーティングプロトコルの適用範囲

ルーティングプロトコルは、その適用範囲によって、「内部ゲートウェイプロトコル（Interior Gateway Protocols：IGPs）」と「外部ゲートウェイプロトコル（Exterior Gateway Protocols：EGPs）に分類することができます。

「内部」「外部」とありますが、これは「**自律システム（Autonomous System：AS）**」と呼ばれるものの内部か外部かを指しています。自律システムの概念は少々複雑です。また、狭義の意味と広義の意味を持っています。自律システムの意味は、次のとおりです。

狭義：同一のルーティングプロトコルを採用しているネットワークの集合
広義：ある管理組織の同一の管理ポリシーに従って運用されているネットワークの集合

狭義の意味の例としては、OSPFでルーティングの設定をしているネットワークの集合が挙げられます。OSPFではASBR（Autonomous System Boundary Router）という種類のルータがありますが、

ASBRの「AS」は、狭義の意味のASです。

一方、IGPs、EGPsの分類で使われるASは、広義の意味の「同一の管理ポリシーに従って運用されているネットワークの集合」です。簡単に言えば、ある組織のネットワーク全体がASです。広義のASのネットワークは、管理している組織がアドレスやルーティングのポリシーを決め、機器を導入して構築し、運用管理を行います。AS内のネットワークのルート情報を扱うルーティングプロトコルがIGPsです。IGPsの具体的なルーティングプロトコルにはRIP、OSPFなどがあります。

現在、広く普及しているインターネットは、世界的規模でASが相互に接続したネットワークです。インターネットが「ネットワークのネットワーク」と呼ばれる所以です。

インターネット上で各ASを識別するには、AS番号が用いられます。AS間で相互に通信を行うには、各ASが管理しているネットワークのルート情報を交換します。そのために利用するルーティングプロトコルがEGPsです。EGPsの具体的なルーティングプロトコルはBGPです。

企業のネットワークは、1つの組織のネットワークです。つまり、企業ネットワークで利用するルーティングプロトコルはRIPやOSPF、EIGRPなどのAS内部で利用するIGPsです。ただし、WANのIP-VPNサービスではBGPを利用することもあります。

図5-29は、IGPsとEGPsが利用される場所を表しています。また表5-1にIGPsとEGPsの特徴をまとめています。

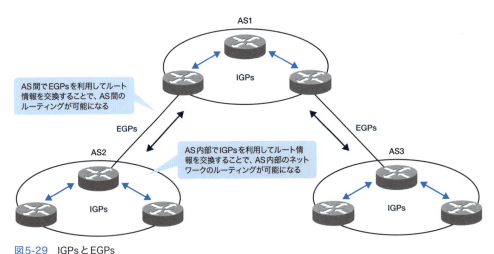

図5-29　IGPsとEGPs

表5-1　IGPsとEGPsの特徴

|  | IGPs | EGPs |
| --- | --- | --- |
| 適用範囲 | AS内部 | AS間 |
| プロトコル例 | RIPv1/v2、EIGRP、OSPF | EGP、BGP |

### 5-6-2 ルーティングアルゴリズムによる分類

ルーティングプロトコルのアルゴリズムとして、主に次の3つがあります。

- ディスタンスベクタ型
- リンクステート型
- ハイブリッド（拡張ディスタンスベクタ）型

これらのルーティングプロトコルのアルゴリズムを理解するためのポイントは、次の3つです。

- 「どのような情報」を交換するか
- 情報を「どのようなタイミング」で交換するか
- 交換した情報から、最適なルート情報を「どのように決定」するか

以降では、3つのルーティングプロトコルのアルゴリズムについて、それぞれ3つのポイントを把握しましょう。

#### ■ ディスタンスベクタ型

ディスタンスベクタ型ルーティングプロトコルでは、ルータ同士でネットワークアドレス/サブネットマスク＋メトリックの情報を交換します。ディスタンスベクタ型のルーティングプロトコルは、「距離（distance）」と「方向（vector）」に基づいてルートを決定すると考えることができます。距離とは、具体的にはメトリックです。そして、方向とは、ネクストホップアドレスと出力インタフェースです。図5-30は、ディスタンスベクタ型ルーティングプロトコルのルート情報の送信について簡単に示したものです。

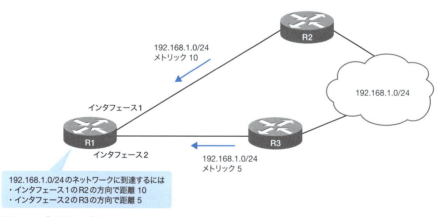

図5-30　「距離」と「方向」

第5章　IPルーティング

　図のR1は、192.168.1.0/24のネットワークのルート情報をR2とR3から受信しています。R2から送信されたルート情報にはメトリック10が含まれていて、R1のインタフェース1で受信します。R1から見ると、192.168.1.0/24のネットワークはインタフェース1のR2の方向で、距離10だけ離れていることになります。同様に、R3から送信された192.168.1.0/24のルート情報に含まれるメトリックは5で、R1はインタフェース2で受信します。つまり、R1から192.168.1.0/24のネットワークは、インタフェース2のR3の方向で、距離5だけ離れています。

　また、ディスタンスベクタ型ルーティングプロトコルでは、ネットワーク構成に何も変更がなくても定期的にルート情報を交換します。定期的にルート情報を交換することで、他のルータがきちんと動作していることやリモートネットワークがダウンしていないことを確認しています。

　そして、交換したルート情報から最適ルートを決定するために、ベルマンフォードアルゴリズムを採用しています。これは、簡単に言えば、メトリックが最小のルート情報を最適ルートとしてルーティングテーブルに登録するというものです。

　具体的なディスタンスベクタ型ルーティングプロトコルとしては、RIPv1およびRIPv2があります[*]。

> ＊　なお、RIPv1は後述するクラスフルルーティングプロトコルなので、交換するルート情報にサブネットマスクを含みません。

## ■ リンクステート型

　リンクステート型ルーティングプロトコルでは、ルータは自分が持っているインタフェースの情報を交換します。インタフェースの情報のことをリンクステート情報（Link State Advertisement：LSA）と呼びます。LSAの中には、そのルータがどのようなインタフェースを持っていて、どのようなタイプのネットワークに接続されていて、IPアドレスがいくつ、帯域幅がいくつなどという情報が入っています。なお、LSAの交換は、ネットワークに何らかの変更があったタイミングで行います。このLSAを集めて、リンクステートデータベース（Link State DataBase：LSDB）を作成します。

　LSDBには、ネットワーク上のルータのLSAがすべて含まれています。つまり、LSDBを見れば、ネットワーク上にルータが何台存在していて、各ルータがどんなインタフェースをいくつ持っていて、他のルータとどのように接続されているか、というネットワーク構成を再現できます。

　LSAを交換して作成したLSDBから最適ルートを決定するために、SPF（Shortest Path First）アルゴリズム[*]を採用しています。これは、LSDB内のルータ自身を起点として、リモートネットワークへの最小コストとなるルートを最適ルートとしてルーティングテーブルに登録するものです。

> ＊　SPFアルゴリズムはその作者の名前から、ダイクストラアルゴリズム（Dijkstra's algorithm）とも呼ばれます。

　具体的なリンクステート型ルーティングプロトコルとしては、OSPFがあります。図5-31は、OSPFの動作を簡単に表したものです。

174

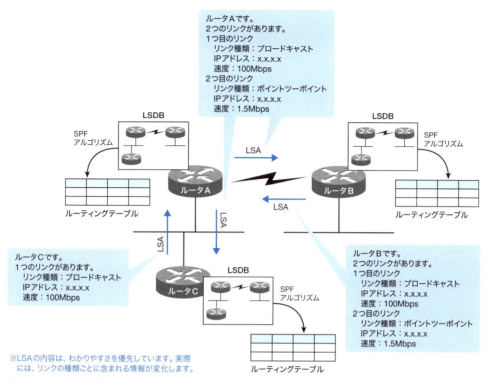

図5-31　OSPFの動作の概要

## ■ ハイブリッド（拡張ディスタンスベクタ）型

　ハイブリッド（拡張ディスタンスベクタ）型は、シスコシステムズ社が独自にディスタンスベクタ型を拡張したルーティングアルゴリズムです。ベースはディスタンスベクタ型なので、ルータ同士が交換する情報はネットワークアドレス/サブネットマスク＋メトリックです。ただし、定期的ではなく、ネットワークに変更があったときのみ交換します。

　交換したルート情報からDUAL（Diffusing Update ALgorithm）によって、最適ルートを決定します。DUALでもメトリックが最小のルート情報が最適ルートになり、ルーティングテーブルに登録されます。またDUALでは、最適ルートだけでなく利用可能なバックアップルートもあらかじめ決めておきます。利用可能なバックアップルートがあれば、障害発生時のコンバージェンスを非常に高速に行うことができます。

　ハイブリッド型ルーティングプロトコルの具体的な例は、シスコシステムズ社のEIGRPです。

　表5-2に3つのルーティングアルゴリズムの特徴についてまとめています。

第5章　IPルーティング

表5-2　ルーティングアルゴリズムの特徴

| | ディスタンスベクタ | リンクステート | ハイブリッド |
|---|---|---|---|
| どのような情報 | ネットワークアドレス/サブネットマスク＋メトリック | リンクステート情報 | ネットワークアドレス/サブネットマスク＋メトリック |
| どのようなタイミング | 定期的 | 変更時 | 変更時 |
| どのように決定 | ベルマンフォードアルゴリズム | SPFアルゴリズム | DUAL |
| プロトコル例 | RIPv1/v2 | OSPF | EIGRP |

## 5-6-3　ネットワークアドレスの認識による分類

ルーティングプロトコルは、どのようにネットワークアドレスを認識するかによって、次の2つに分類できます。

- クラスフルルーティングプロトコル
- クラスレスルーティングプロトコル

### ■ クラスフルルーティングプロトコル

クラスフルルーティングプロトコルは、ネットワークアドレスを基本的にクラス単位で認識します*。つまり、32ビットのIPアドレスのうち、クラスAなら先頭8ビット、クラスBなら先頭16ビット、クラスCなら先頭24ビットをネットワークアドレスとして認識します。

クラス単位でネットワークアドレスを認識するので、ネットワークアドレスとホストアドレスの区切りを示すサブネットマスクは必要ありません。クラスフルルーティングプロトコルでは、ルータ同士で交換するルート情報の中にサブネットマスクは含まれていません。

クラスフルルーティングプロトコルの例は、RIPv1です。

> ＊　「基本的に」と書いたのは、必ずしもクラス単位でないことがあるからです。より厳密には、クラスと、ルート情報を受信したインタフェースのサブネットマスクによってネットワークアドレスを認識します。

### ■ クラスレスルーティングプロトコル

現在のIPアドレスの考え方は、クラスにとらわれずにIPアドレスを考えるクラスレスアドレッシングが一般的です。そのため、クラスフルルーティングプロトコルでは、クラスレスアドレッシングを行っているネットワークのルート情報を正しく扱うことができません。クラスレスアドレッシングのネットワークのルート情報を正しく扱うためには、クラスレスルーティングプロトコルを利用します。

クラスレスアドレッシングでは、32ビットのIPアドレスのうち、ネットワークアドレスがどの部分かを表すためにサブネットマスクを利用します。クラスレスルーティングプロトコルでは、クラスレスアドレッシングのネットワークアドレスを正しく扱うために、交換するルート情報にサブネットマス

クの情報も含めています。

クラスレスルーティングプロトコルの例は、RIPv2、OSPF、EIGRP、BGPなど一般的に利用するルーティングプロトコルです。

図5-32にクラスフルルーティングプロトコルとクラスレスルーティングプロトコルについてまとめています。

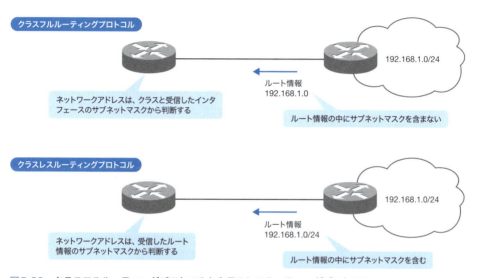

図5-32 クラスフルルーティングプロトコルとクラスレスルーティングプロトコル

## 5-7 ルーティングの動作

ここでは、ルータのルーティングの動作の詳細について考えます。ポイントは、ルーティングテーブルの検索と、パケットを出力するときにレイヤ2（ネットワークインタフェース層）のヘッダを付加することの2つです。

ルータがIPパケットをルーティングするときの処理の流れは、次のようになります。

① ルーティング対象のパケットを受信
② ルーティングテーブルでルート情報を検索
③ パケットを出力インタフェースから送信

以降、それぞれの処理について詳しく見ていきましょう。

177

第5章　IPルーティング

### 5-7-1 ルーティング対象のパケットを受信

ルータがルーティングするパケットのアドレス情報を考えると、**表5-3**のようになります。

表5-3　ルーティング対象のパケットのアドレス情報

| アドレスのレイヤ | 宛先アドレス | 送信元アドレス |
| --- | --- | --- |
| レイヤ2 | ルータ | 送信元ホスト |
| レイヤ3 | 宛先ホスト | 送信元ホスト |

　送信元ホストが他のネットワークにいる宛先ホストにIPパケットを送信するとき、まずデフォルトゲートウェイへ転送します。デフォルトゲートウェイは、同じネットワーク上のルータです。つまり、レイヤ2の宛先アドレスとしてルータのアドレスが指定されます。これによって、ルータはルーティング対象のパケットを受信します。

　そして、ルータはレイヤ3のアドレス情報、つまりIPヘッダのIPアドレスをチェックします。宛先IPアドレスがルータ自身であれば、ルータはIPから別のプロトコルにデータを渡して処理を行います。宛先IPアドレスがルータ自身ではないIPパケットがルーティング対象のパケットです（**図5-33**）。

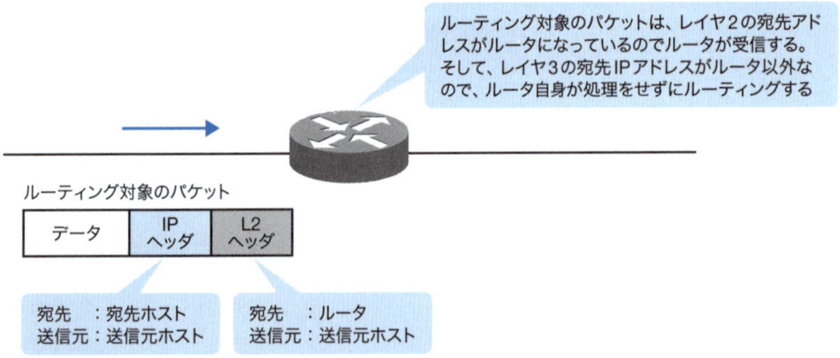

ルーティング対象のパケットは、レイヤ2の宛先アドレスがルータになっているのでルータが受信する。そして、レイヤ3の宛先IPアドレスがルータ以外なので、ルータ自身が処理をせずにルーティングする

ルーティング対象のパケット

| データ | IP<br>ヘッダ | L2<br>ヘッダ |
| --- | --- | --- |

宛先　：宛先ホスト
送信元：送信元ホスト

宛先　：ルータ
送信元：送信元ホスト

図5-33　ルーティング対象のパケット

### 5-7-2 ルーティングテーブルでルート情報を検索

　ルータは、ルーティング対象のIPパケットを受信すると、宛先IPアドレスをキーにしてルーティングテーブルの中からIPパケットを転送するためのルート情報を検索します。このとき、ルート情報の検索は最長一致検索（次ページで説明）によって行います。

　一致するルート情報が見つかれば、そのルート情報に従ってパケットを転送します。一致するルート情報が見つからなければ、パケットをルーティングすることができずに、そのまま破棄します（**図5-34**）。繰り返しになりますが、ルーティングを行うための前提条件は、必要なルート情報があらか

じめルーティングテーブルに存在していることです。

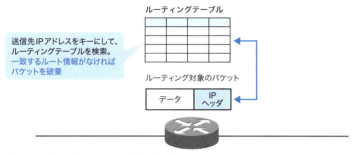

図5-34　ルーティングテーブルの検索

### ■ 最長一致検索（ロングストマッチ）

　複数のネットワークアドレスを集約して、集約ルートをルーティングテーブルに登録した場合、実際のネットアークアドレス/サブネットマスクと集約ルートのネットワークアドレス/サブネットマスクは異なります。しかし、このような違いがあっても、ルーティングテーブルからルート情報を検索する際には特に問題にはなりません。それは、ルート情報の検索が最長一致検索（ロングストマッチ）によって行われるためです（図5-35）。

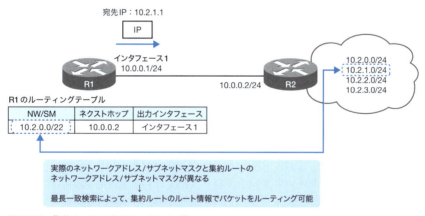

図5-35　集約ルートによるルーティング

　最長一致検索によるルート情報の検索は、次のように行います。
　まず、パケットの宛先IPアドレスとルート情報のサブネットマスクの論理積[*]を計算します。その結果がルート情報のネットワークアドレスと同じであれば、そのルート情報をパケットのルーティングに利用することができます。一致するルート情報が複数ある場合は、サブネットマスクのビット数が最も多いルート情報を利用して、パケットをルーティングします。

第5章 IPルーティング

> \* 論理積とは、2つの真偽値のうち、両方とも真であれば真、それ以外は偽を返す論理演算です。ここでは、IPアドレスとサブネットマスクのビットが両方とも1であれば1、それ以外は0を返す計算を行います。

表5-4のようなルーティングテーブルで具体的に考えてみましょう。

表5-4 ルーティングテーブルの例

| ネットワークアドレス | サブネットマスク |
|---|---|
| 10.2.0.0 | /24 |
| 10.2.1.0 | /24 |
| 10.2.2.0 | /24 |
| 10.2.3.0 | /24 |
| 10.2.0.0 | /22 |
| 0.0.0.0 | /0 |

　このようなルーティングテーブルを持つルータに、宛先IPアドレスとして10.2.2.100が指定されているパケットが届いたとします。各ルート情報のサブネットマスクと宛先IPアドレスの論理積を計算し、ネットワークアドレスと比較します。

**10.2.0.0/24**

| | | | | | | | | | |
|---|---|---|---|---|---|---|---|---|---|
| 宛先IP | 10.2.2.100 | = | 0000 1010 | 0000 0010 | 0000 0010 | 0110 0010 |
| サブネットマスク | /24 | = | 1111 1111 | 1111 1111 | 1111 1111 | 0000 0000 |
| 論理積 | AND | = | 0000 1010 | 0000 0010 | 0000 0010 | 0000 0000 |

↕ 異なる

| | | | | | | | |
|---|---|---|---|---|---|---|---|
| ネットワークアドレス | 10.2.0.0 | = | 0000 1010 | 0000 0010 | 0000 0000 | 0000 0000 |

図5-36　10.2.0.0/24のルート情報との比較

**10.2.1.0/24**

| | | | | | | | |
|---|---|---|---|---|---|---|---|
| 宛先IP | 10.2.2.100 | = | 0000 1010 | 0000 0010 | 0000 0010 | 0110 0010 |
| サブネットマスク | /24 | = | 1111 1111 | 1111 1111 | 1111 1111 | 0000 0000 |
| 論理積 | AND | = | 0000 1010 | 0000 0010 | 0000 0010 | 0000 0000 |

↕ 異なる

| | | | | | | | |
|---|---|---|---|---|---|---|---|
| ネットワークアドレス | 10.2.1.0 | = | 0000 1010 | 0000 0010 | 0000 0001 | 0000 0000 |

図5-37　10.2.1.0/24のルート情報との比較

180

5-7 ルーティングの動作

10.2.2.0/24

宛先IP 10.2.2.100 = 0000 1010 0000 0010 0000 0010 0110 0010
サブネットマスク /24 = 1111 1111 1111 1111 1111 1111 0000 0000
論理積 AND = 0000 1010 0000 0010 0000 0010 0000 0000

同じ

ネットワークアドレス 10.2.2.0 = 0000 1010 0000 0010 0000 0010 0000 0000

図5-38 10.2.2.0/24のルート情報との比較

10.2.3.0/24

宛先IP 10.2.2.100 = 0000 1010 0000 0010 0000 0010 0110 0010
サブネットマスク /24 = 1111 1111 1111 1111 1111 1111 0000 0000
論理積 AND = 0000 1010 0000 0010 0000 0010 0000 0000

異なる

ネットワークアドレス 10.2.3.0 = 0000 1010 0000 0010 0000 0011 0000 0000

図5-39 10.2.3.0/24のルート情報との比較

10.2.0.0/22

宛先IP 10.2.2.100 = 0000 1010 0000 0010 0000 0010 0110 0010
サブネットマスク /24 = 1111 1111 1111 1111 1111 1100 0000 0000
論理積 AND = 0000 1010 0000 0010 0000 0000 0000 0000

同じ

ネットワークアドレス 10.2.2.0 = 0000 1010 0000 0010 0000 0000 0000 0000

図5-40 10.2.0.0/22のルート情報との比較

0.0.0.0/0

宛先IP 10.2.2.100 = 0000 1010 0000 0010 0000 0010 0110 0010
サブネットマスク /24 = 0000 0000 0000 0000 0000 0000 0000 0000
論理積 AND = 0000 0000 0000 0000 0000 0000 0000 0000

同じ

ネットワークアドレス 0.0.0.0 = 0000 0000 0000 0000 0000 0000 0000 0000

図5-41 0.0.0.0/0のルート情報との比較

以上の結果を見ると、宛先IPアドレス10.2.2.100のパケットをルーティングするために、

- 10.2.2.0/24
- 10.2.0.0/22
- 0.0.0.0/0

第5章　IPルーティング

の3つのルート情報が利用できることがわかります。

　この中で実際にパケットのルーティングに利用するのは、サブネットマスクが最も長い10.2.2.0/24のルート情報です。

　前にも述べたように、集約ルートはたくさんのネットワークアドレスを集約した広い範囲のネットワークを示していますが、個別のネットワークを識別できない大ざっぱなルート情報です。最長一致検索の考え方は、大ざっぱなルート情報と詳細なルート情報がある場合は、詳細なルート情報に従ってパケットをルーティングする、ということです。

　ちなみに、デフォルトルートは「Last Resort（最後の手段）」と呼ばれることがあります。デフォルトルートはあらゆるネットワークを集約している最も極端な集約ルートです。しかし、いつでもデフォルトルートを利用するわけではありません。「Last Resort（最後の手段）」という言葉は、最長一致検索によってデフォルトルートでパケットをルーティングするのは、他に利用できるルート情報がない場合だけ、ということを意味しています。

## 5-7-3　パケットを出力インタフェースから送信

　ルーティング対象のIPパケットに一致するルート情報が見つかったら、そのルート情報に基づいてIPパケットを出力します。インタフェースからIPパケットを出力するためには、インタフェースの種類に応じたレイヤ2ヘッダを付加しなければいけません。レイヤ2ヘッダには、レイヤ2のアドレス情報を指定します。レイヤ2ヘッダのアドレス情報を求めるための処理として、次の2通りのパターンがあります。

- 宛先ホストがルータの直接接続のネットワーク上に存在する場合
- 宛先ホストがリモートネットワーク上に存在する場合

### ■ 宛先ホストがルータの直接接続のネットワーク上に存在する場合

　まずは、宛先ホストがルータの直接接続のネットワーク上に存在する場合について考えましょう。宛先ホストがルータの直接接続のネットワーク上に存在するということは、ルーティング対象のパケットに一致するルート情報が直接接続のネットワークだということです。直接接続のルート情報には、ネクストホップアドレスの情報がありません。そのため、レイヤ2ヘッダのアドレスは、ルーティングするIPパケットの宛先IPアドレスから求めます。たとえば、**図5-42**のネットワーク構成で考えてみましょう。

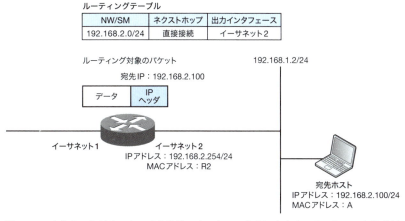

図5-42 宛先ホストがルータの直接接続のネットワーク上に存在するネットワーク構成例

　宛先ホストがルータのイーサネット2インタフェースの先に接続されています。ルーティングテーブルの192.168.2.0/24のルート情報にはネクストホップアドレスがありません。このような場合、ルーティング対象のパケットの宛先IPアドレス、つまり、宛先ホストのIPアドレスに対応するレイヤ2アドレスを求めます。PCなどのホストは、ほとんどの場合、イーサネットのインタフェースでネットワークに接続されています。イーサネットの環境では、レイヤ2アドレスはMACアドレスです。そして、IPアドレスとMACアドレスを対応付けるためにARPを利用します。ルータはルーティング対象のパケットの宛先IPアドレス192.168.2.100に対するARPリクエストを送信し、宛先ホストが自身のMACアドレスAをARPリプライで回答します（図5-43）。

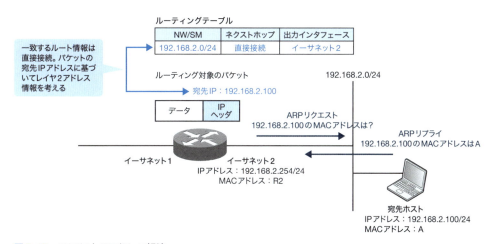

図5-43 ARPによるアドレス解決

ルータは、ARPによるアドレス解決で宛先IPアドレスに対応するMACアドレスがわかったら、IPパケットにイーサネットヘッダを付加して、イーサネット2インタフェースから送信します（図5-44）。このときのイーサネットヘッダのアドレス情報は、次のとおりです。

- 宛先MACアドレス　　：A（ARPによって解決）
- 送信元MACアドレス：R2（イーサネット2インタフェースのMACアドレス）

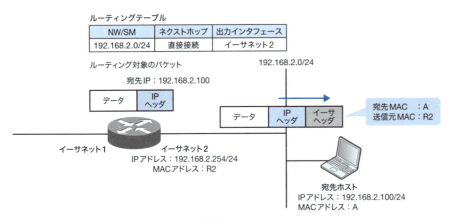

図5-44　出力インタフェースからパケットを送信

## ■ 宛先ホストがリモートネットワーク上に存在する場合

次に、宛先ホストがリモートネットワーク上に存在する場合について考えます。この場合は、ルータと宛先ホストとの間にネクストホップルータが存在しています。そして、ルーティング対象のIPパケットに一致するルート情報はリモートネットワークのもので、ネクストホップアドレスがあります。

ルーティング対象のIPパケットをネクストホップルータに転送するために、ネクストホップアドレスからレイヤ2アドレスを求めます。求めたレイヤ2アドレスを記載したレイヤ2ヘッダを付加して、IPパケットを出力します。この様子を、図5-45のネットワーク構成を例に考えてみましょう。

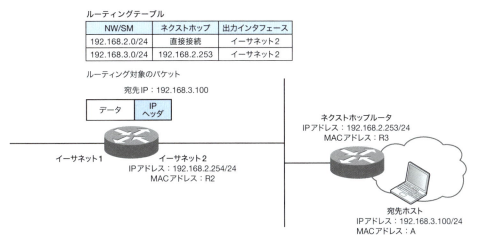

図5-45　宛先ホストがリモートネットワーク上に存在するネットワーク構成例

　ルーティング対象のIPパケットに一致する192.168.3.0/24のルート情報は、リモートネットワークのものです。ネクストホップアドレスは、192.168.2.253です。ルーティング対象のIPパケットをネクストホップの192.168.2.253に転送するためには、192.168.2.253に対応するレイヤ2アドレスが必要です。この構成例はイーサネットなので、ARPで192.168.2.253のMACアドレスを求めます（図5-46）。

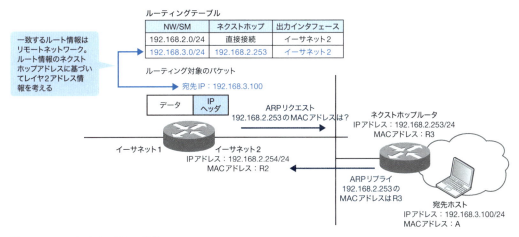

図5-46　ARPによるアドレス解決

　ルータは、ARPによるアドレス解決でネクストホップアドレスに対応するMACアドレスがわかったら、IPパケットにイーサネットヘッダを付加して、イーサネット2インタフェースから送信します（図5-47）。このときのイーサネットヘッダのアドレス情報は、次のとおりです。

- 宛先MACアドレス　　：R3（ARPによって解決）
- 送信元MACアドレス：R2（イーサネット2インタフェースのMACアドレス）

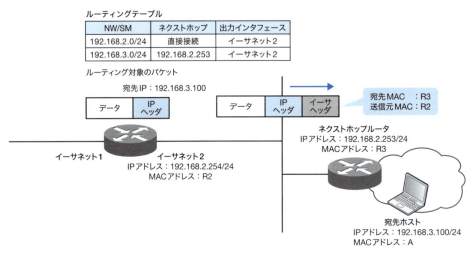

**図5-47　出力インタフェースからパケットを送信**

　ネクストホップルータでも同じようにルーティングの処理を行い、最終的に宛先ホストまでIPパケットを転送します。

### 5-7-4 ヘッダの変化

　ルータがルーティングすると、IPヘッダおよびレイヤ2ヘッダが書き換わります。IPヘッダの中で書き換えられるのは、次の2つのフィールドです*。

- TTL（Time To Live）
- チェックサム

　　　*　ルータでNAPTを行う場合、IPアドレスも変更されます。

　TTLは、IPパケットがネットワーク上でループするのを防止するための情報です。ルーティングテーブルに誤りがあると、IPパケットが特定のルータ間を行ったり来たりすることがあります。このようなパケットのループを防止するためにTTLを使います。ルータはIPパケットをルーティングするたびに、TTLの値を-1します。そしてTTLが0になると、IPパケットを破棄します。したがって、ルーティングテーブルの誤りなどの影響でIPパケットがループしてしまっても、ある程度時間が経過すれば、TTLによってIPパケットが破棄されてループを防止できます。ただし、根本的なルーティングテーブルの誤りを修正しなければ、その他のIPパケットも破棄されて通信ができなくなります。

また、チェックサムはエラーチェックのための情報です。TTLの値が変更されると、チェックサムを再計算しなければいけません。そのため、チェックサムも書き換えが行われます。

一方、レイヤ2ヘッダは、ルーティング前とルーティング後で付け替えます。ルーティング前のパケットには、ルータの受信インタフェースに応じたレイヤ2プロトコルのヘッダが付加されています。レイヤ2ヘッダの宛先アドレスには、ルータの受信インタフェースのアドレスが入っています。

ルーティング後のパケットには、ルータの出力インタフェースに応じたレイヤ2プロトコルのヘッダが付加されます。レイヤ2ヘッダの送信元アドレスには、ルータの出力インタフェースのアドレスが入ります。

図5-48は、ルーティング前後のIPヘッダ、レイヤ2ヘッダの変化を示したものです。

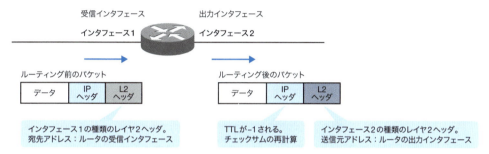

図5-48　ルーティングにおけるヘッダの変化

このように、ルーティングするたびにレイヤ2ヘッダがどんどん書き換わっていきます。IPヘッダはほとんど変わりません。レイヤ2のプロトコルは、同じネットワーク内での転送を行います。同じネットワーク内のホストやルータ間でレイヤ2プロトコルを利用してパケットを中継することで、最終的に異なるネットワークのホスト間でIPによるエンドツーエンド通信が可能になります（**図5-49**）。

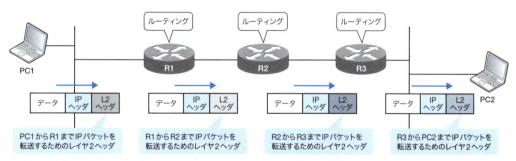

図5-49　異なるネットワーク間でのエンドツーエンド通信とレイヤ2ヘッダ

## 5-8 ホストでのルーティング

ここまで、主にルータでのルーティングについて解説しました。しかし、ルーティングを行うのは実はルータだけでなく、普通のPCやサーバなどのホストもルーティングを行います。つまり、TCP/IPで通信を行うすべての機器がルーティングを行います。ここでは、ホストのルーティングについて解説します。

### 5-8-1 ホストでのルーティングの概要

ホストでのルーティングは、ルータとは異なり限定的なものです。ルータは複数のインタフェースを持ち、異なるネットワーク間のパケットのルーティングを行うことができます。一方、ホストは通常1つのインタフェースを持ちます。また、複数のインタフェースを持っていたとしても、異なるネットワーク間のパケットのルーティングはできません（図5-50）[*]。

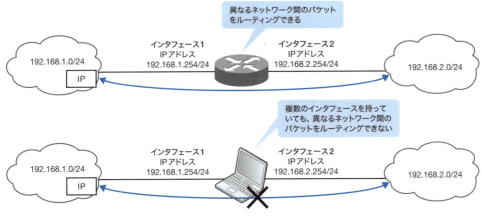

図5-50　ルータでのルーティングとホストでのルーティング

> [*] 複数のインタフェースを持つホストで、ソフトウェアルータの機能を利用すれば、ルータのように異なるネットワーク間のパケットをルーティングすることができます。サーバOSなどでソフトウェアルータの機能をサポートしています。「VyOS（http://vyos.net/wiki/Main_Page）」などオープンソースのソフトウェアルータも開発されています。

ホストでのルーティングは、ホスト自身がパケットを送信するときに、宛先ホストが同じネットワーク上に接続されているか異なるネットワークに接続されているかを判断して、パケットの転送先を決定します（図5-51）。

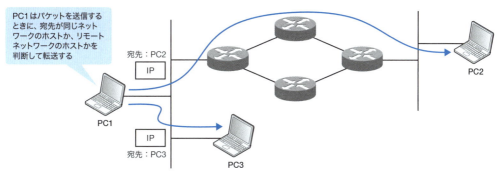

図5-51　ホストでのルーティング

### 5-8-2 ホストでのルーティングの設定

　ホストでも、ルータと同じようにルーティングテーブルに基づいてルーティングします。ホストのインタフェースにIPアドレス/サブネットマスクを設定すると、ホストのルーティングテーブルに直接接続のルート情報として、接続しているネットワークアドレス/サブネットマスクのルート情報が登録されます。

　ホストには、IPアドレスとサブネットマスク以外に、デフォルトゲートウェイのIPアドレスを設定します。ホストでのデフォルトゲートウェイの設定は、すなわちリモートネットワークをすべて集約したデフォルトルートをスタティックルートとして登録していることにほかなりません。デフォルトゲートウェイのIPアドレスは、ホストと同じネットワーク上のルータのIPアドレスです。デフォルトゲートウェイを設定すれば、指定したIPアドレスをネクストホップとするデフォルトルートがホストのルーティングテーブルに登録されます（図5-52）。

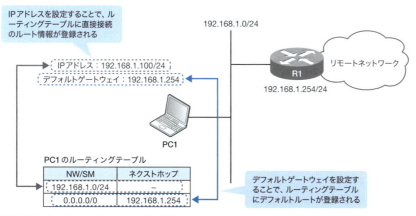

図5-52　ホストでのルーティングの設定

第5章　IPルーティング

　このように、ホストはルーティングテーブルに直接接続のルート情報とリモートネットワークをすべて集約したデフォルトルートを登録し、これに基づいてルーティングします。なお、必要ならば、ホストのルーティングテーブルに個々のネットワークのルート情報を登録することもできます。

　ホストのルーティングテーブルの例として、Windows 7 Professionalのルーティングテーブルを見てみましょう。Windows 7/8などWindows系のOSでは、コマンドプロンプトから「route print」または「netstat -r」コマンドを実行することで、ルーティングテーブルを確認できます。

```
C:\Users\Gene>route print
===========================================================================
インターフェイス一覧
  8 ...00 1a 4d 51 cd 39 ...... Realtek RTL8168/8111 Family PCI-E Gigabit Ethernet NIC
➡(NDIS 6.0)
  1 ........................... Software Loopback Interface 1
 11 ...00 00 00 00 00 00 00 e0  isatap.home
  9 ...02 00 54 55 4e 01 ...... Teredo Tunneling Pseudo-Interface
===========================================================================

IPv4 ルート テーブル
===========================================================================
アクティブ ルート :
ネットワーク宛先          ネットマスク        ゲートウェイ      インターフェイス   メトリック
          0.0.0.0          0.0.0.0      192.168.1.1      192.168.1.6       10
        127.0.0.0        255.0.0.0      リンク上          127.0.0.1       306
        127.0.0.1  255.255.255.255      リンク上          127.0.0.1       306
  127.255.255.255  255.255.255.255      リンク上          127.0.0.1       306
      169.254.0.0      255.255.0.0      192.168.1.3      192.168.1.6       11
      192.168.1.0    255.255.255.0      リンク上          192.168.1.6      266
      192.168.1.6  255.255.255.255      リンク上          192.168.1.6      266
    192.168.1.255  255.255.255.255      リンク上          192.168.1.6      266
        224.0.0.0        240.0.0.0      リンク上          127.0.0.1       306
        224.0.0.0        240.0.0.0      リンク上          192.168.1.6      266
  255.255.255.255  255.255.255.255      リンク上          127.0.0.1       306
  255.255.255.255  255.255.255.255      リンク上          192.168.1.6      266
===========================================================================
固定ルート :
  ネットワーク アドレス       ネットマスク    ゲートウェイ アドレス   メトリック
      169.254.0.0      255.255.0.0      192.168.1.3            1
===========================================================================
```

　上記出力の青文字部分が、デフォルトルートと直接接続のルート情報です。これら以外のルート情報の概要は、次のとおりです。

● ホスト自身を示すルート情報
　「127」で始まるルート情報および「192.168.1.6 255.255.255.255」

190

- APIPA（Automatic Private IP Addressing）のルート情報

  「169.254.0.0 255.255.0.0」

  DHCPサーバが存在しない場合に自動的に設定されるIPアドレス範囲についてのルート情報です。

- マルチキャストのルート情報

  「224.0.0.0 240.0.0.0」

- ブロードキャストのルート情報

  「192.168.1.255 255.255.255.255」および「255.255.255.255 255.255.255.255」

## 5-8-3 ホストでのルーティングの動作

　ホストでも、ルーティングテーブルからルート情報を検索するために、最長一致検索を行います。ホスト自身が送信するパケットの宛先IPアドレスをキーにして、一致するものの中で最もサブネットマスクのビット数が多いルート情報を検索します。実際にパケットを出力するためには、レイヤ2ヘッダが必要です。ホストは通常イーサネットのインタフェース（NIC）でネットワークに接続するので、イーサネットヘッダが付加されます。そして、イーサネットヘッダのMACアドレス情報は、宛先IPアドレスまたはルート情報のネクストホップアドレスからARPによって求めます。

### ■ 宛先IPアドレスがホストと同じネットワークの場合

　宛先IPアドレスがホストと同じネットワークの場合、ルーティングは次のような手順で行われます。

❶ ホスト自身が送信するパケットの宛先IPアドレスがホストと同じネットワークのものであれば、直接接続のルート情報が一致します。

❷ 直接接続のルート情報にはネクストホップアドレスの情報がないので、宛先IPアドレスからARPによってMACアドレスを求めます。

❸ 宛先IPアドレスに対するMACアドレスがわかったら、レイヤ2ヘッダを付加してパケットを出力します。パケットは同じネットワーク内の宛先ホストへ転送されます。

この手順の様子を図5-53に示します。

# 第5章 IPルーティング

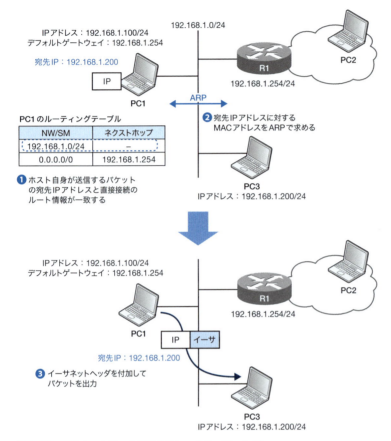

図5-53　同じネットワーク内のホストへのルーティング

## ■ 宛先IPアドレスがホストと異なるネットワークの場合

一方、宛先IPアドレスがホストと異なるネットワークの場合は、ルーティングは次のような手順になります。

1. ホスト自身が送信するパケットの宛先IPアドレスがホストと異なるネットワークのものであれば、デフォルトルートのルート情報が一致します。
2. ARPによって、デフォルトルートのネクストホップアドレス（デフォルトゲートウェイのIPアドレス）のMACアドレスを求めます。
3. デフォルトゲートウェイのIPアドレスに対するMACアドレスがわかったら、レイヤ2ヘッダを付加してパケットを出力します。パケットはデフォルトゲートウェイへ転送されます。
4. デフォルトゲートウェイがパケットをルーティングします。

この手順の様子を**図5-54**に示します。

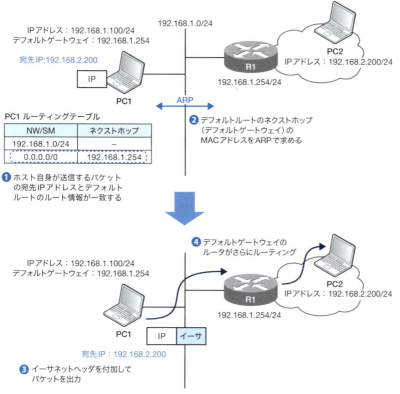

図5-54　異なるネットワーク内のホストへのルーティング

### 5-8-4　デフォルトゲートウェイの冗長化

　ホストが他のネットワークへパケットを送信するときには、まずデフォルトゲートウェイへと転送します。そのため、デフォルトゲートウェイとなるルータやレイヤ3スイッチに障害が発生した場合、他のネットワークへの通信ができなくなってしまいます。そこで、デフォルトゲートウェイとなるルータやレイヤ3スイッチの冗長化が必要です。特に、サーバのデフォルトゲートウェイの冗長化はとても重要です。多くのクライアントにサービスを提供するサーバのデフォルトゲートウェイに障害が発生すると、その影響が甚大になるからです。

　ただし、単純に複数のルータやレイヤ3スイッチをネットワーク上にデフォルトゲートウェイとして接続すればよい、というわけではありません。なぜなら前述のように、デフォルトゲートウェイの設定は、デフォルトルートをスタティックルートとして設定しているからです。スタティックルートの設定は、ネットワーク構成の変化に応じて自動的に書き換わることはありません。そのため、デフォ

ルトゲートウェイとして設定したルータに障害が発生しても、PCやサーバ側のデフォルトゲートウェイの設定は自動的には書き換わりません。その結果として、ダウンしたルータへいつまでもパケットを転送してしまうことになります。

図5-55のネットワーク構成を例に取り、デフォルトゲートウェイの冗長化について考えます。PCと同一ネットワーク上にデフォルトゲートウェイを冗長化するため、R1とR2を接続しています。

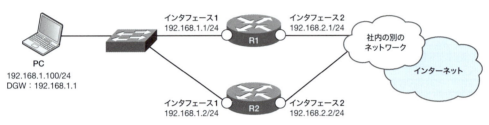

図5-55　デフォルトゲートウェイの冗長化 その1

PCのデフォルトゲートウェイのIPアドレスには、R1のIPアドレス192.168.1.1を設定しています。PCから他のネットワークへパケットを送信するときは、R1へと転送し、R1がルーティングします（図5-56）。

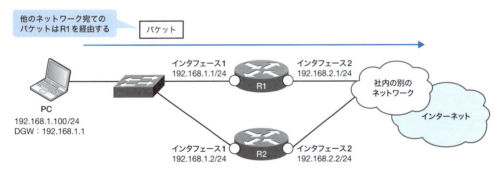

図5-56　デフォルトゲートウェイの冗長化 その2

ここで、R1のインタフェース1に何らかの障害が発生したとします。ところが、PCのデフォルトゲートウェイの設定はスタティックルートなので、PCはR1に到達できなくなったことがわかりません。PCは、他のネットワーク宛てのパケットはずっとR1に転送し続けてしまい、他のネットワークとの通信ができなくなってしまいます（図5-57）。

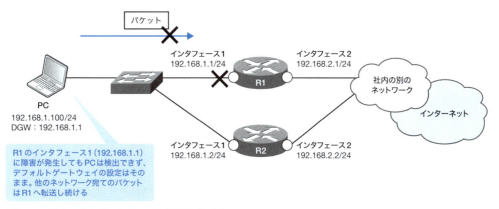

図5-57　デフォルトゲートウェイの冗長化 その3

　冗長化したR2をPCに利用させるには、PCのデフォルトゲートウェイの設定を手動でやり直して、R2のIPアドレス192.168.1.2を指定する必要があります（図5-58）。せっかくデフォルトゲートウェイを冗長化したのに、その切り替えは各PC側で設定し直すということでは、運用面の負荷が大きく、冗長化したメリットがあまり感じられません。

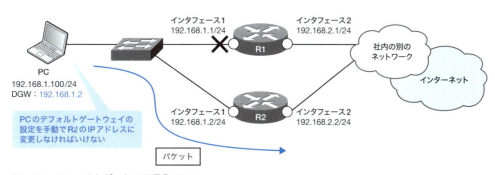

図5-58　デフォルトゲートの冗長化 その4

　このように、デフォルトゲートウェイの冗長化を行うときは単に複数のルータを準備するだけでは不十分です。それに加えて、以下のようなデフォルトゲートウェイ冗長化のプロトコルを利用することがポイントです※。

- HSRP（Hot Standby Router Protocol）
- VRRP（Virtual Router Redundancy Protocol）
- GLBP（Gateway Load Balancing Protocol）

　　　　※　HSRP、GLBPはシスコシステムズ社独自のプロトコルです。VRRPは標準化されています。

　これらのデフォルトゲートウェイ冗長化プロトコルは、まとめてFHRP（First Hop Redundancy

Protocol) とも呼びます。First HopとはPCやサーバから見て最初のルータ、つまりデフォルトゲートウェイを意味します。

これらのFHRPの基本的なコンセプトは、PCやサーバに対して、複数のルータを仮想的に1つに見せることにあります*。デフォルトゲートウェイとなる複数のルータをグループ化して、1つの仮想ルータを構成します。そして、PCやサーバのデフォルトゲートウェイのIPアドレスとして、仮想ルータのIPアドレスを設定します。障害発生時の切り替えは、ルータ間で制御します。PCやサーバは、物理的なルータの障害を意識することなく、継続して他のネットワーク宛てのパケットを転送することができます（図5-59）。

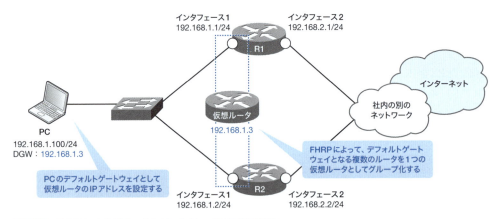

図5-59　FHRPによるデフォルトゲートウェイ冗長化の概要

＊　厳密に言うなら、仮想的に1つに見せるのはルータそのものではなく、デフォルトゲートウェイとして動作するインタフェースです。

## 5-9
# VRRP

デフォルトゲートウェイを冗長化するために標準化されているプロトコルがVRRPです。ここでは、VRRPの仕組みについて解説します。

### 5-9-1　VRRPの概要

VRRP（Virtual Router Redundancy Protocol）は、RFC3768で標準化されているデフォルトゲートウェイの冗長化プロトコルです。複数のルータをグループ化して仮想ルータを構成します。

5-9 VRRP

仮想ルータには、実ルータと同様に、IPアドレスとMACアドレスがあります。

- 仮想ルータのIPアドレス　　：設定で指定、またはマスタールータのIPアドレス
- 仮想ルータのMACアドレス：00-00-5e-00-01-XX（XXは仮想ルータID）

VRRPでは、仮想ルータのIPアドレスとして、実ルータのIPアドレスを利用することもできます。そして、実ルータはマスタールータとバックアップルータの役割を分担します。マスタールータが仮想ルータ宛てのパケットを転送します。バックアップルータは、マスタールータがダウンしたときに新しいマスタールータとなるルータです。

PCやサーバのデフォルトゲートウェイのIPアドレスには、仮想ルータのIPアドレスを設定します。マスタールータがダウンしても、PCやサーバは特に意識することなく継続して他のネットワーク宛ての通信ができます。

## 5-9-2 VRRPの仕組み

冗長化したい複数のルータ間では、VRRPのメッセージ（VRRP Advertisement）を交換して仮想ルータを構成します。

VRRP Advertisementは、IPでカプセル化されます。宛先IPアドレスはマルチキャストアドレスの224.0.0.18を利用します。また、プロトコル番号は112です。

VRRPを有効にすると、VRRP Advertisementを送信します。VRRP Advertisementにより、複数のルータで仮想ルータIDや仮想IPアドレスを認識し、各ルータに設定したプライオリティによってマスタールータを決定します。プライオリティが大きいルータがマスタールータになります。プライオリティが同じ場合は、IPアドレスが大きいルータがマスタールータになります。

マスタールータが決定すると、マスタールータからのみ定期的にVRRP Advertisementが送信されるようになります。デフォルトのVRRP Advertisementの送信間隔は1秒です。

### ■ VRRPの設定と動作の例

次ページの図5-60では、R1とR2のインタフェース1でVRRPを有効化しています。R1とR2はインタフェース1でVRRP Advertisementをやり取りして、仮想ルータのIPアドレス192.168.1.4を認識します。また、プライオリティが大きいR1がマスタールータになります。R2はバックアップルータとなると、VRRP Advertisementを送信しなくなります。

第5章　IPルーティング

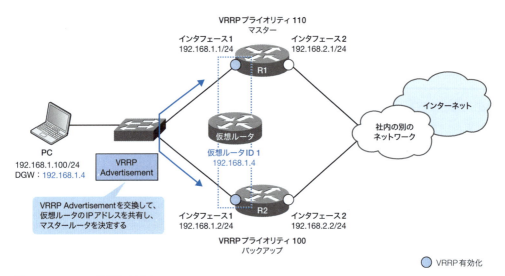

図5-60　VRRPの仕組み　その1

　VRRPのマスタールータは、実際のIPアドレス/MACアドレスに加えて、仮想ルータのIPアドレス/MACアドレスも持っていることになります。つまり、マスタールータとなったR1は、実IPアドレス/MACアドレスに加えて、仮想ルータのIPアドレス192.168.1.4と仮想MACアドレス00-00-5e-00-01-01も持っています（図5-61）。

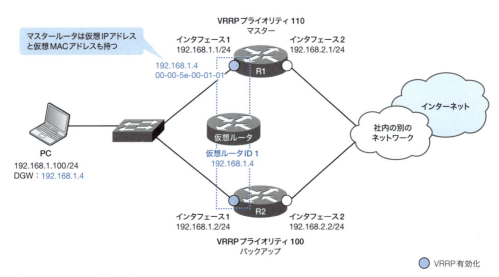

図5-61　VRRPの仕組み　その2

PCのデフォルトゲートウェイには、仮想ルータのIPアドレスを設定します。PCから他のネットワークへパケット送信しようとすると、デフォルトゲートウェイのIPアドレスを解決するためにARPリクエストを送信します。仮想ルータのIPアドレスに対するARPリクエストに、マスタールータが仮想MACアドレスで応答します。

PCがイーサネットヘッダの宛先MACアドレスに仮想MACアドレスを指定すると、マスタールータへ転送されて、マスタールータがルーティングします（図5-62）。

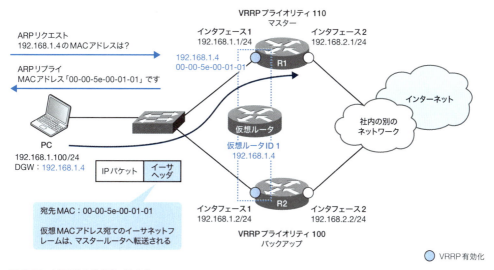

図5-62　VRRPの仕組み その3

マスタールータがダウンした場合は、バックアップルータに定期的なVRRP Advertisementが届かなくなります。これにより、バックアップルータはマスタールータのダウンを認識し、新しいマスタールータとなります。次ページの図5-63は、R1がダウンしてR2が新しいマスタールータになり、仮想IPアドレス/MACアドレスを引き継ぐ様子です。

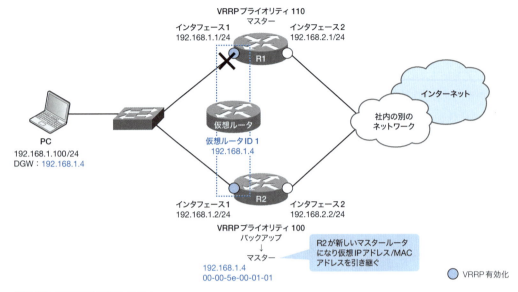

図5-63　VRRPの仕組み　その4

　PCは、デフォルトゲートウェイ（マスタールータ）が切り替わったことは意識しません。他のネットワーク宛てのパケットは、仮想MACアドレスを宛先に指定したイーサネットヘッダでカプセル化するだけです。すると新しいマスタールータであるR2へと転送され、R2がルーティングします（図5-64）。

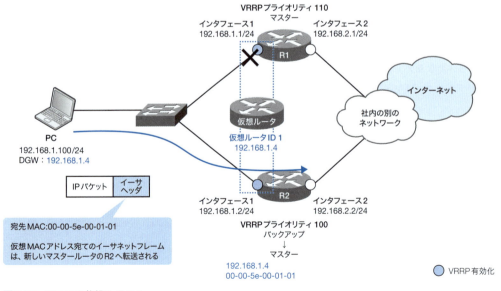

図5-64　VRRPの仕組み　その5

第**6**章

# RIP

最もシンプルな仕組みのルーティングプロトコルがRIPです。この章では、RIPの仕組みについて解説します。

■ 6-1　RIPの概要
■ 6-2　RIPの仕組み
■ 6-3　RIPのパケットフォーマット

第6章　RIP

## 6-1

# RIPの概要

RIPの仕組みを知る前に、RIPがどのような特徴を持つルーティングプロトコルであるかについて解説します。

## 6-1-1　RIPの特徴

RIP（Routing Information Protocol）は、最もシンプルな仕組みのルーティングプロトコルです。シンプルであるため、ルータでの設定も簡単に行うことができ、運用の負荷はそれほどかかりません。その半面、さまざまな制約もあります。RIPの特徴を簡単にまとめると、次のようになります。

- IGPsの一種
- ディスタンスベクタ型ルーティングプロトコル
- メトリックとしてホップ数を採用している
- 30秒ごとにルート情報を送信する
- ルーティングテーブルのコンバージェンス時間が長い
- ルーティングループが発生する可能性がある
- RIPv1とRIPv2の2つのバージョンがある

RIPは、企業の社内ネットワークなどで利用するIGPsの一種です。この後に解説するホップ数の制限やコンバージェンス時間が長いなどの理由から、主に小規模なネットワークで利用されます。

RIPのルーティングアルゴリズムは、ディスタンスベクタ型です。ディスタンスとは宛先ネットワークまでの距離を表すメトリックで、RIPではホップ数がそれに当たります。そして、ベクタは方向で、ネクストホップアドレスと出力インタフェースがそれに相当します。RIPでは、ネクストホップのルータから受信したルート情報のメトリックに基づいて、最適なルートを決定します。「距離」と「方向」については第5章でも簡単に解説しましたが、あらためて図6-1で確認しておきましょう。

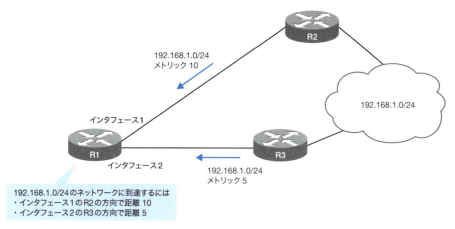

図6-1 「距離」と「方向」

　R1は192.168.1.0/24のネットワークのルート情報をR2とR3から受信しています。R2から送信されたルート情報にはメトリック10が含まれていて、R1のインタフェース1で受信しています。R1から見ると、192.168.1.0/24のネットワークはインタフェース1のR2の方向で距離10だけ離れていることになります。同様に、R3から送信された192.168.1.0/24のルート情報に含まれるメトリックは5で、R1はインタフェース2で受信しています。つまり、R1から192.168.1.0/24のネットワークは、インタフェース2のR3の方向で距離5だけ離れていることになります。

　この2つのルート情報のうち、R1が優先するのはR3から受信したルート情報です。メトリックは目的のネットワークまでの距離を表していて、距離は短いほうがよいです。メトリックが小さいほうのルート情報を最適なルートとして扱います。このメトリックとして、RIPではホップ数を採用しています。「ホップ」とはルータを意味し、経由するルータの台数で目的のネットワークまでの距離を表しています。RIPのホップ数には上限があり、最大15です。そのため、RIPはルータを16台以上経由するような大規模なネットワーク構成では利用できません。RIPが主に小規模なネットワークで利用されている理由の1つがホップ数の制限です。

　ルーティングプロトコルは、ネットワークの障害などのネットワーク構成の変化も検出します。RIPの場合は、定期的にルート情報を送信することで、そのルート情報のネットワークが正常に稼働していることを他のRIPルータに知らせています。デフォルトでは30秒ごとにルート情報を送信します。

　定期的なルート情報の送信を行っているので、たくさんのルータが存在すると、全体として必要なルート情報を学習するための時間が長くかかります。つまり、RIPではコンバージェンスするまでの時間が長くかかってしまいます。また、ネットワークに障害が発生したときは、障害が発生したネット

ワークのルート情報をできるだけ速やかにルーティングテーブルから削除する必要があります。しかし、RIPはコンバージェンスが遅いので、削除するべきルート情報がしばらく残ってしまうことがあります。その結果、ルーティングテーブルが実際のネットワーク構成とは異なる時間が生じ、パケットのルーティングを正しく行えなくなる場合もあります。

　小規模なネットワークであれば、ルート情報もさほど多くないため、コンバージェンスが遅いことはあまり問題にはなりません。これもRIPが主に小規模なネットワークで採用されている理由の1つです。

　RIPには、v1とv2の2つのバージョンがあります。**表6-1**はv1とv2の主な違いをまとめたものです。

表6-1　RIPv1/v2の主な違い

| バージョン | v1 | v2 |
|---|---|---|
| ルート情報の宛先アドレス | ブロードキャスト | マルチキャスト (224.0.0.9) |
| サブネットマスクの通知 | しない | する |
| 認証機能 | なし | あり |
| 集約 | 自動集約 | 自動集約/手動集約 |

　RIPv1はサブネットマスクを通知しないため、VLSM（可変長サブネットマスク）や不連続サブネット*をサポートできません。また、認証機能がないため、ルート情報を偽造や改ざんされる可能性があります。そのため、現在ではRIPv1を利用することはまずありません。ほとんどの場合、RIPv2を利用します。

> ＊　不連続サブネットとは、アドレスクラスに従ったネットワーク（メジャーネットワークという）が、異なるアドレスクラスのネットワークに分断されているIPアドレスの割り当てのことです。

　RIPv1とRIPv2のパケットフォーマット自体はほとんど同じです。RIPv1では未使用だったフィールドが、サブネットマスクフィールドとネクストホップアドレスフィールドとして使われています。ディスタンスベクタ型であることや、コンバージェンス時間が長い、ループが発生する可能性があるといった特徴は、RIPv2になっても変わりません。

　この章の説明は、すべてRIPv2のものです。以降で、さらに詳しくRIPの仕組みについて見ていきます。

6-2 RIPの仕組み

## 6-2

# RIPの仕組み

RIPの仕組みとして、どのようなタイミングでどのような情報を交換するか、どのようにして最適ルートを決定するかというポイントについて解説します。

### 6-2-1 RIPの処理の流れ

まずは、RIPの処理の流れについて説明します。RIPはとてもシンプルな仕組みで、その処理の流れは次のようになります。

**❶** RIPルートを定期的に送信

**❷** 受信したRIPルートをRIPデータベースに登録

**❸** 最適なルートをルーティングテーブルに登録

**❹** RIPルートの定期的な送信を継続

RIPでは、他のRIPルータの存在を意識しません。この点は、後章で解説するOSPFやEIGRP、BGPとの大きな違いです。OSPF、EIGRP、BGPでは、まずネイバーという近隣のルータとの関係性を確立して、ネイバーとの間でルート情報を交換します。それに対してRIPでは、とりあえずルート情報を送りつけます。RIPのルート情報はマルチキャストで送信する（v1の場合はブロードキャスト）ので、RIPが有効なルータが存在すれば、送りつけられたRIPルート情報を受信できます*。

> ＊ ただし、RIPルータが同じネットワーク上にあることが大前提です。IPアドレスの設定が間違っているなどの理由で、同じネットワーク上とみなされないルータからのRIPルート情報は受信しても破棄します。

RIPルートを受信したら、そのルート情報を、管理するRIPデータベースに登録します。なお、RIPで送信するルート情報はRIPデータベースに含まれているものです。そして、RIPデータベース上でホップ数を見て、最適なルートを決定します。さらに、RIPのルートとして最適なルートをルーティングテーブルに登録し、パケットのルーティングができるようにします。

ネットワーク構成は、障害などで変化することがあります。RIPでは、そうしたネットワーク構成の変化は、定期的なRIPルート情報の送受信によって確認します。RIPルート情報を定期的に送信することで、そのルート情報に対応するネットワークが正常に稼働していることを通知していることになります。ネットワークがダウンすると、そのネットワークのルート情報の送信は止まります。定期的なRIPルート情報の受信ができなくなると、RIPデータベースおよびルーティングテーブルから該当のルート情報を削除します。ただし、即座に削除されるわけではないことには注意が必要です。

以上のRIPの処理の流れを次ページの**図6-2**にまとめています。

205

第6章　RIP

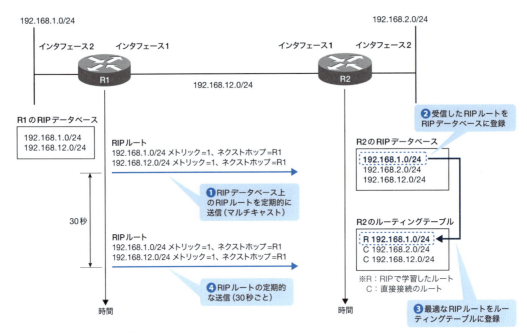

図6-2　RIPの処理の流れ[*1][*2]

*1 図では、R1からR2にRIPルートを送信する様子だけを表しています。R2からもR1へRIPルートを定期的に送信します。
*2 R1が送信するRIPルートは、通常はスプリットホライズンによって192.168.1.0/24のルート情報だけになります。スプリットホライズンについては6-2-6項で解説します。

### 6-2-2　RIPルートの生成

　RIPについて説明される際、しばしば「ルーティングテーブルを交換する」と表現されることがありますが、RIPで交換するのはRIPルートです。ルーティングテーブル自体を交換するわけではありません。RIPでルート情報を交換するためには、まず、RIPルートを生成します。

　RIPの設定方法は、ルータの製品によって異なります。コマンドラインからコマンドを入力したり、WebベースのGUIインタフェースで設定したりします。ただし、どの設定方法でも、設定の考え方は共通しています。RIPはインタフェース単位で有効にします。インタフェースでRIPを有効にすることで、そのルータはRIPルートを生成します。

　インタフェースでRIPを有効にすると、具体的には次の2つの動作が行われるようになります。

- 有効にしたインタフェースでRIPパケットを送受信する
- 有効にしたインタフェースのネットワークアドレス/サブネットマスクをRIPルートとしてRIPデータベースに登録する

206

インタフェースでRIPを有効にすると、そのインタフェースからRIPルートを30秒ごとに送信するようになります。そして、RIPルートを受信するために、RIPを有効にしたインタフェースは224.0.0.9のマルチキャストグループに参加します。

さらに、RIPを有効にしたインタフェースのネットワークアドレス/サブネットマスクをRIPルートとして生成して、RIPデータベースに登録します。こうして生成したRIPルートを定期的に送信することになります（図6-3）。

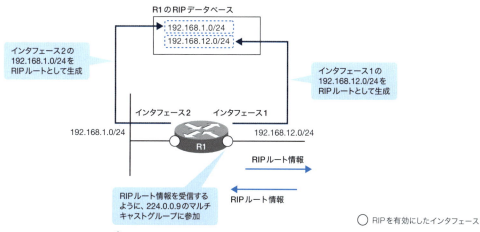

図6-3　RIPルートの生成[*]

* 図では、インタフェース2のRIPルート情報の送受信については省略しています。

### 6-2-3　RIPのコンバージェンス

RIPは、ルート情報の交換にマルチキャストを利用しています。224.0.0.9というマルチキャストアドレスは、リンクローカル[*1]の範囲で利用するマルチキャストアドレスです。TTLが1に設定されているため、たとえマルチキャストルーティングを行っていたとしてもルータを越えられません。RIPルートの交換は、同じネットワーク内だけで行われます[*2]。

[*1]　リンクローカルとは、ルータを越えない同一ネットワークの範囲を指します。
[*2]　OSPFもEIGRPも同様に、マルチキャストによって同じネットワーク内だけでやり取りします。BGPは例外です。

他のルータからRIPルートを受信して、RIPデータベースに登録すると、そのルートもRIPルートとして定期的に送信するようになります。そのため、RIPによるルート情報の交換は、同じネットワーク内のRIPルータ間でバケツリレーのように行われていきます。

最終的にルーティングを行うためには、すべてのルータのルーティングテーブルに必要なルート

情報がなければいけません。すなわち、ルーティングテーブルがコンバージェンス状態になっていなければいけません。そのため、RIPを利用するときは、基本的にすべてのルータのすべてのインタフェースでRIPを有効にして、それぞれのルータで直接接続のルート情報をRIPルートとして生成します。それらのRIPルートを定期的にやり取りして、最終的にルーティングテーブルをコンバージェンスさせます。

### ■ RIPルートのやり取りの具体例

図6-4の3台のルータで、RIPによるルート情報のやり取りについて考えてみましょう。まず、ルータR1、R2、R3のすべてのインタフェースでRIPを有効化します。それぞれのルータは、直接接続のネットワークをRIPルートとしてRIPデータベースに生成します。

ここで、R1がRIPルート送信のタイミングになったとすると、R1はRIPルートとして192.168.1.0/24を送信します。RIPデータベースには192.168.12.0/24もありますが、後述するスプリットホライズンによって送信が止められます。

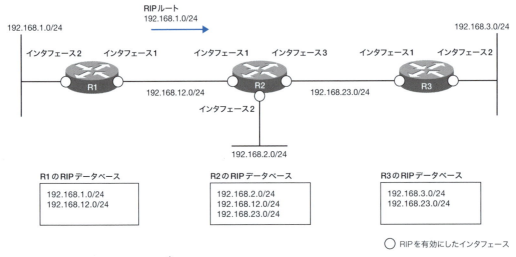

図6-4　RIPルートのやり取り その1[*]

  [*] 図では、R1のインタフェース2から送信するRIPルートは省略しています。

R2はRIPルートを受信して、192.168.1.0/24のルート情報をRIPデータベースに登録します。そして、R2のRIPルート送信のタイミングになったら、R2は次のようにRIPルートを送信します。

- インタフェース1から送信するRIPルート
    - 192.168.2.0/24
    - 192.168.23.0/24
- インタフェース2から送信するRIPルート
    - 192.168.1.0/24
    - 192.168.12.0/24
    - 192.168.23.0/24
- インタフェース3から送信するRIPルート
    - 192.168.1.0/24
    - 192.168.2.0/24
    - 192.168.12.0/24

　R2からのRIPルートの送信についても、RIPデータベースのすべてのルート情報ではなく、スプリットホライズンによって一部のルートの送信が止められます。R2は、R1から受信した192.168.1.0/24をさらにR3へと送信します。

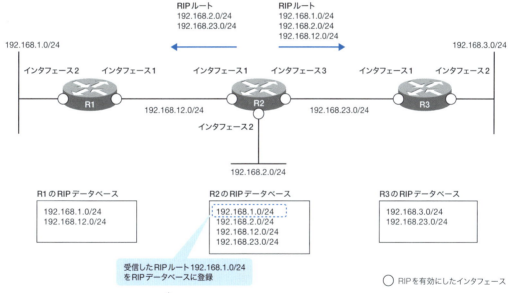

図6-5　RIPルートのやり取り その2[*]

　　　＊　図では、R2のインタフェース2から送信するRIPルートは省略しています。

　R3では、受信したRIPルートをRIPデータベースに登録し、R3の送信のタイミングでRIPルートを送信します。最終的には、R1、R2、R3がやり取りするRIPルートとルーティングテーブルは図6-6のようになります。

第6章　RIP

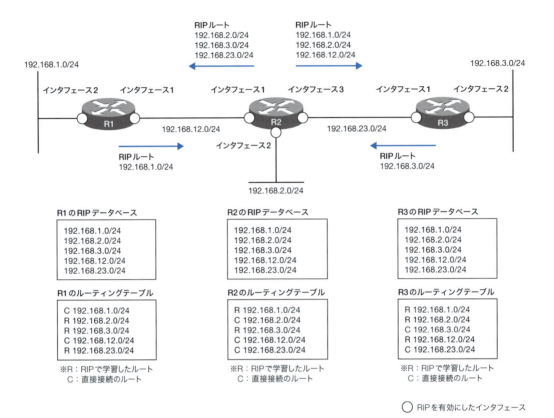

図6-6　RIPルートのやり取り　その3[*]

> ＊　図では、R1、R2、R3のインタフェース2から送信するRIPルートは省略しています。このような他のRIPルータが存在しないインタフェースには、RIPルート情報を送信する必要はありません。RIPルータが存在しないインタフェースからのRIPルートの送信を止めるために、第10章で解説するパッシブインタフェースを設定します。

　RIPでは、それぞれのルータがそれぞれのタイミングに従ってRIPルートの送信を行います。そのため、ネットワーク全体のルータのルーティングテーブルがコンバージェンスするまでに時間がかかってしまうことがあります。

### 6-2-4　RIPのメトリック

　メトリックは、ルータから目的のネットワークまでの距離を数値化したものです。何をメトリックにするかはルーティングプロトコルによって異なります。RIPは、メトリックとして単純なホップ数を採用しています。宛先ネットワークへ到達するまでのルートの帯域幅や遅延などは考慮しません。そのため、ネットワークの構成によっては、RIPによる最適ルートは非効率なものになってしまいます。

たとえば、図6-7のネットワークを見てください。このネットワークにおいて、RIPによるダイナミックルーティングを行っています。このとき、R1から192.168.1.0/24へパケットをルーティングするためのルートは2つあります。

- R2経由のルート　メトリック=1
- R3経由のルート　メトリック=2

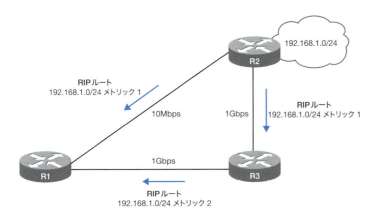

図6-7　R1から192.168.1.0/24にパケットを送るには、R2経由のルートとR3経由のルートのどちらが最適か？

　メトリックから判断すると、最適なルートはR2経由となります。ところがR1-R2間の帯域幅は10Mbpsしかありません。一方、R1-R3間、R2-R3間は帯域幅が1Gbpsです。R1からR3を経由して192.168.1.0/24へパケットをルーティングするほうが、より帯域幅が大きく遅延も少ないはずです。しかし、RIPでは帯域幅や遅延は考慮しません。単純に経由するルータの台数が少ないルートを最適とみなしてしまうので、本当に適切なルートが選択されるとは限りません。

　このような性質を踏まえて、帯域幅の狭いルートのホップ数を増やすように調整することも可能ですが、そのような設定は手間がかかります。多くのルータで追加の設定が必要になり、作業の負荷が大きくなってしまいます。帯域幅や遅延を考慮した最適ルートの決定が必要なときは、OSPFやEIGRPを利用したほうがよいでしょう。

　また、RIPのホップ数の値は16が最大値です。ホップ数16は、そのネットワークへの到達不能を意味する特別な値です。そのため、ホップ数15が実質的な最大値です。経由するルータの台数が15よりも多くなる大規模なネットワークでは、RIPではルート情報を正しくルーティングテーブルに登録することができません。

　もし、同じネットワークに対するメトリックが等しいRIPルートが複数ある場合は、複数のルートをルーティングテーブルに登録して負荷分散することも可能です。これを等コストロードバランシングと呼びます。

211

第6章 RIP

### 6-2-5 RIPのタイマー

RIPの定期的なルート情報の送信、障害の検出、ルーティングテーブルからのエントリの削除は、さまざまなタイマーによって制御されています。RIPのタイマーには、次の4種類があります。

- Updateタイマー
- Invalidタイマー
- Hold downタイマー
- Flushタイマー

#### Updateタイマー

ルータがルート情報を送信する間隔を決めています。Updateタイマーの標準値は30秒です。

#### Invalidタイマー

これがタイムアウトするまでにルート情報を受信することができなければ、そのエントリが無効になったとみなされます。ただし、Invalidタイマーがタイムアウトしても、すぐにはルーティングテーブルから削除されずに「ホールドダウン状態」となります。Invalidタイマーの標準値は180秒です。

#### Hold downタイマー

ホールドダウン状態を保持しておく時間を表しています。ホールドダウン状態とは、「ネットワークがダウンしているかもしれない」ということを意味しています。ホールドダウン状態になったとしても、ルーティングテーブル上にエントリは存在するので、そのネットワーク宛てにやってきたパケットはルーティングされます（きちんと通信できるかどうかはわかりません）。ホールドダウン状態の間は、ネットワークのダウンを認識しているルータとしていないルータが混在しており、ルーティングループが発生する原因になる間違った情報がやってくる可能性があります。そこで、あるエントリに対して元のメトリックと同じ、または劣る（メトリックが大きい）ルート情報がやってきても、それを採用しません。元のメトリックよりもよい（小さい）ルート情報を受け取ったら、ホールドダウン状態を解除し、ルート情報をルーティングテーブルに格納します。Hold downタイマーの標準値は180秒です。

#### Flushタイマー

ルーティングテーブル上からRIPルートのエントリを削除するためのタイマーです。このFlushタイマーがタイムアウトするまでにルート情報を受け取ることができなければ、エントリはルーティングテーブルから削除されます。Flushタイマーの標準値は240秒です。

### ■ RIPエントリが削除されるまでのプロセス

図6-8では、Invalidタイマー、Hold downタイマー、FlushタイマーによってルーティングテーブルのRIPエントリが削除されるまでのプロセスを示しています。

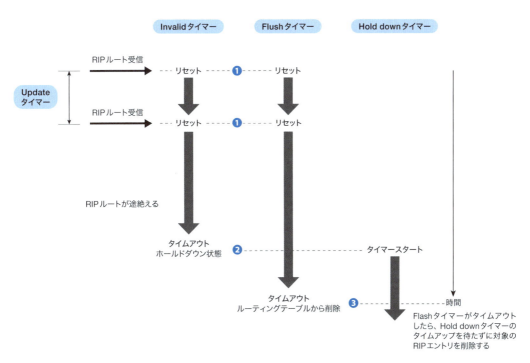

図6-8　RIPのタイマーとRIPエントリが削除されるまでのプロセス

　RIPルートのエントリがあり、そのエントリに対するルート情報を受信すると、Invalidタイマーと Flushタイマーがリセットされます。（❶）

　ネットワークの障害などの影響でルート情報の受信が途絶えると、Invalidタイマーがタイムアウトし、ルーティングテーブル上のエントリはホールドダウン状態になります。このときHold downタイマーがスタートします。（❷）

　さらに、その後もルート情報を受け取ることができなければ、Flushタイマーがタイムアウトし、そのRIPルートのエントリはルーティングテーブル上から削除されます。（❸）

　RIPでは、このようなタイマーによる制御を行っています。そのため、ネットワークに障害が発生した場合でも、すぐにはルーティングテーブルからルート情報が削除されないことに注意が必要です。

　表6-2に、RIPタイマーについてまとめています。

表6-2　RIPタイマーのまとめ

| タイマー | 説明 | 標準値 |
| --- | --- | --- |
| Updateタイマー | 定期的なルート情報送信の間隔 | 30秒 |
| Invalidタイマー | このタイマーがタイムアウトするまでに、ルート情報を受信できなければ、そのエントリをホールドダウン状態にする | 180秒 |

第6章 RIP

| タイマー | 説明 | 標準値 |
|---|---|---|
| Hold downタイマー | ホールドダウン状態を保持するタイマー。ホールドダウン状態の間は、元のメトリックと同じ、または劣る（メトリックが大きい）ルート情報は採用しない | 180秒 |
| Flushタイマー | このタイマーがタイムアウトしたら、ルーティングテーブルからエントリを削除する | 240秒 |

## 6-2-6 スプリットホライズン

　RIPでは、RIPデータベース上のルート情報を定期的に送信します。しかし、このような動作を単純に実行しようすると、他のルータから受信したRIPルート情報を送り返してしまうことになります。また、RIPはタイマーに基づいた定期的なルート情報の送信を行うので、ネットワーク構成の変化を迅速にルーティングテーブルに反映できないことがあります。そうした状況で、受信したルート情報を送り返してしまうと、ネットワークの障害時にルーティングテーブルに正しいネットワーク構成を反映できず、ルーティングループが発生する可能性があります。

　そこで、ループを防止するための対策の1つとして、スプリットホライズンがあります。スプリットホライズンは、RIPのようなディスタンスベクタ型ルーティングプロトコルでのルートを送信するときのルールです。

　スプリットホライズンによって、「あるルート情報を学習したインタフェース（出力インタフェース）からは、そのルート情報を送信しない」ようにします。

　RIPデータベースに登録されるRIPルート情報の中には、メトリックやネクストホップアドレスだけではなく、出力インタフェースについての情報も含まれています。ルート情報に含まれる出力インタフェースの先にはそのルート情報を送信しないようにすることで、ルート情報を教えてくれたルータに同じルート情報を送り返すことはなくなります。その結果、ループが発生することを防止できます。

### ■ スプリットホライズンの具体例

　具体的な例で見てみましょう。p.210「図6-6　RIPルートのやり取り　その3」のR1のRIPデータベース（図の左側）には、全部で5つのRIPルートが登録されています。

表6-3　図6-6のR1のRIPデータベースに登録されているRIPルート

| RIPルート | 内容 | 出力インタフェース |
|---|---|---|
| 192.168.1.0/24 | インタフェース2の直接接続のルート情報 | インタフェース2 |
| 192.168.2.0/24 | R2から受信したルート情報 | インタフェース1 |
| 192.168.3.0/24 | R2から受信したルート情報 | インタフェース1 |
| 192.168.12.0/24 | インタフェース1の直接接続のルート情報 | インタフェース1 |
| 192.168.23.0/24 | R2から受信したルート情報 | インタフェース1 |

スプリットホライズンのルールによって、R1のインタフェース1から送信するRIPルート情報は、出力インタフェースがインタフェース2となっている192.168.1.0/24のみとなります。その他のルート情報はすべて出力インタフェースがインタフェース1なので、インタフェース1からは送信しません。

また、インタフェース2から送信するRIPルート情報は、192.168.2.0/24、192.168.3.0/24、192.168.12.0/24、192.168.23.0/24の4つとなります（図6-9）。

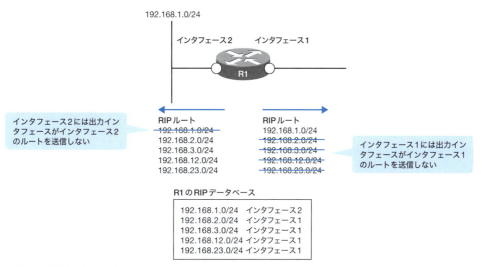

図6-9　スプリットホライズンの例

スプリットホライズンは、フレームリレーのハブ＆スポークトポロジーなど一部のネットワーク構成では無効化しなければいけないこともあります。しかし、基本的にはループ防止のためにスプリットホライズンは有効になっていると考えてください[*]。

> [*] 現在では、フレームリレーのハブ＆スポーク構成を利用することはまずありません。そのため、スプリットホライズンを無効化することを考慮する必要はほとんどありません。

### 6-2-7　ルートポイズニングとトリガードアップデート

ルーティングループが発生する原因の1つとして、ルーティングテーブルに不要なルート情報がいつまでも残ってしまうことが挙げられます。あるネットワークに障害が発生したら、ネットワーク上のルータのルーティングテーブルから、そのルート情報を速やかに削除するべきです。RIPにおいて、障害が発生したネットワークのルート情報を速やかに削除するための仕組みとして、ルートポイズニングがあります。

ルートポイズニングとは、メトリックを最大値の16にセットしたルート情報です[*1]。メトリックを最大値にセットしたルート情報は、無効なルートであることを意味しています。RIPルータはネットワー

クの障害を認識すると、そのルート情報のメトリックを16にセットします。そして、メトリックが16のルート情報を受信すると、そのネットワークはダウンしたと認識できます。

しかし、ルートポイズニング（メトリック16のルートの送信）を定期的なタイミングで行っていては、不要なルート情報を速やかに削除することができません。そこで、トリガードアップデートという仕組みも同時に利用します。トリガードアップデートは、30秒ごとの定期的なタイマーによらずに、何らかの変更があったときに即座にRIPルート情報を送信する機能です[*2]。

> *1 ルートポイズニングのルート情報は、1回だけ送信したら終わりではありません。Ciscoルータの実装ではFlushタイマーからHold downタイマーを引いた時間のあいだ、Updateタイマーの間隔でルートポイズニングを送信します。
> *2 トリガードアップデートは障害時だけの機能ではありません。新しいRIPルートの生成など、何らかのネットワーク構成の変化に応じてRIPルートを送信します。

### ■ ルートポイズニングとトリガードアップデートの具体例

具体的な例で見てみましょう。p.210「図6-6　RIPルートのやり取り その3」でR1のインタフェース2がダウンした場合を考えます。R1のルーティングテーブルからは192.168.1.0/24のルート情報が削除され、192.168.1.0/24へは到達できなくなります。R1はルートポイズニングにより、192.168.1.0/24のメトリックを16にセットします。そしてトリガードアップデートにより、すぐに192.168.1.0/24のルート情報を送信します（図6-10）。

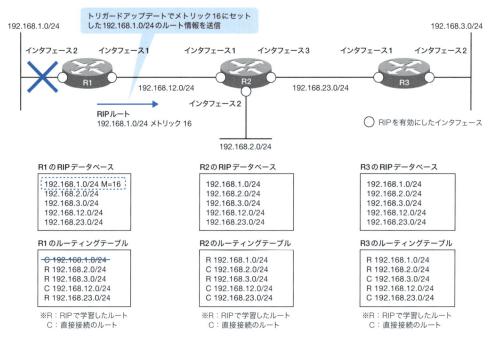

図6-10　ルートポイズニングとトリガードアップデート その1

ルートポイズニングを受信したR2は、192.168.1.0/24がダウンしたと認識し、R2のルーティングテーブルから192.168.1.0/24を削除します。そして、RIPデータベースのメトリックを16にセットして、さらにトリガードアップデートします。R3も同様に、ルートポイズニングを受信すると、192.168.1.0/24がダウンしたと認識して、ルーティングテーブルから192.168.1.0/24を削除します。また、RIPデータベースのメトリックを16にセットして、トリガードアップデートします（図6-11）。

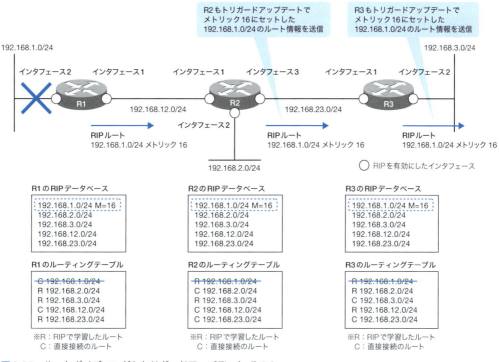

図6-11　ルートポイズニングとトリガードアップデート その2

このように、ネットワークに障害が発生したときには、ルートポイズニングとトリガードアップデートによってルーティングテーブルから不要なルート情報を削除して、コンバージェンスさせることができます*。

> *　詳細は割愛しますが、ポイズンリバースと呼ばれる処理も同時に行っています。ポイズンリバースでは、ネットワークに障害が発生したときに、そのルート情報のメトリックを16にセットして、すべてのインタフェースから送出します。このときはルートを学習したインタフェース（出力インタフェース）からも送り返すことになり、スプリットホライズンのルールを破ることになります。これにより、冗長構成のネットワークにおいてループの発生を防止することができます。

第6章　RIP

## 6-3

# RIPのパケットフォーマット

ここでは、RIPでやり取りするルート情報の内容がどのようなフォーマットであるかを見ていきましょう。

### 6-3-1　RIPのカプセル化

　RIPはTCP/IPネットワークアーキテクチャにおけるアプリケーション層のプロトコルです。トランスポート層にはUDPを利用し、ウェルノウンポート番号は520です。RIPのメッセージはUDPでカプセル化されて、さらにIPでカプセル化されます。IPヘッダの宛先IPアドレスは、RIPv2であればマルチキャストアドレスの224.0.0.9です。送信元IPアドレスは出力インタフェースのIPアドレスです。

　そして、イーサネットなどの出力インタフェースのレイヤ2プロトコルでカプセル化されたうえで、ネットワーク上へ送信されます（**図6-12**）。

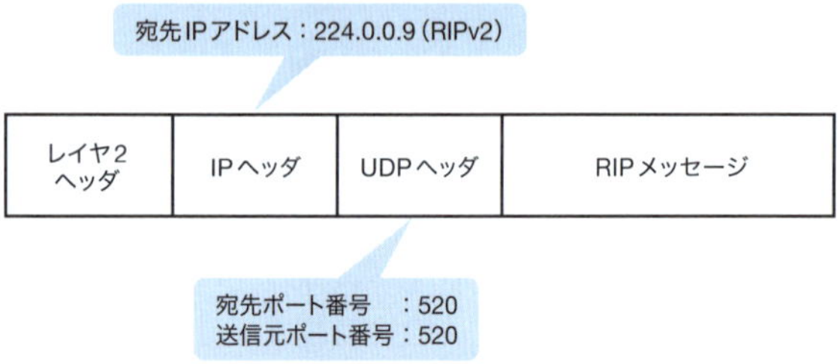

宛先IPアドレス：224.0.0.9（RIPv2）

| レイヤ2<br>ヘッダ | IPヘッダ | UDPヘッダ | RIPメッセージ |
|---|---|---|---|

宛先ポート番号　：520
送信元ポート番号：520

**図6-12**　RIPメッセージのカプセル化

　RIPメッセージはUDPでカプセル化しているため、ネットワークの輻輳*などで失われてしまっても再送は行いません。定期的にルート情報を送信しているので、1回ぐらい失われてしまっても、その影響はさほど大きくありません。また、1回ぐらいRIPルート情報を受信できなくても、すぐにはルーティングテーブルから削除しないようにしています（p.213の**図6-8**参照）。

> ＊　ネットワークの輻輳とは、ネットワークを流れるデータが1箇所に集中して混雑している状態のことです。

### 6-3-2　RIPv2のパケットフォーマット

　RIPv2のパケットフォーマットは、**図6-13**のようになります。

218

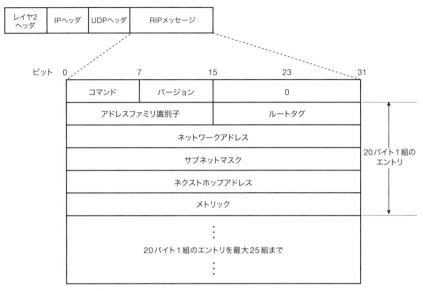

図6-13　RIPv2のパケットフォーマット

各フィールドの内容について、以下に説明します。

### 「コマンド」フィールド

RIPパケットの動作の種類を識別するためのフィールドです。RIPパケットの動作には、「リクエスト」と「レスポンス」の2種類があります（**表6-4**）。

表6-4　RIPパケットの動作

| RIPパケットの動作 | フィールドの値 | 説明 |
| --- | --- | --- |
| リクエスト | 1 | RIPルート情報を送信するように要求する |
| レスポンス | 2 | RIPルート情報を送信する |

- リクエスト

  リクエストパケットは、たとえばRIPルータが起動したときに送信されます。RIPルータが起動したときには、まだ他のルータから情報をもらっていません。しばらく待つと、他のRIPルータが定期的なルート情報を送信してくれるはずですが、最大30秒かかってしまいます。そこで、RIPルータが起動したらすぐにルート情報をもらえるようにするために、リクエストパケットを送信します。

- レスポンス

  リクエストパケットの応答として、自身のRIPデータベースのRIPルート情報をレスポンスパケットで送信します。リクエストパケットの応答だけでなく、30秒に1回の定期的な送信もレスポ

ンスパケットです。ですから、通常のRIPの動作としてはレスポンスパケットが大部分を占めます。

### 「バージョン」フィールド

名前のとおり、使用しているRIPのバージョン番号が入ります。現在、RIPのバージョンは1と2の2種類があります。本章の冒頭でも述べましたが、現在ではほとんどの場合、RIPv2を利用します。バージョンの値には「2」が指定されます。

### 「アドレスファミリ識別子」フィールド

アドレスファミリ識別子フィールドからメトリックフィールドまでの20バイトが1つのエントリとなっています。

アドレスファミリ識別子は、エントリがどのプロトコルに由来しているかを示します。RIPは、現在はIP環境で利用されていますが、もともとは他のプロトコルでも利用することを考えて設計されています。IPルーティングでは、アドレスファミリ識別子の値は「2」です。

### 「ルートタグ」フィールド

BGPなど他のルーティングプロトコルとの連携で利用されるフィールドです。

### 「ネットワークアドレス」フィールド

宛先ネットワークアドレスが入るフィールドです。

### 「サブネットマスク」フィールド

RIPv2はクラスレスルーティングプロトコルです。このサブネットマスクに基づいてネットワークアドレスを識別します。

### 「ネクストホップアドレス」フィールド

ネクストホップのIPアドレスを指定します。この部分が指定されていない場合は、IPヘッダの送信元IPアドレスをネクストホップアドレスとして利用します。

### 「メトリック」フィールド

RIPルートのメトリックが格納されます。RIPでは最大値が16です。

1つのRIPパケットで、最大25個のルート情報を送信することができます。RIPルート情報がたくさんある場合は、複数のRIPパケットに分けて送信することになります。

第**7**章

# OSPF

OSPFは大規模な企業ネットワークでよく利用されているルーティングプロトコルです。この章では、OSPFの仕組みについて解説します。

- 7-1　OSPFの概要
- 7-2　OSPFの仕組み
- 7-3　マルチエリア構成
- 7-4　OSPFのパケットフォーマット

第7章 OSPF

## 7-1

# OSPFの概要

最初に、OSPFはどのようなルーティングプロトコルであるかという概要を見ていきましょう。ここでOSPFの特徴をざっと把握してください。

## 7-1-1 OSPFの特徴

OSPF（Open Shortest Path First）は、大規模な企業ネットワークに対応できるルーティングプロトコルです。ただし、単にOSPFを利用しさえすれば、大規模なネットワークで効率のよいルーティングができるわけではありません。OSPFの仕組みをしっかりと把握したうえで、適切な設計を行う必要があります。

OSPFの特徴を簡単にまとめると、次のようになります。

- IGPsの一種
- リンクステート型ルーティングプロトコル
- 効率よいルーティングのために「エリア」の概念がある
- クラスレスルーティングプロトコル
- ルーティングテーブルのコンバージェンス時間が短い
- ルーティングループが発生する可能性が極めて小さい
- メトリックとして「コスト」を採用している
- ネットワークに変更があったときだけルーティング情報を送信するトリガードアップデートを利用する
- マルチキャストでルート情報をやり取りする
- 認証機能をサポートしている
- CPU負荷やメモリ消費が多い
- きちんとしたIPアドレス設計が必要

OSPFは、RIPと同じくAS内部のルーティングを対象としたIGPsの一種です。ただし、RIPよりも大規模なネットワークを主な対象としています。

OSPFのルーティングアルゴリズムは、リンクステート型です。リンクステート型では、ルータ同士は単純なネットワークアドレス/サブネットマスクではなく、LSA（Link State Advertisement：リンクステート情報）を交換します。LSAの詳細は後述しますが、リンクとはOSPFが有効なインタフェースのことです。それぞれのOSPFルータがリンクの状態を交換することで、各OSPFルータはネットワーク構成を詳細に把握できます。OSPFルータが交換したLSAは、リンクステートデータ

222

ベース（Link State Database：LSDB）に格納されます。リンクステートデータベースは、各OSPFルータが認識している詳細なネットワーク構成図です。そして、SPF（Shortest Path First）アルゴリズムにより各ルータを起点とした最短パスツリーを計算して最適ルートを判断し、ルーティングテーブルを作成します。SPFアルゴリズムはダイクストラアルゴリズムとも呼ばれます。図7-1は、第5章でも掲載しましたが、OSPFのLSA交換の様子を表したものです。

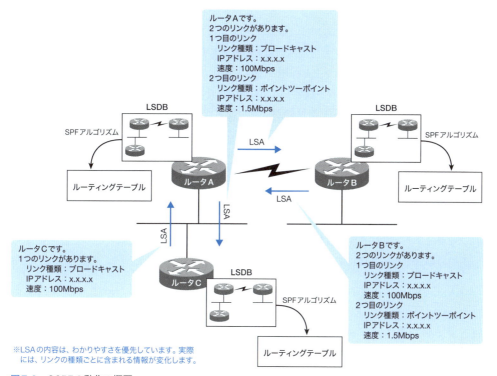

図7-1　OSPFの動作の概要

　大規模なネットワークでは、交換されるLSAの数とサイズが非常に多くなり、それに伴いリンクステートデータベースのサイズも巨大になります。そうすると、ルータのCPUやメモリが多く使用されることになり、好ましくありません。そこで、OSPFでは「エリア」という概念を取り入れることで、交換されるLSAの数とサイズを抑え、大規模ネットワークに対応できるようにしています。リンクステートデータベースの内容は、1つのエリア内の全ルータで共通です。

　LSAの中にはサブネットマスクの情報も含まれているので、OSPFはクラスレスルーティングプロトコルです。そのため、OSPFでは、RIPv1のようなクラスフルルーティングプロトコルではサポートできなかったVLSM（可変長サブネットマスク）や不連続サブネットをサポートできます。

第7章　OSPF

　同一エリア内のすべてのOSPFルータが共通のネットワークの地図、つまりリンクステートデータベースを持ち、ネットワークに変更があったときだけLSAを送信するトリガードアップデートを採用しています。何か変更が起きたときでもトリガードアップデートによって各ルータが速やかに変更を認識し、その変更情報をリンクステートデータベースやルーティングテーブルに反映することができます。したがって、RIPのようなディスタンスベクタ型ルーティングプロトコルよりも、はるかに高速にコンバージェンスできます。

　ネットワーク構成の変化を迅速にルーティングテーブルに反映できるので、間違ったルーティングテーブルによってループが発生する可能性はほとんどありません。また、OSPFでは、最適ルート選択の基準（メトリック）として、コストを採用しています。コストは、ネットワーク管理者が設定できます。ただし、ネットワーク管理者が設定しなくても、多くのルータの実装では、インタフェースの帯域幅から自動的に計算されます。帯域幅が大きいほどコストの値が小さくなるので、帯域幅が大きいルートが最適とみなされます。

　OSPFルータ同士のやり取りは、通常はマルチキャスト（224.0.0.5または224.0.0.6）で行われます。そのため、ネットワーク上の他のホストやOSPFを有効にしていないルータなどに余計な負荷をかけることもありません。

　さらに、セキュリティを向上させるために、OSPFは認証機能をサポートしています。認証機能によって、正規のOSPFルータ間でのみLSAのやり取りを行うことができます。

　以上のように、OSPFを利用することによるさまざまなメリットがあります。しかし、デメリットもあります。

　1つ目のデメリットは、ルータに高い負荷がかかることです。OSPFでのSPF計算は、ルータのCPUに非常に負荷をかけます。また、大規模なネットワークでは、リンクステートデータベースが多くのメモリを消費します。したがって、OSPFを動作させるためには、RIPを動作させるよりも高性能なルータが必要です。

　また、2つ目のデメリットは、設計と構築が難しいことです。安定したネットワークにするためには、あらかじめ階層型のIPアドレッシングやエリア構成となるよう設計を検討することがとても重要です。階層型アドレッシングやエリア構成をとることによって、適切なルート集約を行えるようになります。その結果、ルータがやり取りするLSAが少なくなり、ルーティングテーブルのサイズも小さくなります。もし、IPアドレッシングやエリア構成がよく考えられていないと、SPF計算が頻発したり、リンクステートデータベースが巨大になってしまったりします。このように、設計と構築の難しさもOSPFのデメリットと考えられます。

7-2 OSPFの仕組み

# 7-2 OSPFの仕組み

OSPFのルーティングを効果的に行うためには、しっかりと仕組みを理解しておくことが重要です。ここからは、OSPFの仕組みについて解説していきます。

## 7-2-1 OSPFパケットの種類

OSPFは、RIPよりも高度な処理を行うために、複数のOSPFパケットを利用します。詳細は後述しますが、解説のための前知識としてここで簡単に紹介しておきます。

OSPFルータがやり取りするOSPFパケットには、**表7-1**のような種類があります。

表7-1 OSPFパケットの種類

| タイプ | パケットの種類 |
|---|---|
| 1 | Hello |
| 2 | DD (Database Description) |
| 3 | LSR (Link State Request) |
| 4 | LSU (Link State Update) |
| 5 | LSAck (Link State Acknowledgement) |

Helloパケットは、ネイバーの動的な発見、アジャセンシーの確立と維持に利用されています*。DDパケットは、リンクステートデータベースの同期を取る際に使います。LSRパケットは、不足しているLSAを要求するパケットです。LSUパケットは、LSRで要求されたLSAを送信するのに使います。OSPFルータ間でやり取りするLSAは、LSUパケットの中にいくつかのLSAを含める形で送られます。LSUパケットを受け取ったら、受信したという確認応答をLSAckパケットによって行います。

> \* ネイバーとアジャセンシーについては7-2-3項で説明します。

## 7-2-2 OSPFの処理の流れ

OSPFの仕組みを把握するには、OSPFの全体的な処理の流れをしっかりと押さえておくことが重要です。OSPFの処理の流れは、次のようになります。

225

第7章　OSPF

**❶** OSPFネイバーの発見

**❷** リンクステートデータベースの同期

**❸** SPFアルゴリズムを実行して、ルーティングテーブルに最適ルートを登録

**❹** OSPFネイバーの維持

　前章のRIPでは、他のRIPルータの存在を意識することはなく、いきなりRIPルートをマルチキャストで送りつけていました。「同一ネットワーク上にRIPルータがいれば受け取ってくれるだろう」という、少しいい加減なルートの送信を行っています。それに対して、OSPFはまずネイバーを発見します。ネイバーとは、同じネットワーク上の他のOSPFルータです。Helloパケットによって、他のOSPFルータを見つけてネイバーとして認識し、ネイバーとの間でOSPFのやり取りを行います。

　そして、ネイバーとの間でLSAを交換して、リンクステートデータベースの同期を取ります。そのときには、DDパケット、LSRパケット、LSUパケット、LSAckパケットを利用します。リンクステートデータベースの同期を取る相手は、基本的にネイバーなので、同一ネットワーク上のOSPFルータ間です*。同一ネットワーク上のOSPFルータ間でリンクステートデータベースの同期を取っていき、最終的に同じエリアに所属するすべてのOSPFルータは同じリンクステートデータベースを保持します。

> ＊　イーサネットのネットワークでは、すべてのネイバー間でリンクステートデータベースの同期を取るわけではありません。DR（Designated Router）との間でリンクステートデータベースの同期を取り、最終的に同一ネットワーク上のOSPFルータでリンクステートデータベースは同期します。詳しくは7-2-3項で説明します。

　リンクステートデータベースの同期が完了したら、各OSPFルータはSPFアルゴリズムを実行して、それぞれ最適ルートを決定します。その際、メトリックとしてOSPFコストを利用します。最適ルートをルーティングテーブルに登録して、IPパケットのルーティングができるようにします。

　その後は、定期的にHelloパケットを交換することで、ネイバーが正常に稼働しているかどうかを確認します。

　ここまでのOSPFの処理の流れを示したのが次ページの**図7-2**です。

　もし、障害や新しいネットワークの追加などでネットワーク構成の変化があった場合は、トリガードアップデートでその変更を通知します。その際には、LSUパケットを利用します。

　以降で、OSPFの処理について、より詳しく解説していきます。

7-2　OSPFの仕組み

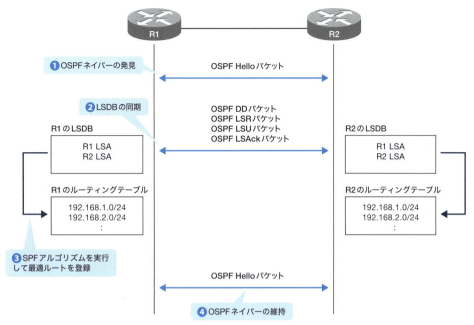

図7-2　OSPFの処理の流れ

### 7-2-3　OSPFネイバーの発見とリンクステートデータベースの同期

まずはOSPFネイバーの発見とリンクステートデータベースの同期です。説明にあたり、多くの新しい用語が出てきます。順に説明していきます。

#### ■ ルータID

ルータIDとは、OSPFルータを一意に識別するための識別番号です。IPアドレスと同じく32ビットの値で、8ビットずつドットで区切って10進表記します。ルータIDは、いわばOSPFルータの名前と考えてください。各OSPFルータは、ルータIDによって他のルータを識別します。そのため、OSPFを利用するには一意なルータIDが必要です。一般的に、ルータIDは次のように決定されます。

1. 手動設定
2. アクティブなループバックインタフェース*のうち最大のIPアドレス
3. ループバックインタフェース以外のアクティブなインタフェースのうち最大のIPアドレス

> ＊　ループバックインタフェースとは、ルータを管理するために作成できる仮想的なインタフェースです。

上記の**1.2.3.**の優先度で、ルータIDが決定されます。

第7章　OSPF

ルータIDは、OSPFルータの名前なので、頻繁に変更されてしまうことは望ましくありません。ルータIDが変更されると、もう一度最初からネイバーを発見し、リンクステートデータベースの同期を取り、ルーティングテーブルを再計算しなければいけないからです。また、ルータIDを指定するバーチャルリンク（後述）などの設定では、ルータIDが変更されてしまうと設定をし直さなくてはならないこともあります。

そこで、なるべくルータIDは変更されないようにしておくことが、OSPFで安定したルーティングを行うためには欠かせません。

ルータIDは、上記の**2.**や**3.**で決定した場合はIPアドレスに由来した値になりますが、ルータIDとIPアドレスは別物です。手動設定するときには、そのルータのIPアドレスである必要はありません。各OSPFルータで重複しないように設定すればよいだけです。

### ■ ネイバーとアジャセンシー

OSPFルータ間の関係として、ネイバー（Neighbor）とアジャセンシー（Adjacency）があります。ネイバーとは、同じネットワークに接続されているOSPFルータ同士の関係です。お互いのルータIDを認識した時点で、ネイバー関係となります。アジャセンシーとは、実際にLSAを交換するルータの組を示しています。ネイバーとアジャセンシーは混同しやすいので注意が必要です。

OSPFがサポートするネットワークタイプによって異なりますが、イーサネットなどのマルチアクセスネットワーク*では、すべてのネイバーが必ずしもアジャセンシーの関係を確立するわけではありません。マルチアクセスネットワークでは、アジャセンシーの関係を確立するDR/BDRが選ばれることになります。

ネイバーは日本語では「近接関係」、アジャセンシーは「隣接関係」と訳されることが多いのですが、この日本語訳はまぎらわしく、混同してしまいがちです。本書では、英単語をそのままカタカナ表記にしたものを利用します。

> ＊　マルチアクセスネットワークとは、3台以上のルータが接続される可能性があるネットワークの種類を意味します。たとえば図7-3では、イーサネットの1つのネットワークに3台以上のルータが接続されています。マルチアクセスネットワークに対してポイントツーポイントネットワークは、1つのネットワーク上に2台のルータのみが接続されるネットワークの種類です。

### ■ DR/BDR

DR（Designated Router）/BDR（Backup Designated Router）は、イーサネットなどのマルチアクセスネットワーク上で効率よくリンクステートデータベースの同期を取るために選ばれるルータです。DRは、マルチアクセスネットワークを代表するOSPFルータです。そして、BDRは、DRのバックアップです。もし、DRがダウンしたら、BDRが次のDRとなります。なお、マルチアクセスネットワーク上で、DRでもBDRでもないOSPFルータはDROTHERといいます。

マルチアクセスネットワークでは、複数のOSPFルータが接続される可能性があります。そして、

マルチアクセスネットワーク上の各OSPFルータは、最終的にリンクステートデータベースの同期を取ります。その様子を簡単なマルチアクセスネットワークの例で見てみましょう。

図7-3では、イーサネット上にR1～R4の4台のOSPFルータが接続されています。それぞれのルータのリンクステートデータベースには、初めは自身のLSAのみが登録されています。それが、最終的には各ルータのリンクステートデータベースにすべてのルータのLSAが登録されることになります。

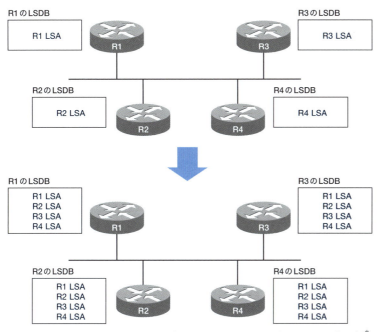

図7-3　マルチアクセスネットワーク上のリンクステートデータベースの同期の例[*]

> [*] 図のリンクステートデータベースに含まれるLSAは、簡略化して、LSAタイプ1のみを示しています。このネットワーク構成例では、実際にはLSAタイプ2もリンクステートデータベースに含まれることになります。LSAのタイプについての詳細は7-3-4項を参照してください。

このような同期を取るために、OSPFでは、マルチアクセスネットワーク上ではDRを選出します[*1][*2]。そして、DRとマルチアクセスネットワーク上のOSPFルータ間でアジャセンシーの関係を確立します。各ルータは、自身のLSAをDRに送信します。こうして、DRにすべてのLSAが集まります（図7-4）。

> [*1] DRを介したリンクステートデータベースの同期の図では、BDRは考慮していません。
> [*2] DRと、後ほど解説するABRを混同している人をときどき見かけますが、DRとABRはまったく違います。DRはマルチアクセスネットワークを代表するルータで、ABRはOSPFのエリアを相互接続するルータです。

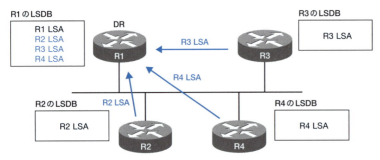

図7-4　DRを介したリンクステートデータベースの同期　その1

　そして、各ルータは不足しているLSAをDRから送ってもらいます。このようにして、最終的にマルチアクセスネットワーク上のすべてのOSPFルータのリンクステートデータベースの同期を取ります（図7-5）。

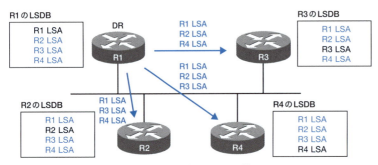

図7-5　DRを介したリンクステートデータベースの同期　その2

　DR/BDRは、ルータのマルチアクセスネットワークごとに決まります。あるマルチアクセスネットワークでDRに選定されているルータが、他のマルチアクセスネットワークでもDRに選定されるとは限りません。
　たとえば図7-6では、R1はインタフェース1の10.0.0.0/8のネットワークではDRとなっていますが、インタフェース2の20.0.0.0/8のネットワークではDRでもBDRでもありません。20.0.0.0/8のネットワークでは、R2がDRです。また、専用線などのポイントツーポイントネットワークでは、DR/BDRは必要ありません。ポイントツーポイントネットワークでは、リンクステートデータベースの同期を取る相手が対向のルータに限定されるからです。

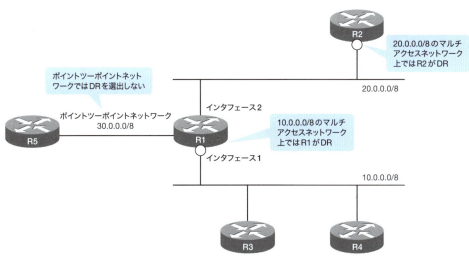

図7-6　DRはマルチアクセスネットワークごとに選定される

### DR/BDRの選定

DR/BDRの選定は、次の2つのパラメータによって行われます。

1. OSPFプライオリティ
2. ルータID

　OSPFプライオリティとルータIDは、どちらもHelloパケットの中に含まれています。OSPFプライオリティは、OSPFのインタフェースに対して設定されている8ビットの値で、10進数では0～255の範囲です。OSPFプライオリティの値が最も大きいルータがDRになり、その次に大きいルータがBDRになります。また、プライオリティ「0」はDR/BDRにならないということを意味しています。

　OSPFプライオリティ値が同じで、DR/BDRが決められないときに、ルータIDによる選定を行います。ルータIDが最も大きいルータがDRになり、その次に大きいルータがBDRになります。ルータIDは一意なので、ルータIDによって最終的には必ずDR/BDRが決まります。

　DR/BDRが頻繁に変更されることは、ネットワークの安定性を考えると望ましくありません。DR/BDRの変更に伴って、パケットをルーティングできない時間が発生してしまうこともあります。ですから、なるべくDR/BDRの変更が起こらないようにするために、いったんDR/BDRが選出されたら、後からプライオリティ値の大きいルータがネットワークに追加されても、DR/BDRの変更は行われません。したがって、ルータIDもしくはOSPFプライオリティが大きいルータが必ずDR/BDRになるかというと、OSPFが有効になるタイミングによっては、そうならないこともあります。

　たとえば図7-7では、R1がプライオリティ5でDR、R2がプライオリティ2でBDRとなっています。ここに、後からプライオリティ10のR5を追加したとしても、DR/BDRは変わりません。

第7章　OSPF

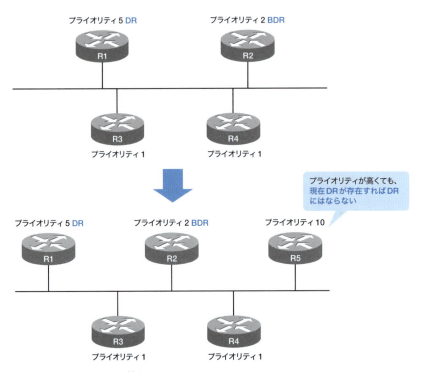

図7-7　プライオリティの値とDR/BDR

　そして、R1に障害が発生してダウンすると、BDRであるR2がDRの役割を引き継ぎます。たとえR5のプライオリティがR2より高くても、R5がDRになることはありません。R5は、このときBDRとなります（図7-8）。そして、今のDRであるR2がダウンすると、ようやくR5はDRになることができます。

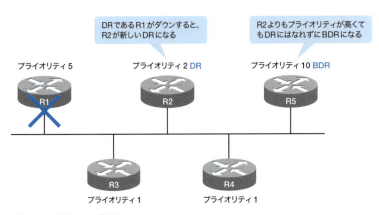

図7-8　DR/BDRの変更

以上のように、なるべくDR/BDRの変更が起こらない動作になっています。そのため、マルチアクセスネットワーク上に複数のOSPFルータが存在するときは、ルータを起動する順番を考えておく必要があります。なぜなら、もしDRにしたいルータよりも先に他のルータを起動してしまうと、そのルータがDRになってしまうからです。後から起動してきたルータは、たとえプライオリティが高くてもDRになることができなくなります。OSPFで運用しているネットワークで確実に意図したルータをDRにするために、プライオリティの設定に加えてルータの起動順序も含めてマニュアル化している例が多く見られます。

### ■ OSPFの有効化

ルータでOSPFを利用するには、設定によってOSPFを有効にします。ネットワーク機器ベンダーごとに設定方法は異なるものの、インタフェース単位で有効にするのは共通です。これはRIPと同様です。また、基本的に、ルータが持つすべてのインタフェースでOSPFを有効にします。

インタフェースでOSPFを有効にすると、次の動作が行われるようになります。

- 有効にしたインタフェースでOSPFパケットを送受信する
- 有効にしたインタフェースをOSPFのリンクとしてリンクステートデータベースに登録する

OSPFパケットを受信するためには、インタフェースをOSPFのマルチキャストアドレスのグループに参加させます。224.0.0.5はすべてのOSPFルータを表すマルチキャストグループです。OSPFを有効にしたインタフェースは、必ず224.0.0.5のマルチキャストグループに参加します。もし、OSPFを有効にしたインタフェースがDR/BDRとして選出されると、224.0.0.6のマルチキャストグループにも参加します。

そして、OSPFを有効にしたインタフェースは、OSPFのリンクとして、そのルータのリンクの状態を表すLSAタイプ1 ルータLSA*に登録されるようになります（**図7-9**）。

\* ルータLSAの詳細については7-3-4項を参照してください。

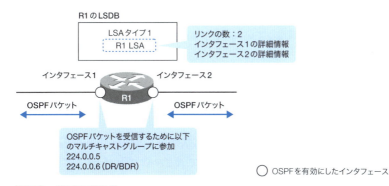

図7-9　OSPFの有効化

第7章　OSPF

## ■ ネイバーの発見とリンクステートデータベースの同期の動作

　ここからは、OSPFネイバーの発見とリンクステートデータベースの同期の動作について、より詳しく見ていきます。インタフェースでOSPFを有効化すると、定期的にHelloパケットを送信するようになります。Helloパケットには、次の情報が含まれています。

- ルータID
- Hello/Deadインターバル[※]
- ネットワークマスク[※]
- ネイバー
- エリアID[※]
- OSPFプライオリティ
- DRのIPアドレス
- BDRのIPアドレス
- 認証パスワード[※]
- スタブエリアフラグ（オプションフィールド内のEビット、N/Pビット）[※]
  ※の情報が一致しないとネイバーになることができない

　ルータでOSPFが有効になると、「DOWN」「INIT」「2WAY」「EXSTART」「EXCHANGE」「LOADING」「FULL」という状態を経て、ネイバーのOSPFルータを発見し、リンクステートデータベースの同期を行います。それでは、**図7-10～図7-12**を参照しながら、ルータでOSPFが有効になってからのプロセスを具体的に見ていきましょう。

❶ まだHelloパケットをまったく受信していない状態を「DOWN」状態といいます。DOWN状態では、まだ他のOSPFルータの存在はわかりません。

❷ R2は、R1からのHelloパケットを受信すると「INIT」状態になります。Helloパケットの中にはネイバーをリストするフィールドがあり、ルータID、DR/BDRがすでに存在すればそのIPアドレス、エリアIDなどが入っています。R2は、受信したHelloパケットに含まれるこれらの情報をチェックし、ネイバー形成の条件を満たしていれば、ネイバーテーブルにR1の情報を格納します。

　それから、R2はHelloパケットのネイバーフィールドの中に自分のルータIDを追加して、Helloパケットを送信します。

❸ R1がR2からのHelloパケットを受信すると、同様にR1のネイバーテーブルにR2の情報を追加します。ネイバーテーブルにお互いの情報が追加された状態が「2WAY」状態です。つまり、ルータがお互いの存在を認識した状態が「2WAY」です。この2WAY状態が、ネイバーを確立した状態です。

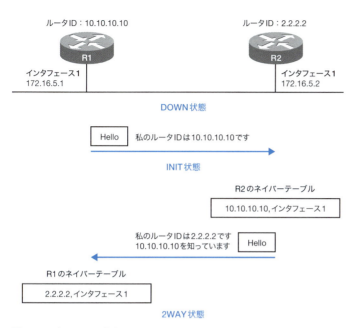

図7-10　ネイバーの発見

❹ この後、マルチアクセスネットワークであればOSPFプライオリティとルータIDを比較してDR/BDRを選出し、DR/BDRとのアジャセンシーを確立します。ポイントツーポイントネットワークであれば、ネイバーがすなわちアジャセンシーです。

今回の図の例では、マルチアクセスネットワーク（イーサネット）なので、DR/BDRの選出を行います。ここではプライオリティ値がどちらもデフォルト値だと仮定すると、ルータIDが大きいR1がDRとして選出されます。

❺ 続いて、ルータ自身が持っているリンクステートデータベースの交換を始めるために、マスタールータとスレーブルータを決定します。ルータIDが大きいほうがマスタールータとなります。今回の図の例ではR1がマスタールータです。マスターとスレーブは、あくまでもリンクステートデータベースの交換を行うときの関係で、DR/BDRとは意味が異なります。マスターとスレーブの決定に加えて、これから交換するDD（Database Description）パケットのシーケンス番号を決定します。この状態を「EXSTART」状態と呼びます。

❻ ルータは、「EXCHANGE」状態に移行し、マスタールータとなるR1がまずDDパケットを送信します。このDDパケットで、R1は、自身が保持するリンクステートデータベースに含まれるLSAの一覧を通知します。R2は、DDパケットを受信したら、きちんと受信したことを示すLSAckパケットを返します。

第7章　OSPF

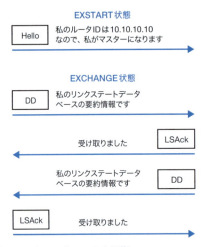

図7-11　リンクステートデータベースの同期

❼ R2は、受信したDDパケットでR1が保持するLSAの一覧を確認し、自分のリンクステートデータベースに足りない情報があれば、LSR（Link State Request）パケットをR1に送信して、足りない情報を要求します。LSRパケットで要求された情報は、R1からLSU（Link State Update）パケットで通知します。LSUパケットの中に、該当のリンクステート情報であるLSAが含まれています。LSUパケットを受け取ったら、確認応答のLSAckパケットを返します。このように、リンクステートデータベースの同期を取っている状態が「LOADING」状態です。

❽ そして、必要な情報をすべて手に入れ、リンクステートデータベースの完全な同期を取ることができれば、「FULL」状態になります。

7-2 OSPFの仕組み

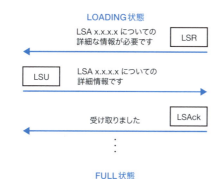

**図7-12** リンクステートデータベースの同期 続き

FULL状態になり、リンクステートデータベースの同期を取ることができたら、各ルータはリンクステートデータベースにSPFアルゴリズムを適用し、自身のルーティングテーブルを構築します*。

> \* ここまで説明してきたものの他に、「ATTEMPT」状態があります。これは、NBMA（Non-Broadcast Multiple Access）ネットワークにおいてネイバーを探している状態を表しています。

その後も定期的にHelloパケットをやり取りし、ネイバールータが正常に動作しているかどうかを監視します。このHelloパケットを送信する定期的な間隔のことをHelloインターバルと呼びます。もしルータに障害が発生すると、そのルータからHelloパケットが届かなくなり、これをもってネイバールータがダウンしたとみなします。このHelloパケットが届かなくなってからダウンしたとみなすまでの時間のことをDeadインターバルと呼びます。

### 7-2-4 OSPFのメトリック

OSPFの最適ルートの基準であるメトリックには、「コスト」と呼ばれる値を利用します。宛先ネットワークまでのルート上のコストを累積していき、最もコストが小さいルートが最適ルートとしてルーティングテーブルに登録されます。

コストは、たとえばCiscoルータの実装では、デフォルトで帯域幅から自動的に計算されます。シスコシステムズ社以外のベンダーのルータも帯域幅から自動で計算していることが多いようです。Ciscoルータの実装でコストを計算する式は、次のとおりです。

237

第7章　OSPF

100（Mbps）÷インタフェースの帯域幅（Mbps）

たとえば、10Mbpsのイーサネットであればコストは10、1.544Mbpsの専用線であればコストは64となります。コストの値は帯域幅が大きいほど小さくなるので、OSPFによるルート選択は、デフォルトでは帯域幅が大きいルートを優先することになります。

ただし、小数点以下を考慮しないため、この計算式では100Mbps以上の帯域幅はすべてコストが1になります。これでは、100Mbps以上のリンクが存在する場合には、正しくネットワークの帯域幅を反映することができません。そのため、インタフェースの帯域幅によらずに、管理者がコマンドによって手動でコスト値を設定することもできます。

また、コストの計算式のパラメータ自体を、より高速なインタフェースに対応できるように変更することもできます。ただし、OSPFコストの計算式を変更するときは、すべてのOSPFルータで変更しなくてはなりません。計算式を変更しているルータと変更していないルータが混在すると、同じ帯域幅のインタフェースでもコストの計算結果が異なることになり、正しく最適ルートを決定できなくなります。

**表7-2**は、Ciscoルータにおける代表的なインタフェースごとの、デフォルトのコスト値をまとめたものです。

表7-2　CiscoルータにおけるデフォルトのOSPFコスト

| インタフェースタイプ | コスト（100Mbps÷帯域幅） |
| --- | --- |
| ファストイーサネット（100Mbps） | 1 |
| HSSI（45Mbps） | 2 |
| イーサネット（10Mbps） | 10 |
| T1（1.544Mbps） | 64 |
| DS0（64kbps） | 1562 |

もし、同じコストのルートが複数存在する場合には、そのルートを利用して等コストロードバランシングを行うことができます。

7-3 マルチエリア構成

## 7-3 マルチエリア構成

大規模なネットワークでOSPFを利用するときには、複数のエリアに分割するマルチエリア構成が欠かせません。ここからは、OSPFのエリアについて解説します。

### 7-3-1 大規模なOSPFネットワークの問題点

OSPFは1つのAS（Autonomous System）内部で利用されるIGPsの一種です。ここで、AS内のOSPFネットワークがどんどん大規模になって、たとえばルータが数十台～数百台になったときのことを考えてみましょう。このような非常に大規模なネットワークにおいては、次のような問題が起こり得ます。

- ネットワーク上を流れるLSAが増大し、ネットワークの帯域を圧迫する
- リンクステートデータベースのサイズが大きくなる
- ルーティングテーブルのサイズが大きくなる
- ネットワーク内の変更による影響が増大する
- ルータのCPU負荷やメモリ消費が増大する

OSPFでは、各ルータがリンクステート情報（LSA）を交換しているわけですが、もちろんルータの数とルータが持つネットワークの数が増えれば増えるほど、LSAの数が増えていきます。すると、LSAの交換でかなりのネットワーク帯域を圧迫してしまうことになります。そして、LSAが増えることは、ネットワークの帯域を圧迫するだけでなく、各ルータが保持しているリンクステートデータベースのサイズも増大させます。さらに、リンクステートデータベースからSPFアルゴリズムに従ってルーティングテーブルを計算するわけですから、リンクステートデータベースのサイズが大きくなると、必然的にルーティングテーブルのサイズも大きくなります。それだけでなく、SPFアルゴリズムによるルーティングテーブルの計算に要する時間も長くかかってしまいます。

また、ネットワーク内に変更があった場合、その変更を検出したルータは他のOSPFルータに変更情報をフラッディングして、ネットワーク全体でリンクステートデータベースの同期を保たなければなりません。そのため、ある一部分の変更が、ネットワーク全体に影響を及ぼすことになります。もし、大規模なネットワークのある一部のネットワークがアップ/ダウンを繰り返すような状況が発生すれば、そのたびにLSAがフラッディングされ、リンクステートデータベースが同期され、ルーティングテーブルのSPF計算が頻発する事態に陥ってしまいます。このSPF計算はルータのCPUにかなりの負荷をかけるので、ルータはSPF計算だけで手一杯になってしまって、他の処理が行えなくなるかもしれません。

図7-13は大規模なOSPFネットワークにおける問題のイメージです。

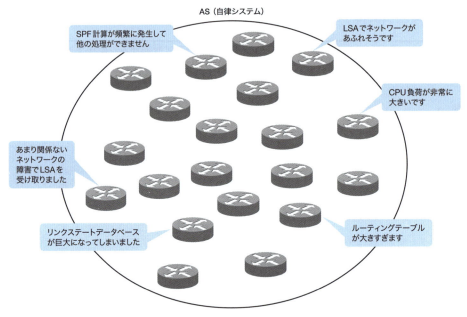

図7-13 大規模なOSPFネットワークの問題点

こういった大規模なOSPFネットワークに起こり得るさまざまな問題を解決するためには、「エリア」と呼ばれる概念が非常に重要です。OSPFネットワークを適切なエリアに分割することによって、OSPFは大規模なネットワークに対応します。

## 7-3-2 エリアとは

OSPFネットワークをエリアに分割すると、エリア内のルータ同士だけでLSAを交換して、同一のリンクステートデータベースを保持するようになります（**図7-14**）。つまり、エリアとは「同一のリンクステートデータベースを持つルータの集合」と捉えることができます。

他のエリアのネットワークに到達するためには、エリアとエリアを接続する「エリア境界ルータ（Area Border Router：ABR）」と呼ばれるルータを経由します。

7-3 マルチエリア構成

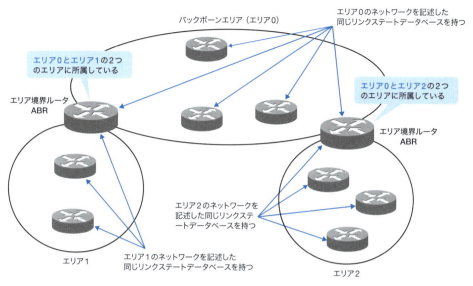

図7-14 OSPFエリア

　ABRは複数のエリアに所属するルータで、所属しているエリアごとのリンクステートデータベースを持っています。他のエリアにあるネットワークの情報については、各ルータの詳細なリンクステート情報をエリア内に通知するのではなく、ネットワークアドレス/サブネットマスク、コストといったサマリー情報を通知します。

　ABRでは、さらに設定によって、複数のネットワークアドレスを集約ルートでアドバタイズ*したり、デフォルトルートをアドバタイズすることもできます。その結果、エリア内のルータのリンクステートデータベースやルーティングテーブルのサイズを小さくすることができます。

> ＊　ルータがルーティングプロトコルを使用してネイバーにルート情報を通知することを、アドバタイズ（advertise）と表現します。

　また、他のエリアの詳細な情報が流れなくなることで、他のエリアのネットワークに変更があった場合でも、リンクステートデータベースの同期を取る必要はなく、SPFアルゴリズムでルーティングテーブルの再計算を行うこともなくなります。そのため、ルータに余計な負荷をかけることもなくなります。

　このように見てみると、OSPFネットワークにおいてはエリアの設計がとても重要であることがわかるでしょう。なお、エリアの識別は、32ビットのエリアIDによって行います。エリアIDは、単純な数字で表記することもあれば、IPアドレスのように「x.x.x.x」と8ビットずつドットで区切った10進表記をすることもあります。

241

## ■ エリア分割のルール

　OSPFネットワークを複数のエリアに分割するにあたっては、決まりがあります。それは、各エリアは必ずバックボーンエリアに隣接していなくてはいけない、というものです。OSPFのエリアにはいろいろな種類があり、バックボーンエリアもそのうちの1つです*。バックボーンエリアはエリアIDが0で、すべてのエリアを接続する中心となるエリアです。エリア間のトラフィックはすべてバックボーンエリアを経由することになります。

> \* エリアの種類とそれぞれの詳細については7-3-5項で説明します。

　すべてのエリアがバックボーンエリアに隣接することから、必然的にOSPFのエリアはバックボーンエリアを中心とした階層型の構成をとることになります。また、OSPFネットワークのルート集約はABRで行います。ABRは複数のエリアに所属し、所属するエリアのネットワーク情報を他のエリアに通知するときにルート集約を行うことができます。そのため、効率よくルート集約を行うためには、エリア内のIPアドレッシングを階層型の構成にし、それをうまくOSPFのエリア構成に当てはめていくことが求められます。

　エリア設計とともにIPアドレッシングをきちんと考慮することが、OSPFネットワークを設計するうえでのポイントといえます。

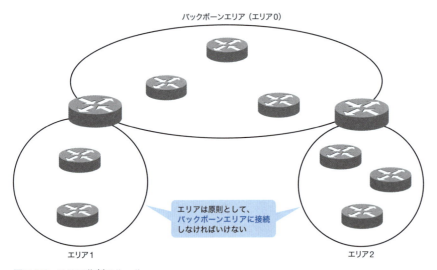

図7-15　エリア分割のルール

　ただし、物理的に距離が離れているといった理由から、バックボーンエリアに接続できないエリアが出てくるかもしれません。そのときには、「バーチャルリンク（Virtual link）」*というリンクを介してバックボーンエリアに仮想的に隣接させることができます。

> \* バーチャルリンクについては7-3-6項で説明します。

### 7-3-3 ルータのタイプ

OSPFネットワークをエリアに分割することによって、各エリアに含まれるOSPFルータや、エリアとエリアを接続するOSPFルータは、以下のように分類されます。

#### 内部ルータ

すべてのインタフェースが同じエリアに所属しているルータを、内部ルータと呼びます。すべてのインタフェースがバックボーンエリアに所属するルータは、次に紹介するバックボーンルータでもあり、内部ルータでもあります。

#### バックボーンルータ

バックボーンエリアに所属しているインタフェースを少なくとも1つ持つルータを、バックボーンルータと呼びます。エリア境界ルータは、バックボーンエリアとその他のエリアを接続することから、バックボーンルータでもあります。

#### エリア境界ルータ (Area Border Router：ABR)

複数のエリアに所属するインタフェースを持ち、エリアを相互接続するルータを、エリア境界ルータ (ABR) と呼びます。ABRは、エリアごとにリンクステートデータベースを持ち、エリアごとにLSAをやり取りしています。各エリアは、原則としてバックボーンエリアに隣接していなければいけないので、ABRはバックボーンエリアのリンクステートデータベースとその他のエリアのリンクステートデータベースを個別に保持していることになります。

また、ABRは、エリアの出口でもあり、入り口でもあります。あるエリアから他のエリアへパケットを転送するときは必ずABRを経由し、他のエリアからエリア内にパケットを転送するときも必ずABRを経由します。さらにABRは、別のエリアのルート情報を集約してエリア内に流し込む役割も持っています。

#### 自律システム境界ルータ (Autonomous System Boundary Router：ASBR)

インタフェースのうち少なくとも1つが非OSPFドメイン（別の自律システム）に所属するルータを、自律システム境界ルータ (ASBR) と呼びます。非OSPFドメインとは、RIPやEIGRP、BGPあるいはスタティックルーティングなど、OSPFではないルーティングプロトコルを運用しているネットワークを指しています。

このようなASBRでは、ルーティングプロトコル間で適切な再配送[*]の設定を行うことによって、非OSPFドメインのルートをOSPFドメインに注入したり、逆にOSPFドメインのルートを非OSPFドメインへ注入したりすることができます。

> ＊ 再配送については第10章で説明します。

図7-16にルータの種類についてまとめています。

第7章　OSPF

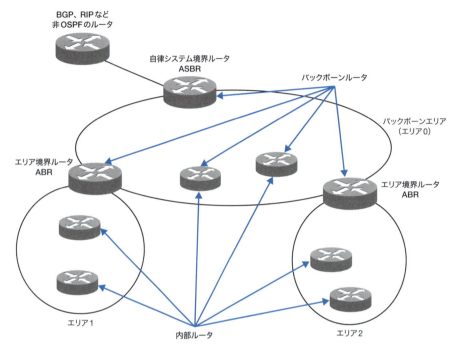

図7-16　ルータの種類

　OSPFルータは、上記の複数のタイプになることもできます。たとえば、すべてのインタフェースがエリア0だけに所属しているルータは、バックボーンルータであると同時に内部ルータです。また、非OSPFドメインだけでなく、バックボーンエリアと他のエリアを相互接続しているルータは、ASBRでもありABRでもあります。

### 7-3-4　LSAの種類

　LSA（Link State Advertisement：リンクステート情報）には、いくつかのタイプがあります。OSPFネットワークを複数のエリアに分割することによって、OSPFルータ間で交換するLSAのタイプも増えます。シングルエリアでは、LSAタイプ1とLSAタイプ2のみです。マルチエリアになると、LSAタイプ3も交換されます。さらに、非OSPFドメインとOSPFドメインを相互に接続するASBRが存在する場合、ASBRの情報を表すLSAタイプ4や、外部ルート（非OSPFドメインのルート情報）を表すLSAタイプ5、LSAタイプ7も出てきます。

　ここでは主要なLSAタイプとして、タイプ1、2、3、4、5、7について解説します[*]。それぞれのLSAタイプについて、どのタイプのルータが生成し、どのような情報を含んでいるかを見ていきましょう。

7-3 マルチエリア構成

> ＊ LSAには、タイプ6もあります。LSAタイプ6は、マルチキャストルーティングプロトコルであるMOSPFで利用するLSAです。

### ■ LSAタイプ1 ルータLSA

　LSAタイプ1 ルータLSAは、最も基本的なLSAで、すべてのOSPFルータが生成します。そして生成されたルータLSAは、エリア内すべてにフラッディングされます。ルータLSAには、OSPFルータのリンク（OSPFが有効になっているインタフェース）情報がすべて含まれています。リンク情報とは、リンクの種類やコスト、IPアドレスなどです。ただし、リンクの種類によって、どのような情報が含まれるかは異なります。ルータLSAに含まれるリンク情報の詳細については、p.268で解説します。

　図7-17は、ルータLSAに含まれる情報とフラッディングの様子を示しています。

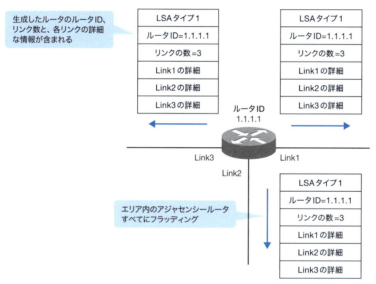

図7-17　ルータLSA

### ■ LSAタイプ2 ネットワークLSA

　LSAタイプ2 ネットワークLSAは、各マルチアクセスネットワーク上のDRが生成します。DRはマルチアクセスネットワークを代表しているルータです。そのDRが生成するネットワークLSAは、マルチアクセスネットワーク上のOSPFルータの接続の様子を表しています。具体的には、DRのIPアドレス、マルチアクセスネットワークに接続されているルータのリスト、マルチアクセスネットワークのサブネットマスクの情報が含まれています。DRによって生成されたネットワークLSAは、そのエリア内すべてにフラッディングされます（図7-18）。

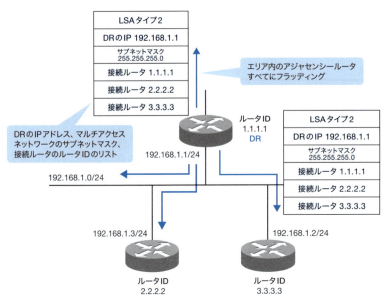

図7-18　ネットワークLSA

### ■ LSAタイプ3 ネットワークサマリーLSA

　LSAタイプ3 ネットワークサマリーLSAは、OSPFネットワークをエリア分けした場合に生成されるLSAです。ネットワークサマリーLSAを生成するルータは、ABRです。ABRがバックボーンエリアを経由して到達することができる他のエリアのネットワークアドレスを、自身の配下のエリアにアドバタイズします。また同時に、自身の配下のエリアに含まれるネットワークアドレスを、バックボーンエリアにアドバタイズします（図7-19）。

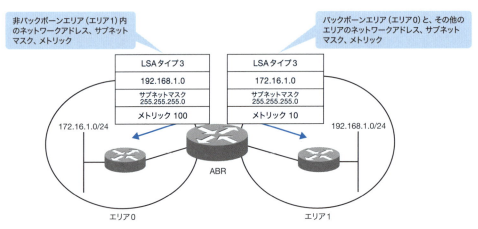

図7-19　ネットワークサマリーLSA

ネットワーク「サマリー」LSAは、集約LSAと日本語訳されることがあります。集約LSAという名前だと誤解しがちなのですが、ネットワークサマリーLSAは、ルート集約の設定をして集約されたルートのみを通知するわけではありません。ルート集約の設定をしなくてもネットワークサマリーLSAは生成されます。ネットワークサマリーLSAは、ルートを集約（サマリー）すると生成されるわけではなく、あくまでも他のエリアのネットワークアドレスをアドバタイズするために生成されています。LSAタイプ1やLSAタイプ2は、ネットワーク構成の詳細を表しているLSAです。ネットワーク内にOSPFルータが何台存在していて、それぞれがどのように接続されているかを表しています。一方、ネットワークサマリーLSAが表しているのは、他のエリアのネットワークアドレスです。「サマリー」とは「集約」ではなく、「概要」や「要約」と捉えたほうがよいでしょう。他のエリアの詳細なネットワーク構成を知る必要性はあまりないので、ネットワークアドレスという概要を表しているのがネットワークサマリーLSAです。

ネットワークサマリーLSAは、1つのネットワークアドレスに対して1つ生成します。他のエリアに含まれているネットワークが多くなればなるほど、ABRが生成するネットワークサマリーLSAの数も増えていきます。そこで別途、ルート集約の設定を行います。ABRでルート集約を行うことで、ABRが生成するネットワークサマリーLSAの数を減らすことができます。

### ■ LSAタイプ4 ASBRサマリーLSA

LSAタイプ4 ASBRサマリーLSAは、非OSPFドメインが接続されている場合に生成されるLSAです。ASBRサマリーLSAもABRが生成します。ASBRサマリーLSAに含まれる情報は、ASBRのルータIDとASBRに到達するためのメトリックです。LSAタイプ3 ネットワークサマリーLSAとASBRサマリーLSAのフォーマットは同一です。違いは、ネットワークアドレスの代わりにASBRのルータIDが記されて、サブネットマスクが「0.0.0.0」となっている点です（図7-20）。

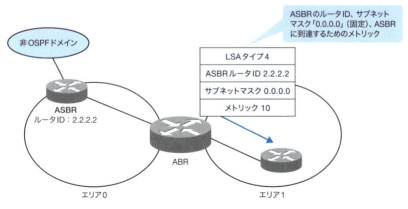

図7-20　ASBRサマリーLSA

### ■ LSAタイプ5 AS外部LSA

　LSAタイプ5 AS外部LSA（または単に「外部LSA」）は、非OSPFドメインが接続されている場合に生成されるLSAです。AS外部LSAは、ASBRが生成します。外部LSAによって、非OSPFドメインのネットワークアドレスをOSPFドメイン内にアドバタイズします。外部LSAには、非OSPFドメインのネットワークアドレス、サブネットマスクと、そのネットワークへ到達するための転送アドレスとメトリックが含まれます。メトリックは、ASBRで非OSPFドメインのルートを再配送するときに与えるシードメトリックです。メトリックタイプによって、メトリックが固定でOSPFドメインを伝わっていくか、増加していくかが変わります[*]。メトリックタイプE2（デフォルト）であればAS外部ルートのメトリックは固定で、メトリックタイプE1であればメトリックは増加していきます。

　また外部LSAは、スタブエリアを除く、OSPFドメイン全体にフラッディングされます（図7-21）。

> [*] このあたりの内容については、p.272の「LSAタイプ5 AS外部LSAのフォーマット」も併せて参照してください。

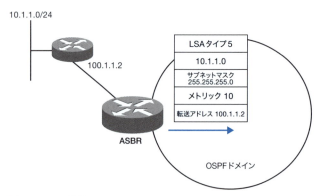

図7-21　AS外部LSA

### ■ LSAタイプ7 NSSA外部LSA

　LSAタイプ7 NSSA外部LSAは、エリアとしてNSSA（Not-So-Stubby Area）[*]を構成したときに生成されるLSAです。NSSA外部LSAは、NSSA内のASBRが生成します。NSSA内のASBRは、非OSPFドメインのネットワークアドレスの情報をNSSA内にフラッディングします。NSSA外部LSAはNSSA内にだけフラッディングされるので、NSSAのABRはLSAタイプ7 NSSA外部LSAをLSAタイプ5 AS外部LSAに変換して、バックボーンエリアにアドバタイズします（図7-22）。

> [*] NSSAについては7-3-5項で説明します。

　LSAタイプ7には、LSAタイプ5と同じように非OSPFドメインのネットワークアドレス、サブネットマスク、転送アドレス、メトリックが含まれます。

7-3 マルチエリア構成

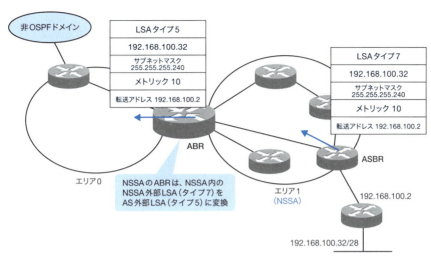

図7-22 NSSA外部LSA

表7-3に、各LSAタイプの名前、生成ルータ、アドバタイズする範囲、内容についてまとめています。

表7-3 LSAタイプのまとめ

| タイプ | 名前 | 生成ルータ | 範囲 | 内容 |
| --- | --- | --- | --- | --- |
| 1 | ルータLSA | 全OSPFルータ | エリア内 | リンク数、各リンクの詳細情報 |
| 2 | ネットワークLSA | DR | エリア内 | DRのIPアドレス、マルチアクセスネットワークのサブネットマスク、接続ルータのリスト |
| 3 | ネットワークサマリーLSA | ABR | エリア内 | エリアに含まれるネットワークアドレス、サブネットマスク、メトリック |
| 4 | ASBRサマリーLSA | ABR | エリア内 | ASBRのルータID、サブネットマスク「0.0.0.0」、メトリック |
| 5 | AS外部LSA | ASBR | OSPFドメイン全体（スタブエリア除く） | 非OSPFドメインのネットワークアドレス、サブネットマスク、転送アドレス、メトリック |
| 7 | NSSA外部LSA | NSSA内のASBR | NSSA | 非OSPFドメインのネットワークアドレス、サブネットマスク、転送アドレス、メトリック |

### 7-3-5 エリアの種類

OSPFのエリアでは、エリア内を流れるLSAのタイプを制限する目的から、「バックボーンエリア」

「標準エリア」に加えて「スタブエリア」が定義されています。スタブエリアの中には、通常のスタブエリアの他に「トータリースタブエリア」「NSSA（Not-So-Stubby Area）」「トータリーNSSA」があります。

以下に、各エリアの種類ごとの概要を説明します。

### ■ バックボーンエリア

バックボーンエリアは、複数のエリアを相互接続するエリアです。単一のエリアで構成しているとき以外は、各エリアは必ずこのバックボーンエリアに隣接していなければいけません。バックボーンエリアは、エリアIDが0で定義されています。エリア間のトラフィックは必ずバックボーンエリアを通過することになります。バックボーンエリアでは、タイプ1〜タイプ5のLSAが流れます。

### ■ 標準エリア

バックボーンエリア以外の標準のOSPFエリアです。標準エリアでは、タイプ1〜タイプ5のLSAが流れます。

バックボーンエリア、標準エリア内で交換されるLSAを示したものが図7-23です。

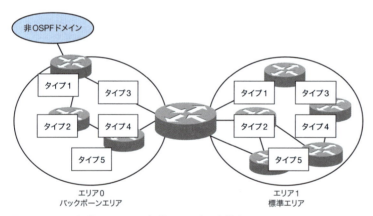

図7-23　バックボーンエリア、標準エリア内で交換されるLSA

### ■ スタブエリア

エリア内を流れるLSAの一部を減らしたエリアです。各ルータが保持するリンクステートデータベースやルーティングテーブルのサイズを小さくするために考えられています。スタブエリア内では、非OSPFドメインのネットワークアドレスを表すLSAタイプ5は転送されません。例として、図7-24のネットワーク構成を見てください。

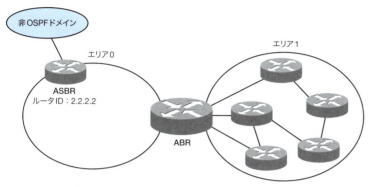

図7-24　スタブエリアの例 その1

　エリア1が標準エリアであれば、エリア1内のすべてのルータは、LSAタイプ5によって非OSPFドメインのネットワークアドレスを知ります。しかし、エリア1から非OSPFドメインのネットワークにパケットを送信するには、必ずABRにパケットを送信することになります。このような状況では、ABRがエリア1に対してLSAタイプ5で非OSPFドメインのネットワークアドレスの詳細な情報をアドバタイズする必要はありません。非OSPFドメインのネットワークアドレスの詳細な情報をアドバタイズする代わりに、ABRがデフォルトルートを生成するようにしたものがスタブエリアです。

　スタブエリアのABRは、非OSPFドメインの個別のネットワークアドレスをLSAタイプ5でスタブエリア内にアドバタイズする代わりに、デフォルトルート（0.0.0.0/0）をLSAタイプ3で流し込みます（図7-25）。つまり、非OSPFドメインのネットワークアドレスをデフォルトルートに集約していることになります。

　これによって、スタブエリア内の各ルータのリンクステートデータベース、ルーティングテーブルのサイズを小さくすることができます。その結果、ルータのメモリやCPU使用量を抑えることができます。

　スタブエリアでは、タイプ1〜タイプ3のLSAが流れます。スタブエリア内では個別の外部ルートのLSAタイプ5が必要ないので、LSAタイプ4も不要です。

第7章 OSPF

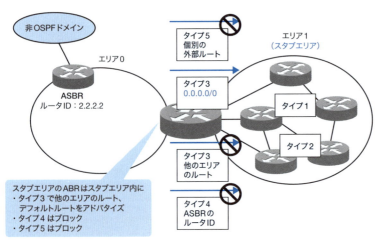

図7-25 スタブエリアの例 その2

　また、スタブエリア内に個別の外部ルートを表すLSAタイプ5が流れないことから、スタブエリアの制限として内部にASBRを置くことはできません。また、バーチャルリンクのトランジットエリアにすることもできません[*1]。

　スタブエリアの設定を行うと、Helloパケットのオプションフィールド内のEフラグが「0」になります[*2]。Eフラグは外部ルートを受け取ることができるかどうかを表し、Eフラグ「0」は外部ルートを受け取らないことを意味します。OSPFルータがネイバーになるための条件として、このフラグが一致している必要があります。ですから、スタブエリアの設定は、必ずスタブエリア内のすべてのルータで行う必要があります。

> *1　バーチャルリンクについては7-3-6項で説明します。
> *2　Helloパケットのオプションフィールドについてはp.274を参照してください。

### ■ トータリースタブエリア

　トータリースタブエリアは、エリア内を流れるLSAをスタブエリアよりもさらに減らしたエリアです。各ルータが保持するリンクステートデータベースやルーティングテーブルのサイズをより小さくすることができます。

　前掲の「図7-24 スタブエリアの例 その1」をもう一度見てください。この図のエリア1のルータから、他のエリアへのトラフィックは、必ずABRを経由するはずです。そのため、他のエリアのネットワークを表現したLSAタイプ3は、ABRへと向かうデフォルトルートに置き換えることができます。

　トータリースタブエリアにすると、ABRはLSAタイプ4、LSAタイプ5に加えて、他のエリアの個別のネットワークアドレスを表すLSAタイプ3もブロックし、その代わりにデフォルトルート(0.0.0.0/0)をLSAタイプ3でアドバタイズします(図7-26)。

エリアをトータリースタブエリアにすることによって、ルータのメモリ、CPUの使用量をさらに抑えることができます。

スタブエリアと同様に、トータリースタブエリア内部にASBRを置くことはできません。また同様に、バーチャルリンクのトランジットエリアにすることもできません。

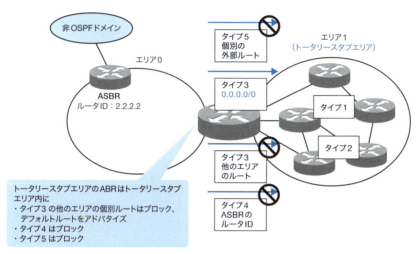

図7-26　トータリースタブエリア

## ■ NSSA (Not-So-Stubby Area)

NSSAはスタブエリアの特殊なものです。スタブエリアやトータリースタブエリア内にはASBRを置くことができませんでしたが、NSSAではASBRを置けるようになっています。

なぜNSSAが必要なのでしょうか？

たとえば、スタブエリアの中に、さらに小規模な拠点のルータを接続するケースを考えましょう。スタブエリアとして余計なLSAをブロックしたいのですが、小規模な拠点のルータはOSPFをサポートできず、RIPを利用しているとします。

小規模拠点のルータのルーティングの設定としては、あまり複雑に考えずにデフォルトルートを1つルーティングテーブルに登録すればよいです。しかし、双方向でIPパケットをルーティングするためには、新しく接続した小規模拠点のネットワークアドレスをOSPFルータが学習する必要があります。そのためには、スタブエリアの中にASBRを置いて、RIPのルートをOSPFに再配送しなければいけません。

ただ、スタブエリアにはASBRを置くことができないという制限がありました。かと言って、ASBRを置くためにスタブエリアを標準エリアに変更すると、アドバタイズされるLSAが増加してしまい、パフォーマンス上の問題が発生するかもしれません。

そこで、スタブエリアの特徴を保ちつつ、ASBRを置いて非OSPFドメインのルートをアドバタイ

ズできるようにしたエリアがNSSAです（図7-27）。

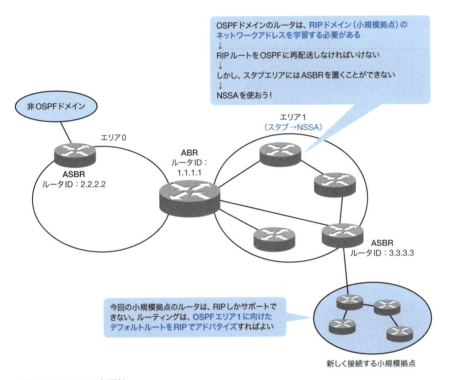

図7-27 NSSAの必要性

　NSSAは、スタブエリア内にASBRを置けるようにしたエリアです。そのため、NSSAのABRはLSAタイプ4とLSAタイプ5をブロックし、NSSA内ではLSAタイプ1、LSAタイプ2、LSAタイプ3、LSAタイプ7がアドバタイズされます。

　図7-28で確認しましょう。エリア1をNSSAにすることによって、エリア0の先にある非OSPFドメインの個別のネットワークアドレスを表すLSAタイプ5は、ABRのルータ1.1.1.1によってブロックされ、エリア1内にはアドバタイズされません。そして、エリア1に小規模拠点のネットワークアドレスをアドバタイズするためのLSAタイプ7が、エリア1のASBRであるルータ3.3.3.3によって生成されます。また、NSSAのABRであるルータ1.1.1.1は、NSSA内のLSAタイプ7をLSAタイプ5に変換して、バックボーンエリアにアドバタイズします。

7-3 マルチエリア構成

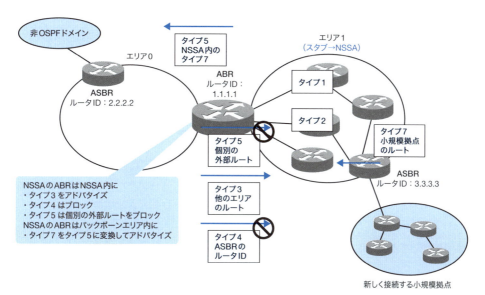

図7-28 NSSA

しかし、NSSAはスタブエリアやトータリースタブエリアと同様に、バーチャルリンクにおけるトランジットエリアになることはできません。また、スタブエリア、トータリースタブエリアのABRと異なり、NSSAのABRは、NSSA内に自動的にデフォルトルートをアドバタイズすることはありません。NSSAでは、内部にASBRを置くことができるため、非OSPFドメインのネットワークが必ずしもABRの先にあるわけではないからです。デフォルトルートをアドバタイズするためには、明示的に設定する必要があります。

■ トータリーNSSA

トータリーNSSAは、トータリースタブエリアのNSSAバージョンです。トータリースタブエリアと同じように、LSAタイプ4、LSAタイプ5だけでなく、他のエリアの個別のネットワークアドレスを表すLSAタイプ3もブロックします。NSSAの特徴があるので、トータリーNSSA内にASBRを置いて、トータリーNSSAの先にある非OSPFドメインのルートをLSAタイプ7でアドバタイズできます。LSAタイプ7は、ABRでLSAタイプ5に変換され、バックボーンエリアにアドバタイズされます。

また、NSSAではデフォルトルートを自動的にアドバタイズしなかったのですが、トータリーNSSAではABRが自動的にデフォルトルートをLSAタイプ3でアドバタイズします（図7-29）。

第7章　OSPF

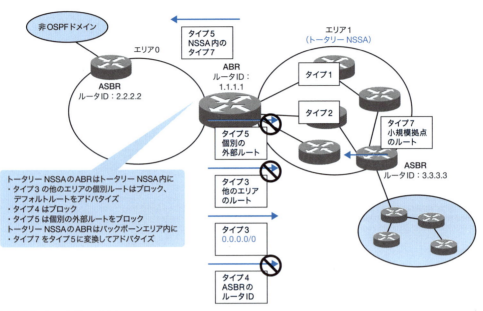

図7-29　トータリーNSSA

## 7-3-6 バーチャルリンク

　OSPFで複数のエリアを構成する場合、バックボーンエリアに隣接させなくてはいけないという原則があることは、これまでに述べたとおりです。
　しかし、どうしてもバックボーンエリアに隣接させることができない状況も考えられます。たとえば、地理的な問題で、ルータをバックボーンエリアに接続できないことがあるかもしれません。また、バックボーンエリア内のリンク障害でバックボーンエリアが分断されてしまい、エリア間の通信ができなくなる状況が発生するかもしれません。このような場合、バーチャルリンク（Virtual Link）を利用します。
　バーチャルリンクは、仮想的なエリア0のポイントツーポイントリンクです。バーチャルリンクは、主に次の2つの目的で利用されます。

1. **非バックボーンエリアを通じて、あるエリアを仮想的にバックボーンエリアに接続する**
   図7-30のように、エリア10がバックボーンエリアに接続していない場合、エリア10内のネットワークへのルートをエリア0、エリア1のルータは学習することができません。また、エリア10内のルータも、他のエリアのルートを学習できません。このような構成で、すべてのOSPFルータが各エリア内のネットワークへのルートを学習するためには、エリア10のABRとエリア1とエリア0のABR間でバーチャルリンクを設定する必要があります。図のようにバーチャルリンクを形成するエリア1のことを、トランジットエリア（通過エリア）と呼びます。

7-3　マルチエリア構成

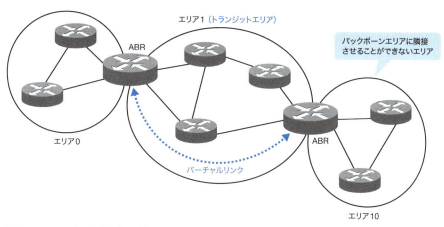

図7-30　バーチャルリンクの例1

**2.** 非バックボーンエリアを通じて、分断されたバックボーンエリアを接続する

ネットワークが正常なときは問題なくOSPFでルートを学習することができますが、エリア0内のリンク障害によって、エリア0が分断されてしまう場合があります。エリア0が分断されてしまうと、末端のエリア（**図7-31**の場合はエリア2、エリア3）と分断されたエリア0のルートを正しく学習することができなくなってしまいます。

このようなバックボーンエリアの障害に備えたバックアップ的な用途として、バーチャルリンクを利用します。

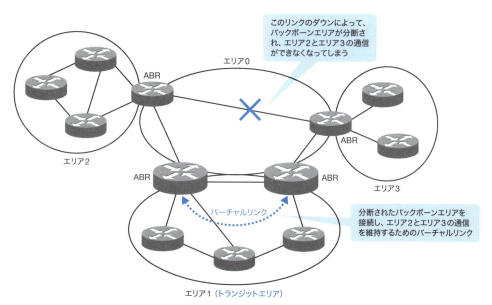

図7-31　バーチャルリンクの例2

第7章　OSPF

ABR間でバーチャルリンクの設定を行うと、バーチャルリンク上でネイバーを確立します。バーチャルリンクはABR間に仮想的なトンネルを形成してネイバーを確立するため、2つのABRは直接接続されている必要はありません。またバーチャルリンクは、エリア0に直接接続していないエリアに対して、エリア0へのインタフェースを提供します。そして、エリア0に直接接続していないエリアは仮想的にエリア0に接続し、他のエリアのルートを学習できるようになります。ただし、Helloパケットは抑制されます。また、バーチャルリンクが横断するエリアのことをトランジットエリア（通過エリア）と呼びます。スタブエリア、トータリースタブエリア、NSSAは、トランジットエリアになることはできません。

バーチャルリンクを使用すると、ネットワーク構成が複雑になり、トラブルが発生した場合のトラブルシューティングが困難になります。そのため、OSPFネットワークを設計する観点からは、なるべくバーチャルリンクは使用しないほうがよいでしょう。バーチャルリンクは、異なるOSPFドメインのエリアを統合する際などの一時的なソリューションとして捉えるべきです。

## 7-4
# OSPFのパケットフォーマット

OSPFではたくさんのパケットタイプが定義されています。ここからは、OSPFパケットの詳細なフォーマットについて解説します。

### 7-4-1　OSPFパケットのカプセル化

#### ■ OSPFヘッダ

OSPFパケットには、**図7-32**のOSPFヘッダが付加されています。OSPFヘッダの中にあるタイプフィールドによって、パケットの種類を識別できます。ここで注意してほしいのは、OSPFパケットのタイプとLSAタイプは異なるということです。混同しないように気をつけてください。

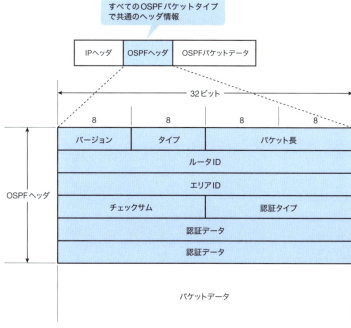

図7-32　OSPFヘッダのフォーマット

　以下に、OSPFヘッダ内の各フィールドについて解説します。

### 「バージョン」フィールド

OSPFのバージョンを示します。現在のOSPFバージョンは2です。

### 「タイプ」フィールド

p.225「表7-1 OSPFパケットの種類」に示したOSPFパケットのタイプが入ります。

### 「パケット長」フィールド

ヘッダも含めたOSPFパケットの長さをバイト単位で表した値が入ります。

### 「ルータID」フィールド

OSPFルータのルータIDが入ります。

### 「エリアID」フィールド

パケットが生成されたエリアのエリアIDです。バーチャルリンク上にOSPFパケットが送られる場合には、エリアIDは0、つまりバックボーンエリアのエリアIDが入ります。これは、バーチャルリンクはバックボーンエリアの一部と考えているためです。

### 「チェックサム」フィールド

エラーチェックのためのチェックサム計算に用います。

### 「認証タイプ」フィールド

OSPFの認証タイプを示します。この認証タイプフィールドの取り得る値は、**表7-4**のとおりです。

表7-4　OSPFの認証タイプの値

| 認証タイプの値 | 認証の種類 |
| --- | --- |
| 0 | 認証なし |
| 1 | シンプルパスワード認証 |
| 2 | MD5による認証 |

### 「認証データ」フィールド

認証タイプフィールドが0のときは認証を行わないため、このフィールドには意味がありません。認証タイプフィールドが1のときは、認証パスワードが記述されます。認証タイプフィールドが2のときは、**図7-33**に示す情報が入ります。

図7-33　認証データの詳細

- 「キーID」フィールド
  メッセージダイジェストを作成するためのキーの番号です。

- 「認証データ長」フィールド
  パケットの後に付けられるメッセージダイジェストの長さを表します。

- 「暗号シーケンス」フィールド
  暗号化されたシーケンス番号です。

各OSPFパケットには、この共通のOSPFヘッダの後に、パケットタイプごとの個別のデータが付加されています。以降、個別のOSPFパケットタイプごとのフォーマットについて説明していきます。

### ■ Helloパケットのフォーマット

Helloパケットは、OSPFにおいてネイバーの動的な発見、アジャセンシーの確立と維持を行うという非常に重要な役割を持っています。Helloパケットのフォーマットは、**図7-34**のとおりです。

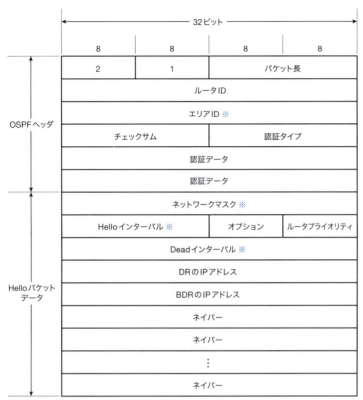

図7-34　Helloパケットのフォーマット

### 「ネットワークマスク」フィールド

　Helloパケットが送信されたインタフェースのサブネットマスクです。もし受信したHelloパケットのネットワークマスクと受信インタフェースのサブネットマスクが一致しなければ、そのパケットは無視されます。Helloパケットは同じネットワークでのみ交換されるためです。

### 「Helloインターバル」フィールド

　Helloパケットが送信される間隔です。OSPFネットワークタイプ（ブロードキャストマルチアクセス、ポイントツーポイント、NBMA）によってデフォルト値が異なります。Helloインターバルフィールドの値が一致しないとネイバーになることができません。

### 「オプション」フィールド

　オプションフィールドは、OSPFルータのさまざまな機能を表します。このオプションフィールドは、Helloパケット、DDパケットと、すべてのLSAに共通して含まれているので、p.274でまとめて解説します。

### 「ルータプライオリティ」フィールド

DR/BDRの選定に利用されるOSPFルータプライオリティです。この値が大きいルータほどDR/BDRの選定のときに優先されます。もし、プライオリティが0であれば、DR/BDRになることができません。

### 「Deadインターバル」フィールド

ネイバーがダウンしたとみなす間隔です。最後にHelloパケットを受信してからDeadインターバルの間に次のHelloパケットを受信することができなければ、ネイバーのルータがダウンしたとみなします。もし、Deadインターバルフィールドの値がお互いに一致していなければ、ネイバーになることができません。

### 「DRのIPアドレス」フィールド

マルチアクセスネットワーク上のDRのインタフェースIPアドレスです。ルータIDではありません。DRが選定されていなかったり、ポイントツーポイントネットワークであるなどDR/BDRの選定が行われない場合は、このフィールドには「0.0.0.0」という値が入ります。

### 「BDRのIPアドレス」フィールド

マルチアクセスネットワーク上のBDRのインタフェースIPアドレスです。ルータIDではありません。BDRが選定されていなかったり、ポイントツーポイントネットワークであるなどDR/BDRの選定が行われない場合は、このフィールドには「0.0.0.0」という値が入ります。

### 「ネイバー」フィールド

ルータが認識しているすべてのネイバーのルータIDがリストされています。ルータがHelloパケットをやり取りして、このネイバーフィールドにお互いがリストされた状態が2Way状態です。

## ■ DDパケットのフォーマット

DDパケットでは、リンクステートデータベースに保持しているLSAヘッダの一覧を通知します。DDパケットは、アジャセンシーを確立する過程でOSPFルータがリンクステートデータベースの同期を取るために利用されています。受信したDDパケットの中に記述されているLSAヘッダと、自身が保持するリンクステートデータベースに含まれるLSAを比較して、リンクステートデータベースの同期が取れているかどうかを確認します。もし、同期が取れていなければ、不足しているLSAをネイバールータにLSRパケットで要求することになります。

図7-35は、DDパケットのフォーマットです。

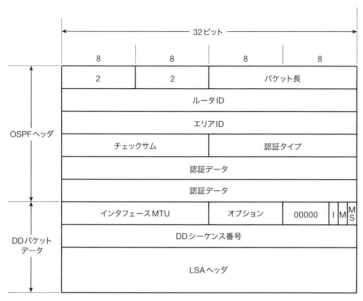

図7-35　DDパケットのフォーマット

## 「インタフェースMTU」フィールド

　インタフェースMTUとは、DDパケットの送信ルータがフラグメントせずに送ることができる最大のIPパケットサイズです。バーチャルリンク上でDDパケットがやり取りされる場合、インタフェースMTUフィールドは「0x0000」という値になります。

## 「オプション」フィールド

　オプションフィールドは、OSPFルータのさまざまな機能を表しています。このオプションフィールドは、HelloパケットDDパケットと、すべてのLSAに共通して含まれているので、p.274でまとめて解説します。

　オプションフィールドの後の5ビットは「0x00000」で予約されています。

## 「Iビット」フィールド

　一連のDDパケットのうち、先頭のDDパケットではIビットが1にセットされます。2番目以降のDDパケットでは0にセットされます。

## 「Mビット」フィールド

　Mビットは、DDパケットがまだ続いていることを示すためのビットです。まだこの後にDDパケットが続くのであれば、Mビットは1にセットされます。最後のDDパケットに対して、Mビットは0にセットされます。

### 「MSビット」フィールド

MSビットは、DDパケット交換時のマスターとスレーブを表すためのビットです。ルータIDの大きいルータがマスターとなり、リンクステートデータベースの同期を取ります。マスタールータはMSビットが1にセットされ、スレーブルータはMSビットが0にセットされます。

### 「DDシーケンス番号」フィールド

リンクステートデータベースの同期を取るときに使用するシーケンス番号です。シーケンス番号は、マスタールータによって一意の値が決められ、同期のプロセスの中で増加していきます。

### 「LSAヘッダ」フィールド

DDパケットを発信するルータが保持する一部、もしくは全部のLSAヘッダが含まれています。

## ■ LSRパケットのフォーマット

リンクステートデータベースの同期時にDDパケットをやり取りすることで、ネイバーのルータが自分のリンクステートデータベース上にないLSAや、より新しいLSAを保持しているかどうかがわかります。自分のリンクステートデータベース上にないLSAや、より新しいLSAが受信したDDパケットに含まれていた場合には、LSRパケットによって必要なLSAを要求することができます。

LSRパケットのフォーマットを図7-36に示します。

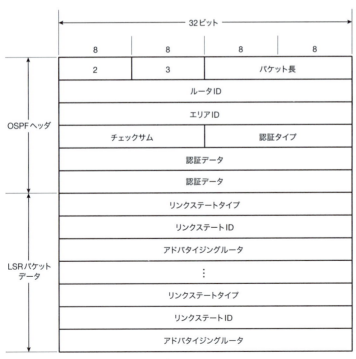

図7-36　LSRのパケットフォーマット

### 「リンクステートタイプ」フィールド

ルータリンクやネットワークリンクなど、LSAのタイプを示すコードが記述されます。

### 「リンクステートID」フィールド

リンクステートIDは、リンクステートタイプによってその意味が変わってきます。詳しくは7-4-2項、LSAのフォーマットのところで解説します。

### 「アドバタイジングルータ」フィールド

LSAを生成したルータのルータIDが記述されます。

## ■ LSUパケットのフォーマット

LSUパケットは、LSRで要求されたLSAを通知したり、ネットワークに何か変更が発生したときにその変更を通知するために使われます。LSUパケットは、1つ以上のLSAから構成されています。

LSUパケットのフォーマットを図7-37に示します。

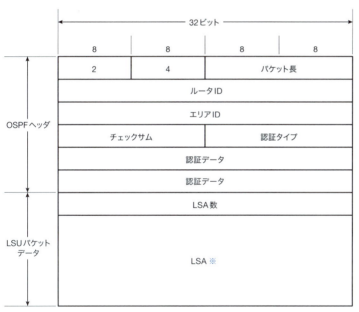

図7-37　LSUパケットのフォーマット

### 「LSA数」フィールド

LSUパケットに含まれているLSAの数が記述されます。1つのLSUパケットで運ぶことができるLSAの数は、最大パケットサイズによって決まります。

#### 「LSA」フィールド

LSA数フィールドの後に、完全なLSAが記述されます。LSAの詳細については7-4-2項で解説します。

### ■ LSAckパケットのフォーマット

LSAckパケットは、LSAのやり取りを信頼性のあるものにするために利用されています。つまり、LSUパケットによって通知されたLSAを正常に受信したことを相手に伝える目的でLSAckパケットが使用されます。

LSAckパケットのフォーマットは、図7-38のとおりです。1つのLSAckパケットで複数のLSAの確認応答を行うため、LSAヘッダのみが記述されています。

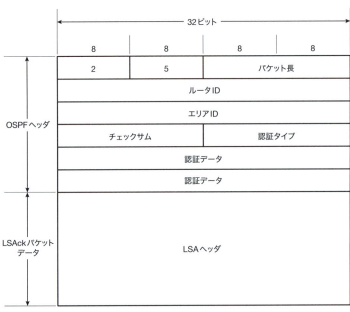

図7-38　LSAckパケットのフォーマット

## 7-4-2　LSAのフォーマット

ここからは、LSUパケットに含まれる各LSAの詳細について見ていくことにします。LSAの種類は、表7-5のようになります。

表7-5 LSAの種類

| LSAタイプ | LSA名 |
| --- | --- |
| 1 | ルータLSA |
| 2 | ネットワークLSA |
| 3 | ネットワークサマリーLSA |
| 4 | ASBRサマリーLSA |
| 5 | AS外部LSA |
| 7 | NSSA外部LSA |

### ■ LSAヘッダのフォーマット

LSAは、共通のLSAヘッダを持っています。このLSAヘッダは、DDパケットやLSAckパケットに記述されるものです。LSAヘッダのフォーマットは、図7-39のとおりです。

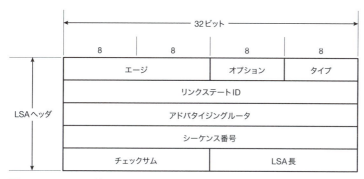

図7-39 LSAヘッダのフォーマット

#### 「エージ」フィールド

エージフィールドには、LSAが生成されてからの経過時間が秒単位で記述されています。リンクステートデータベース上にあるときも、エージフィールドの値は順次増加していきます。

#### 「オプション」フィールド

Helloパケット、DDパケットと、すべてのLSAに含まれるフィールドで、OSPFルータのさまざまな機能を示します。具体的な内容はp.274で解説します。

#### 「タイプ」フィールド

LSAのタイプを示すコード化されたタイプ値が入ります。

#### 「リンクステートID」フィールド

リンクステートIDフィールドは、LSAタイプによって使い方が異なります。各LSAタイプの解説の中で詳細を見ていきます。

### 「アドバタイジングルータ」フィールド

LSAを生成したルータのルータIDが入ります。

### 「シーケンス番号」フィールド

LSAの情報の新しさを示します。シーケンス番号が大きいLSAほど新しいものと判断されます。

### 「チェックサム」フィールド

エージフィールドを除く、LSA全体に対するチェックサムです。エージフィールドは時間とともに増加していくのでチェックサムに含めることができません。

### 「LSA長」フィールド

LSAヘッダを含めたLSA全体の長さがバイト単位で記述されます。

## ■ LSAタイプ1 ルータLSAのフォーマット

ルータLSAは、すべてのOSPFルータで生成されるLSAです。ルータLSAには、ルータのすべてのインタフェースとインタフェースに関連するOSPFコストが含まれています。ルータLSAは生成されたエリア内にフラッディングされます。ルータLSAのフォーマットは、**図7-40**のとおりです。

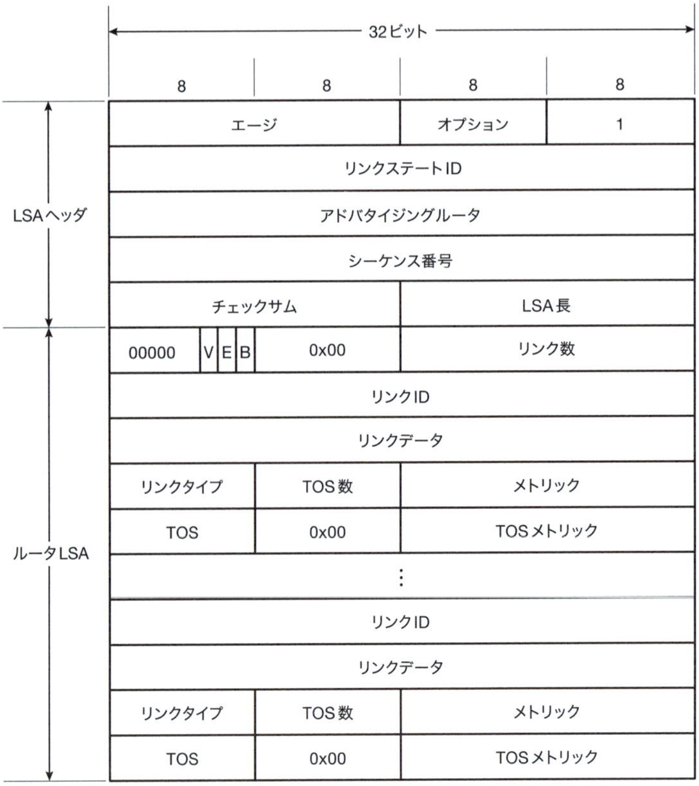

図7-40　ルータLSAのフォーマット

### 「Vビット」 フィールド

生成したルータがバーチャルリンクの終端のルータであれば、1がセットされます。

### 「Eビット」 フィールド

生成したルータがASBRのとき、1がセットされます。

### 「Bビット」 フィールド

生成したルータがABRのとき、1がセットされます。

### 「リンク数」 フィールド

生成したルータが持っているリンク（インタフェース）の数が記述されます。なお、この場合のリンクはルータのすべてのインタフェースではなく、OSPFが有効になっているインタフェースです。

この後に続く「リンクID」〜「TOSメトリック」までが1セットになっています。ルータが持っているインタフェースごとに、このセットが繰り返されます。

「リンクタイプ」によって、「リンクID」「リンクデータ」の意味が異なるので、まずは「リンクタイプ」について見ていきましょう。また、TOSに関連するフィールドは古い機能であり、現在はもう使用されていないので、詳細は省略します。

### 「リンクタイプ」 フィールド

リンクタイプは、そのリンクがどのような接続をしているのかを表現しています。リンクタイプの種類は、**表7-6**のとおりです。

表7-6　リンクタイプの種類

| リンクタイプ | 接続 |
| --- | --- |
| 1 | ポイントツーポイント |
| 2 | トランジットネットワーク |
| 3 | スタブネットワーク |
| 4 | バーチャルリンク |

### 「リンクID」 フィールド

リンクIDは、そのリンクが接続している相手を記述するものです。リンクタイプごとにリンクIDの意味が異なります。リンクIDについてまとめたものが**表7-7**です。

表7-7　リンクIDの値

| リンクタイプ | リンクIDの値 |
| --- | --- |
| 1 | ネイバールータのルータID |
| 2 | DRのIPアドレス |
| 3 | ネットワークアドレス |
| 4 | ネイバールータのルータID |

#### 「リンクデータ」フィールド

リンクデータもリンクタイプによって、**表7-8**のとおり意味が異なります。

表7-8 リンクデータの値

| リンクタイプ | リンクデータの値 |
| --- | --- |
| 1 | 生成するルータのインタフェースIPアドレス[※] |
| 2 | 生成するルータのインタフェースIPアドレス |
| 3 | ネットワークアドレス |
| 4 | バーチャルリンクに関連するインタフェースIPアドレス |

※アンナンバードポイントツーポイントの場合は、MIB Ⅱ ifIndex

#### 「メトリック」フィールド

インタフェースのコストが記述されています。

### ■ LSAタイプ2 ネットワークLSAのフォーマット

ネットワークLSAは、マルチアクセスネットワーク上のDRによって生成されるLSAです。ネットワークLSAの中には、マルチアクセスネットワークに接続されているすべてのルータ（DRを含む）がリストされています。ルータLSAと同様に、ネットワークLSAは生成されたエリア内にフラッディングされます。

ネットワークLSAのフォーマットは、**図7-41**のとおりです。

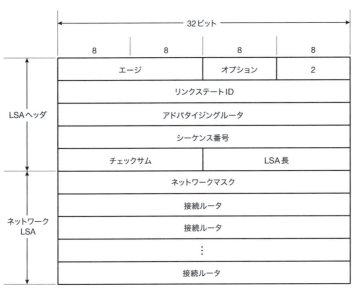

図7-41 ネットワークLSAのフォーマット

「リンクステートID」フィールド

ネットワークLSAのリンクステートIDは、そのマルチアクセスネットワークにおけるDRのインタフェースIPアドレスを示しています。

「ネットワークマスク」フィールド

マルチアクセスネットワーク上のサブネットマスクが記述されています。

「接続ルータ」フィールド

このフィールドには、DRとアジャセンシーを確立したすべてのルータのルータIDと、DR自身のルータIDがリストされています。

## ■ LSAタイプ3 ネットワークサマリーLSA、LSAタイプ4 ASBRサマリーLSAのフォーマット

ネットワークサマリーLSAとASBRサマリーLSAは、ABRが生成します。ネットワークサマリーLSAには、他のエリアのネットワークアドレスが含まれます。ASBRサマリーLSAには、エリア外部のASBRのルータIDが含まれます。ルータLSAやネットワークLSAと同様に、ネットワークサマリーLSAとASBRサマリーLSAは、生成されたエリア内にフラッディングされます。

ネットワークサマリーLSAとASBRサマリーLSAは、図7-42のように同一のフォーマットを使用します。異なるのは、タイプ（3または4）とリンクステートIDだけです。

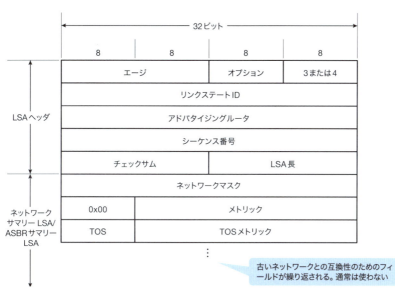

図7-42　ネットワークサマリーLSA/ASBRサマリーLSAのフォーマット

「リンクステートID」フィールド

タイプ3のときのリンクステートIDは、通知する他のエリアのネットワークのネットワークアドレ

スが記述されます。タイプ4のリンクステートIDは、通知するASBRのルータIDが記述されます。

### 「ネットワークマスク」フィールド

タイプ3では、通知するネットワークのサブネットマスクです。タイプ4では意味がないので、このフィールドは0にセットされます。

なお、タイプ3で、エリア内にデフォルトルートを通知するときには、リンクステートID、ネットワークマスクともに「0.0.0.0」という値になります。

### 「メトリック」フィールド

通知するネットワークアドレスに対するOSPFコストが記述されます。

## ■ LSAタイプ5 AS外部LSAのフォーマット

AS外部LSAは、ASBRによって生成されます。AS外部LSAには、非OSPFドメインにあるネットワークアドレスが含まれます。AS外部LSAは、スタブエリア（トータリースタブエリア、NSSA含む）以外のOSPFドメイン全体にフラッディングされます。

AS外部LSAのフォーマットは、図7-43のとおりです。

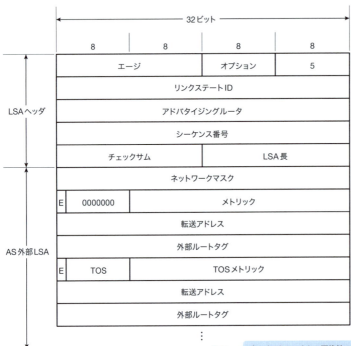

図7-43　AS外部LSAのフォーマット

### 「リンクステートID」フィールド

AS外部LSAのリンクステートIDは、外部ネットワークのネットワークアドレスを示しています。

### 「ネットワークマスク」フィールド

通知する外部ネットワークのサブネットマスクが記述されます。

AS外部LSAでデフォルトルートを通知するときには、リンクステートID、ネットワークマスクの値はともに「0.0.0.0」です。

### 「Eビット」フィールド

外部メトリックビットと呼ばれています。これは、通知する外部ルート（非OSPFドメインのルート情報）のメトリック計算にかかわります。Eビットが1のときはメトリックタイプがE2となり、Eビットが0のときはメトリックタイプがE1となります。

メトリックタイプの違いは、外部ルートがOSPFドメインを通過していくときにOSPFのコストが加算されていくかどうかの違いです。メトリックタイプE2では、外部ルートのコストはASBRが決めたもので固定されます。メトリックタイプE1では、外部ルートのコストはASBRが通知したコストにOSPFドメインのコストが加算されていきます。

### 「メトリック」フィールド

通知する非OSPFドメインのネットワークアドレスに対するOSPFコストが記述されます。ASBRが、このメトリックを決定できます。

### 「転送アドレス」フィールド

通知したネットワーク宛てのパケットをどこに転送すればよいかを示しています。このフィールドが「0.0.0.0」のときは、パケットはAS外部LSAを生成したASBRに転送されていきます。

### 「外部ルートタグ」フィールド

外部ルートに付けられる任意のタグです。OSPFプロトコル自体は、このフィールドを使うことはありません。ルーティングプロトコル間の再配送によって発生する可能性があるルーティングループを防ぐ目的などに使われます。

## ■ LSAタイプ7 NSSA外部LSAのフォーマット

NSSA外部LSAは、NSSA内のASBRによって生成されるLSAです。NSSA外部LSAには、NSSA内のASBRが通知する非OSPFドメインのネットワークアドレスが含まれます。NSSA外部LSAは、生成されたNSSAエリア内にのみフラッディングされます。NSSA外部LSAとAS外部LSAのフォーマットは同一です。ただし、タイプが「5」から「7」になっていることと、転送アドレスの意味が少し異なります（**図7-44**）。

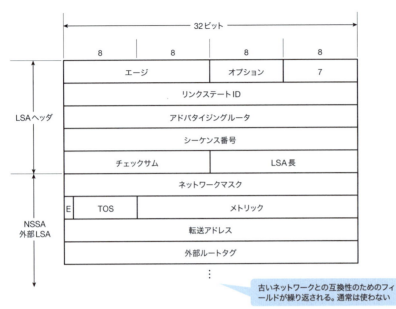

図7-44　LSAタイプ7 NSSA外部LSAのフォーマット

### 「リンクステートID」フィールド

NSSA外部LSAのリンクステートIDは、NSSA内のASBRが通知する外部ネットワークのネットワークアドレスを示しています。

### 「転送アドレス」フィールド

NSSA内のASBRと非OSPFドメインの間のネットワークが内部ルート（OSPFドメインのルート情報）として通知されていれば、そのネットワークのネクストホップアドレスが入ります。もし、そのネットワークが内部ルートとして通知されていなければ、NSSAのASBRのアクティブなインタフェースのIPアドレスが入ります。

### ■ オプションフィールド

オプションフィールドは、Helloパケット、DDパケットと、すべてのLSAに含まれているフィールドです。オプションフィールドによって、他のルータとオプションの機能をやり取りしています。オプションフィールドは1バイトのフィールドで、その内訳は**図7-45**のとおりです。

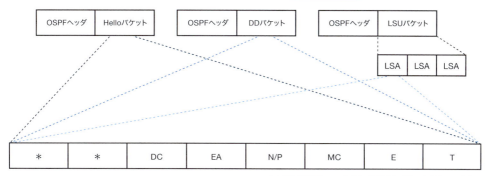

図7-45 オプションフィールド

### 「DCビット」フィールド

生成したルータがOSPFデマンドサーキットをサポートしているかどうかを示しています。

### 「EAビット」フィールド

生成したルータが外部属性LSAという特殊なLSAをサポートしているかどうかを示しています。

### 「N/Pビット」フィールド

Nビットは、Helloパケットでのみ利用されています。Nビットが1にセットされていれば、そのルータはLSAタイプ7 NSSA外部LSAをサポートしていることを示しています。Nビットが一致していなければ、アジャセンシーを確立することができません。

Pビットは、LSAタイプ7 NSSA外部LSAヘッダでのみ利用されています。このビットは、NSSAのABRがタイプ7からタイプ5に変換することを示しています。

### 「MCビット」フィールド

生成したルータがマルチキャストパケットを転送できることを示しています。MOSPF（Multicast OSPF）でのみ利用されるビットです。

### 「Eビット」フィールド

Eビットは、LSAタイプ5 AS外部LSAをサポートするかどうかを示します。Eビットが1であれば、LSAタイプ5 AS外部LSAをサポートしています。つまりスタブエリア以外であれば、Eビットは1にセットされています。

### 「Tビット」フィールド

OSPFルータがTOS（Type Of Service）をサポートしているかどうかを示しています。

第**8**章

# EIGRP

シスコシステムズ社独自のEIGRPは、OSPFのように大規模な企業
ネットワークでよく利用されるルーティングプロトコルです。この
章では、EIGRPの仕組みについて解説します。

- 8-1　EIGRPの概要
- 8-2　EIGRPの仕組み
- 8-3　EIGRPのパケットフォーマット

第8章 EIGRP

## 8-1

# EIGRPの概要

まず、EIGRPの概要を説明します。どのような特徴を持つルーティングプロトコルであるかをざっと把握してください。

## 8-1-1 EIGRPの特徴

EIGRP（Enhanced Interior Gateway Routing Protocol）は、シスコシステムズ社独自の内部ゲートウェイルーティングプロトコルであるIGRP*を拡張したものです。EIGRPによって、大規模なネットワークにおいて効率よくルーティングすることが可能です。

> ＊ 現在では、IGRPを利用することはありません。

大規模なネットワークに対応できるルーティングプロトコルとしては、IETF標準として開発されたOSPFがあります。OSPFはクラスレスルーティングプロトコルであるため、VLSM（可変長サブネットマスク）環境の大規模ネットワークをサポートすることが可能です。しかし、OSPFの処理——特にSPFアルゴリズムによるルーティングテーブルの計算——はルータにかなりの負荷をかけてしまいます。また、OSPFではエリアの設計を適切に行い、各エリアの特徴をきちんと把握して適切な設定を行う必要があり、取り扱いが難しい一面があります。

シスコシステムズ社は、OSPFよりもルータに負荷がかからない、そして設定もより簡単に行えるルーティングプロトコルとして、EIGRPを開発しました。EIGRPの最初のリリースは1994年です。それ以降、さまざまな拡張が加えられ、より安定した、柔軟性のあるルーティングプロトコルとして、多くの組織のネットワークで採用されるようになっています。

EIGRPの特徴として、次のものが挙げられます。

- IGPsの一種
- ハイブリッド型ルーティングプロトコル（拡張ディスタンスベクタ）
- Helloプロトコルによる定期的なキープアライブ
- ネットワーク変更時のみのアップデート
- ルータにかかる負荷が少ない
- クラスレスルーティングプロトコル
- メトリックはIGRPと同様な複合メトリック
- 不等コストロードバランシングが可能
- 高速なコンバージェンス
- ルーティングループが発生する可能性が極めて小さい

278

- マルチキャストを利用した通信
- 任意のルート集約が可能
- 認証機能をサポートしている
- 設定が容易
- シスコシステムズ社独自のルーティングプロトコル

EIGRPは、これまでに解説してきたRIP、OSPFと同様にIGPsの一種です。つまり、同一の管理組織が管理する自律システム内部のネットワークをルーティングするために利用するルーティングプロトコルです。EIGRPでは、自律システム（Autonomous System：AS）を識別するために、EIGRPの設定時にAS番号を指定します。同じAS番号の設定を行っているEIGRPルータ間でのみルート情報を交換できます。

IGPsはルーティングアルゴリズムによっていくつかに分類されますが、EIGRPはハイブリッド型ルーティングプロトコルです。または、拡張ディスタンスベクタ型ルーティングプロトコルと呼ばれることもあります。ハイブリッドとは、「かけ合わせたもの」という意味です。EIGRPは、本質的にはRIPと同じく、ディスタンスベクタ型ルーティングプロトコルです。そこに、リンクステート型ルーティングプロトコルの特徴を取り入れることによって、より大規模なネットワークを効率よくルーティングできるようになっています。

EIGRPが取り入れたリンクステート型ルーティングプロトコルの特徴として、Helloプロトコルによるキープアライブ（keep alive）があります。RIPでは、定期的なルート情報のやり取りによって、他のルータが動作していることを確認しています。一方、EIGRPはOSPFと同じように定期的にHelloパケットをやり取りすることによって、他のルータの動作を確認します。そして、ネットワークに何か変更があったときのみ、その情報を送信します。

また、EIGRPはルート情報の中に、ネットワークのサブネットマスクの情報も含めて送るクラスレスルーティングプロトコルです。そのため、VLSMでアドレッシングされているネットワークでも利用できます。

EIGRPはメトリックに「帯域幅」「遅延」「負荷」「信頼性」「MTUサイズ」を組み合わせた複合メトリックを採用しています。そして、メトリックが異なる経路でもロードバランシング（負荷分散）を行うことができる、不等コストロードバランシングもサポートしています。

EIGRPを有効にしたネットワークにおいて、障害の発生や新しいネットワークの追加など、ネットワークに何らかの変更が発生したときのコンバージェンスは、DUAL（Diffusing Update ALgorithm）と呼ばれるアルゴリズムで非常に高速に行われます。障害発生時に備えて、フィージブルサクセサというバックアップルートをあらかじめ確保しておくことができます。フィージブルサクセ

サが存在すれば、OSPFよりも高速なコンバージェンスが可能です。また、再配送を行わずに
EIGRPを単独で利用しているときには、DUALによってループが100%発生しないことが保証され
ています。

EIGRPのルート情報の送信は、マルチキャストもしくはユニキャストを用いて行われます。
EIGRP用に予約されているマルチキャストアドレスは224.0.0.10です。マルチキャストアドレスにルー
ト情報を送信するので、ネットワーク上のEIGRPルータ以外のホストに不要な負荷をかけることが
ありません。

ルート集約についても、OSPFよりも効率よく行えるようになっています。OSPFでは、ルート集約
を行うことができるポイントが決まっていました。OSPFのルート集約は、自律システム境界ルータ
（ASBR）もしくはエリア境界ルータ（ABR）でしか行うことができません。一方、EIGRPでは任意の
EIGRPルータでインタフェース単位にルートを集約して通知することができます。

EIGRPがやり取りするルーティングアップデートの盗聴や改ざん、偽造を防止するために、認証
機能もサポートされています。

こうしたさまざまなEIGRPの機能を実現するために、ルータに対して各種の設定を行う必要があ
ります。EIGRPの設定は、OSPFに比べて非常にシンプルであり、通常はわずかなコマンドだけで行
うことができます。

さらに、ネットワーク層プロトコルとしてIP以外のマルチプロトコルにも対応しています。1つの
EIGRPプロセスでIPv4とIPv6の処理を行うことも可能です。

以上のように、EIGRPを利用するメリットは非常に大きいものがあります。しかしながら、シスコ
システムズ社独自のプロトコルであるため、シスコ製品でしか利用することができないという大きな
制約があります。

## 8-2
# EIGRPの仕組み

ここからは、EIGRPによってルータ間でどのようにルート情報を交換するかという仕組みについて解
説します。

### 8-2-1 EIGRPの処理の流れ

まず、EIGRPの全体的な処理の流れを見てみましょう。

**8-2 EIGRPの仕組み**

① EIGRPネイバーの発見

② ネイバー間でEIGRPのルート情報を交換

③ トポロジーテーブルのEIGRPルートのうち、最適ルートをルーティングテーブルに登録

④ 定期的にHelloパケットでネイバーの状態を確認

EIGRPは、OSPFと同じように、まずはネイバーを発見します。EIGRPのネイバーとは、同じネットワーク上の同じAS番号のEIGRPルータです。ネイバーを発見すると、そのネイバーとの間でEIGRPのルート情報を交換します。

EIGRPのルート情報は、すべてトポロジーテーブルで管理されています。ルータは自身の生成したルート情報をトポロジーテーブルに登録し、そのルート情報を送信します。そして、ネイバーから受信したEIGRPルート情報を、トポロジーテーブルに格納します。EIGRPのルート情報は、RIPと同じようにネットワークアドレス/サブネットマスク＋メトリックです。これは、EIGRPのルーティングアルゴリズムがディスタンスベクタ型をベースにしていることを表しています。また、ルート情報の送信では、RIPと同じようにルーティングループを防止するためのスプリットホライズンの機能があります。あるルート情報を学習したインタフェース（出力インタフェース）からは、そのルート情報を送信しません。

トポロジーテーブルのEIGRPルートから、最適ルートを選出します。EIGRPでは、最適ルートのことを「サクセサ」と呼びます。サクセサをルーティングテーブルに登録して、IPパケットをルーティングできるようにします。そして、サクセサのバックアップルートとなる「フィージブルサクセサ」も選出します*。

サクセサやフィージブルサクセサ選出のアルゴリズムがDUALです。DUALによるサクセサ、フィージブルサクセサ選出の仕組みは後述します。

> ＊　あるネットワークに対して、複数のルートが存在していたとしても、フィージブルサクセサが必ず選ばれるとは限りません。フィージブルサクセサになるための条件であるフィージビリティ条件を満たしている必要があります。

ネイバー間でルート情報の交換が終わったら、後は定期的なHelloパケットの交換でネイバーが動作しているかどうかを確認します。ここもOSPFと似ている点です。

また、ネットワークの追加やダウンなどの変更があった場合は、トリガードアップデートでEIGRPのルート情報を送信します。

以上の内容をまとめたものが次ページの**図8-1**です。

第8章　EIGRP

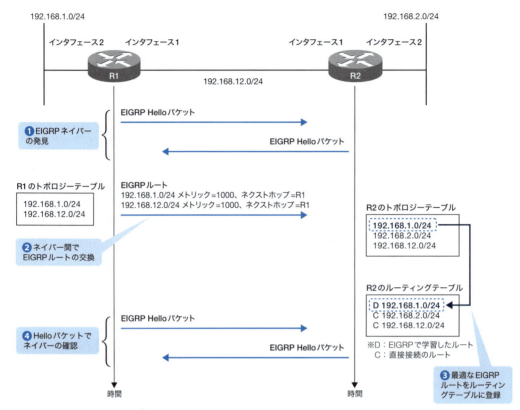

図8-1　EIGRPの処理の流れ[*]

> ＊　図では、R1からR2にEIGRPルートを送信する様子だけを表しています。R2からもR1へEIGRPルートを送信します。
> ＊　R1が送信するEIGRPルートは、通常はスプリットホライズンによって192.168.1.0/24のルート情報だけになります。

### 8-2-2　EIGRPのパケットタイプ

EIGRPでは、次の5つのパケットタイプがあります。

- Hello
- Update
- Query
- Reply
- Ack

各パケットの内容は、以下のとおりです。

### Helloパケット

Helloパケットは、ネイバールータを発見するために利用されます。ルータのインタフェースでEIGRPを有効にすると、そのインタフェースはEIGRPのマルチキャストグループ224.0.0.10に参加します。そして、224.0.0.10宛てにHelloパケットを送信して、ネイバールータを探します。このHelloパケットの送信は定期的に継続して行います。定期的にHelloパケットを送受信することによって、ネイバールータが正しく動作しているかどうかの確認も行っています。Helloパケットによるネイバーの発見と維持は、OSPFなどのリンクステート型ルーティングプロトコルの特徴を取り入れた部分です。

### Updateパケット

Updateパケットは、特定のネットワークをネイバーに通知するために利用します。ただし、このUpdateパケットは定期的に送信されるわけではありません。ネットワークに変更があった場合、その変更分のみをUpdateパケットでネイバールータに通知します。この点が、RIPのようなディスタンスベクタ型ルーティングプロトコルと異なっています。

### Queryパケット

Queryパケットは、ネットワークに変更が発生し、フィージブルサクセサ（後ほど説明）がない場合に、ネイバールータに対して代替ルートがあるかどうかを問い合わせるために利用します。Queryパケットはマルチキャスト（宛先アドレス224.0.0.10）、もしくはユニキャストで送信されます。

### Replyパケット

Replyパケットは、Queryパケットに対する応答として送信されます。Replyパケットの宛先はQueryパケットを送信したネイバールータのユニキャストアドレスです。

### Ackパケット

Ackパケットは、データがまったく含まれていないHelloパケットです。Ackパケットは必ずユニキャストで送信されます。

これら5つのパケットの配送は、RTP（Reliable Transport Protocol）によって管理されています。RTPによって、EIGRPパケットの配送を保証し、パケットは順序どおりに配送されます。パケットの配送の保証はAckパケットによる確認応答で行い、パケット到達の順序はパケットに含まれているシーケンス番号によって管理しています。

5つのEIGRPパケットは、Ackパケットによる確認応答を必要とする「高信頼性パケット」と、明示的な確認応答を必要としない「無信頼性パケット」に分かれています。その分類は、表8-1のとおりです。

表8-1　EIGRPの高信頼パケットと無信頼パケット

| 高信頼性パケット | 無信頼性パケット |
| --- | --- |
| Update | Hello |
| Query | Ack |
| Reply | |

　高信頼性パケットである、Update、Query、Replyパケットは、定期的に送信されるわけではありません。そのため、これらのパケットが正しく相手に送信できたかどうかを確認するためにAckパケットによる確認応答が必要になるわけです。Helloパケットは定期的に送信されるので、特に明示的な確認応答の必要はありません。

　高信頼性パケットをマルチキャストして、あるネイバーからAckパケットが返ってこないときは、ユニキャストでそのパケットを再送信します（図8-2）。このユニキャストによる再送信を16回行ってもAckパケットが返ってこない場合は、そのネイバーはダウンしたとみなします。どれくらいの時間が経ったらマルチキャストからユニキャストに切り替えて再送信を行うかは、マルチキャストフロータイマー（multicast flow timer）によって決まります。ユニキャストによる再送信の間隔は、再送信タイムアウトタイマー（retransmission timeout）によって決まります。

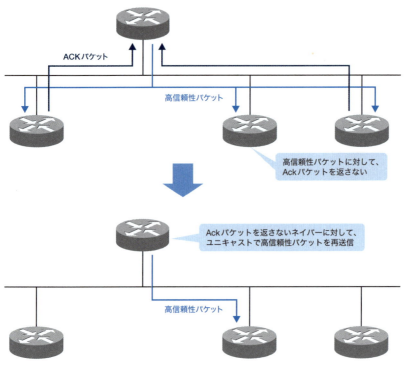

図8-2　高信頼性パケットの再送信

### 8-2-3 EIGRPルートの生成

EIGRPでやり取りするルート情報を生成するには、ルータのインタフェースでEIGRPを有効化します。これは、RIPと同じ仕組みです。「インタフェースでEIGRPを有効にする」ことによって、次の動作を行うようになります。

- 有効にしたインタフェースでEIGRPパケットを送受信する
- 有効にしたインタフェースのネットワークアドレス/サブネットマスクをEIGRPルートとしてトポロジーテーブルに登録する

インタフェースでEIGRPを有効化すると、そのインタフェースは224.0.0.10のマルチキャストグループに参加します。これによって、インタフェースでEIGRPパケットを受信できるようになります。そして、インタフェースからHelloパケットなどのEIGRPパケットの送信を開始します。

さらに、有効にしたインタフェースのネットワークアドレス/サブネットマスクをトポロジーテーブルに登録します。トポロジーテーブルに登録されたルート情報をネイバーに送信できるようになります（図8-3）。

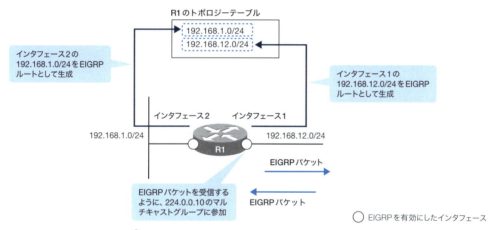

図8-3　EIGRPルートの生成[*]

[*]　インタフェース2のEIGRPパケットの送受信については省略しています。

### 8-2-4 EIGRPのメトリック

EIGRPでは、メトリックとして複合メトリックを採用しています。複合メトリックとは、次の5つの要素から計算された値です[*]。

第8章 EIGRP

- 帯域幅（BW）
- 遅延（DLY）
- 信頼性（RELIABILITY）
- 負荷（LOAD）
- MTUサイズ

> ＊ 5つの要素の具体的な値は、インタフェースごとにあらかじめ決められています。設定で変更することも可能です。

　5つの要素に基づいて、次の計算式に従ってメトリック値を算出します。5つの要素が元になっているだけで、メトリックとしては1つの値であることに注意してください。

- K5=0のとき
  メトリック = [K1 × BW + K2 × BW ÷ (256 - LOAD) + K3 × DLY]
- K5≠0のとき
  メトリック = [K1 × BW + K2 × BW ÷ (256 - LOAD) + K3 × DLY] × [K5 ÷ (REALIABILITY + K4)]

　この計算式において、K1〜K5までの係数があります。これらは5つの要素をどの程度考慮するかという係数で、デフォルトは、

　　　K1=K3=1、K2=K4=K5=0

となっています。つまり、EIGRPのメトリックは、デフォルトでは次のように帯域幅と遅延を利用して計算されることになります。

　　　メトリック = K1 × BW + K3 × DLY

　K値が異なるEIGRPルータ同士では、ネイバーを確立することができません。K値が異なると、メトリックの計算式が異なることになり、最適ルートの決定に整合性がとれなくなるからです[1]。EIGRPでネイバーを確立するための条件をあらためてまとめると、次のようになります[2]。

- 同じAS番号であること
- 同じK値であること

> ＊1 実際の利用では、K値を変更することはほとんどなく、デフォルト値を利用することが一般的です。
> ＊2 上記に加えて、ネイバーは同一ネットワーク上であることが前提です。IPアドレスやサブネットマスクの設定にも注意が必要です。

　また、EIGRPのメトリックの計算における帯域幅は、ルート上の最小値を利用します。宛先ネットワークまでのルート上に帯域幅が小さいインタフェースがあると、その部分がボトルネックになり、

286

メトリックの値としては大きくなってしまいます。そして、遅延は宛先ネットワークまでの累積値を利用します。帯域幅も遅延も、EIGRPのルート情報を受信するインタフェースの値が適用されます。

たとえば図8-4において、R1で192.168.1.0/24のネットワークについてのメトリックを計算する場合、帯域幅はルート上の最小値である10Mbpsです。そして、遅延は100+1000=1100$\mu$sです。

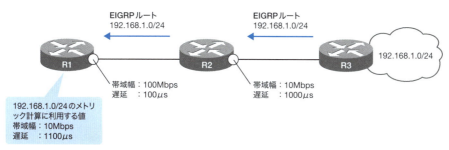

図8-4　メトリック計算に利用する帯域幅と遅延の例

### 8-2-5　ネイバーの発見とルート情報の交換

EIGRPでは、まずHelloパケットによってネイバールータを発見します。そして、ネイバーに対してEIGRPルート情報を送信して、ルーティングテーブルに必要なルート情報を登録できるようにします。次ページの図8-5で、ネイバーの発見とEIGRPルート交換について見ていきましょう。

❶ 図のR2ではすでにEIGRPが有効化されているとします。そして、R1でEIGRPを有効化すると、EIGRPが有効になっているすべてのインタフェースから、マルチキャストアドレス（224.0.0.10）宛てにHelloパケットを送信し、ネイバーを発見しようとします。

❷ Helloパケットを受信したR2は、UpdateパケットによってEIGRPルート情報を送信します。このとき、スプリットホライズンによって、Helloパケットを受信したインタフェースが出力インタフェースとなっているルート情報は除外されます。
特徴的なのは、Helloパケットを受け取った後にHelloパケットを送り返すのではなく、そのままUpdateパケットを送信していることです。

❸ Updateパケットを受信したR1は、ネイバーとしてR2を認識します。このように、ネイバーの認識は、HelloパケットだけでなくUpdateパケットによっても行われます。Updateパケットは高信頼性パケットであるため、明示的な確認応答が必要です。そのため、AckパケットをR2宛てにユニキャストします。

❹ 受け取ったUpdateパケットの内容は、R1のトポロジーテーブルに格納します。R1はトポロジーテーブルから最適なルートであるサクセサを選出して、ルーティングテーブルに登録します。

❺ R1も、自身が持つEIGRPルート情報をUpdateパケットによってR2に通知します。このときもスプリットホライズンが適用されます。

❻ Updateパケットを受信したR2からR1へAckパケットが返ってきます。

❼ R2でも受信したEIGRPルートをトポロジーテーブルに格納し、最適ルートを選出したうえでルーティングテーブルに登録します。

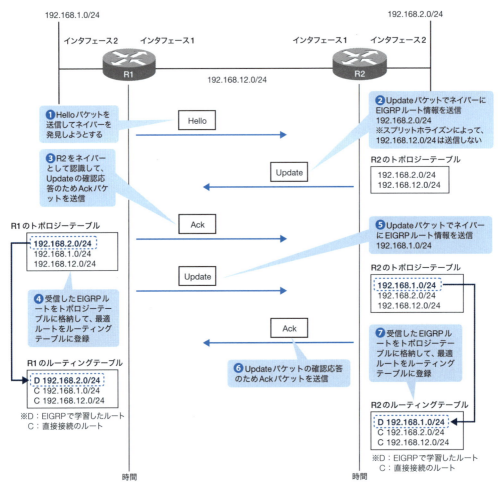

図8-5　ネイバーの発見とルート情報の交換

この後、EIGRPルータは定期的にHelloパケットをやり取りすることによって、ネイバールータが正常に動作していることを確認します。Helloパケットをやり取りする時間のことを、OSPFと同様にHelloインターバルと呼びます。Helloインターバルのデフォルト値は、Helloパケットを送信するインタフェースによって異なります。たとえば、イーサネットのようなLANのインタフェースでは

Helloパケットを5秒ごとに送信します。また、ポイントツーポイントインタフェースでもHelloパケットを5秒ごとに送信します。ISDN BRIやフレームリレーなどの1.5Mbps以下の低速なマルチポイントインタフェースでは、60秒ごとに送信されます。

一定時間、Helloパケットを受信することができなければ、そのネイバーはダウンしたとみなされます。このダウンしたとみなす時間をホールドタイムと呼びます。つまり、ホールドタイムはOSPFでいうところのDeadインターバルと同じ意味を持っています。ホールドタイムは、デフォルトではHelloインターバルの3倍の値です。

Helloインターバル、ホールドタイムのデフォルト値は、インタフェースによって決まっています。**表8-2**は、インタフェースごとのHelloインターバルとホールドタイムのデフォルト値をまとめたものです。また、Helloインターバル、ホールドタイムともに、設定によってインタフェースごとに変更することが可能です。

表8-2　インタフェースごとのHelloインターバルとホールドタイムのデフォルト値

| インタフェースタイプ | Helloインターバル | ホールドタイム |
| --- | --- | --- |
| ブロードキャストメディア (LAN) | 5秒 | 15秒 |
| ポイントツーポイント (フレームリレー/ATMポイントツーポイントサブインタフェースを含む) | 5秒 | 15秒 |
| 1.5Mbps以下の低速なマルチポイントインタフェース (ISDN BRI、フレームリレーなど) | 60秒 | 180秒 |

## 8-2-6 DUALによるコンバージェンス

EIGRPの一番の特徴は、障害時の高速なコンバージェンスです。適切なネットワーク構成をとっていれば、障害が発生しても速やかにルーティングテーブルを更新して、通信を継続することができます。

### ■ DUALで使われる用語

DUALの仕組みを知るためには、DUALで使われる用語を把握しておかなければいけません。DUALの仕組みを知るための重要な用語は、以下のとおりです。

#### AD (Advertised Distance) またはRD (Reported Distance)

ADは、あるルータのネイバーから目的のネットワークまでのメトリックを意味します。ネイバーから送信されるEIGRPルートのメトリック値がADとなります。

略称のAD (Advertised Distance) はAdministrative Distance (アドミニストレーティブディスタンス) とまぎらわしいので、RDと表記されることもあります。

### FD (Feasible Distance)

FDは、あるルータから目的のネットワークまでのメトリックを意味します。ネイバーから受信したメトリック値であるADと、ルートを受信したインタフェースを考慮して、FDを計算します。

### サクセサ

あるルータから目的のネットワークまでの最適ルートのことをサクセサと呼びます。FDが最小のルートがサクセサとなり、ルーティングテーブルにEIGRPのルートとして登録されることになります。FDが最小のルートが複数ある場合は、その複数のルートがサクセサとなり、ルーティングテーブルに登録できます。これにより、等コストロードバランシングが可能です。

### フィージブルサクセサ

サクセサのバックアップがフィージブルサクセサです。サクセサがダウンすると、すぐにフィージブルサクセサが新しいサクセサになり、ルーティングテーブルをコンバージェンスできます。

あるルータから目的のネットワークまでに複数のルートがあったとしても、必ずしもフィージブルサクセサが選ばれるわけではありません。フィージブルサクセサとして選ばれるためには、次項のフィージビリティ条件を満たす必要があります。

### フィージビリティ条件

フィージブルサクセサを選出するための条件をフィージビリティ条件と呼びます。フィージビリティ条件は、以下のように表されます。

> サクセサのFD > フィージブルサクセサ候補のルートのAD

フィージビリティ条件を一言で表すと、「フィージブルサクセサとなるネクストホップは目的のネットワークまで、より近い位置にいなければいけない」ということです。後ほど具体例で確認しましょう。

### Passive/Active状態

トポロジーテーブル上のルートの状態として、Passive状態とActive状態があります。Passive状態が安定している状態です。Active状態は、サクセサがダウンして、代替ルートをQueryパケットで問い合わせている状態です。

## ■ FDとAD (RD) の具体例

FDとAD（RD）の具体例を、図8-6のネットワーク構成で考えてみましょう。

8-2 EIGRPの仕組み

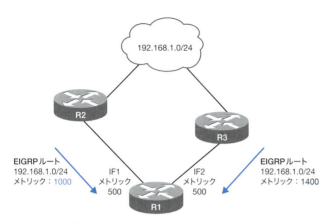

図8-6　FDとADの例

　R1から192.168.1.0/24へのルートとして、R2経由とR3経由の2つがあります。R2、R3はEIGRPのルート情報として192.168.1.0/24をR1へ送信しています。R2、R3が送信するルート情報に含まれるメトリックの値がADです。図の例では、R2から送信された192.168.1.0/24のルート情報のメトリックが1000なので、R1のトポロジーテーブル上ではR2から受信した192.168.1.0/24のADが1000となります。同じように、R3から送信された192.168.1.0/24のルート情報のメトリックが1400なので、R1のトポロジーテーブル上ではR3から受信した192.168.1.0/24のADが1400となります。

　そして、FDは、R1がEIGRPルート情報を受信したインタフェースの帯域幅や遅延も含めて計算したメトリック値です。図の例では、話を簡単にするために、ADにインタフェースのメトリックを単純に足し合わせています。R2から受信した192.168.1.0/24のルートのFDは1500で、R3から受信した192.168.1.0/24のルートのFDは1900となります。

### ■ サクセサとフィージブルサクセサの決定

　R1から192.168.1.0/24への2つのルートのうち、最適ルートをサクセサとして選びます。サクセサを選ぶにはFDを比較します。FDが最小のルートがサクセサです。図8-6の場合、R2経由のルートのFDが1500で最小となるので、R2経由のルートがサクセサとなります。

　そして、フィージブルサクセサを選びます。2つのルートがあるからといって、必ずもう一方がフィージブルサクセサになるわけではありません。フィージブルサクセサとして選ばれるためには、フィージビリティ条件を満たしている必要があります。サクセサのFDよりもフィージブルサクセサ候補のルートのADが小さくなければいけません*。サクセサであるR2経由のルートのFDは1500です。そして、フィージブルサクセサ候補のルートはR3経由のルートです。このルートのADは1400なので、

フィージビリティ条件を満たし、R3経由のルートはフィージブルサクセサとなります（図8-7）。

* フィージビリティ条件は、「=」では満たせません。

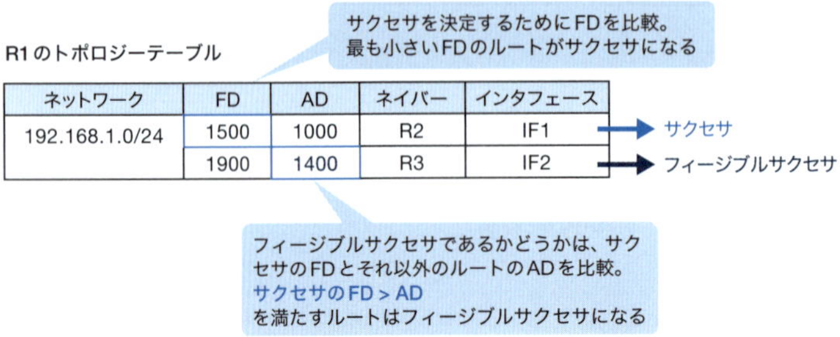

**R1のトポロジーテーブル**

| ネットワーク | FD | AD | ネイバー | インタフェース |
|---|---|---|---|---|
| 192.168.1.0/24 | 1500 | 1000 | R2 | IF1 |
|  | 1900 | 1400 | R3 | IF2 |

→ サクセサ
→ フィージブルサクセサ

サクセサを決定するためにFDを比較。最も小さいFDのルートがサクセサになる

フィージブルサクセサであるかどうかは、サクセサのFDとそれ以外のルートのADを比較。
サクセサのFD > AD
を満たすルートはフィージブルサクセサになる

図8-7 サクセサとフィージブルサクセサの決定

　ADは、ネイバーにとってのFDです。フィージビリティ条件は、フィージブルサクセサ候補のネイバーが、自身よりも目的のネットワークに近い位置にいるかどうかを判断していることになります（図8-8）。

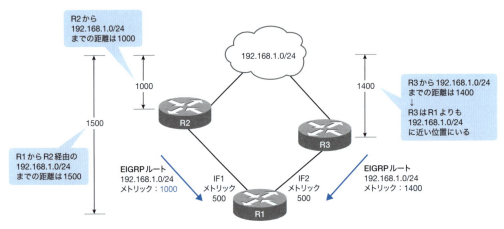

図8-8　フィージビリティ条件

## ■ フィージブルサクセサが存在する場合のコンバージェンスの例

ある目的のネットワークについて、サクセサだけでなくフィージブルサクセサも存在するときは、コンバージェンスは即座に完了します。サクセサがダウンしたら、フィージブルサクセサを新しいサクセサにするだけです。具体的に図8-9のネットワーク構成で見てみましょう。

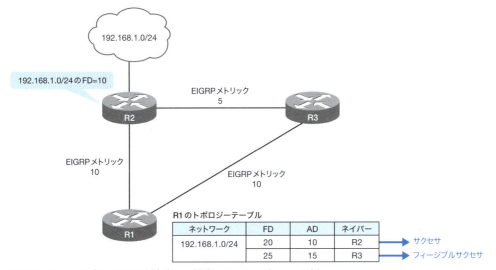

図8-9　フィージブルサクセサが存在する場合のコンバージェンスの例 その1

R1から192.168.1.0/24へのルートを考えます。R2経由のルートのFDが最小なので、R2経由のルートがサクセサとなります。そして、R3経由のルートのADがFDよりも小さいです。R3経由のルートはフィージビリティ条件を満たしているので、フィージブルサクセサとなります。

ここで、R1-R2間のリンクがダウンすると、ネイバーが削除され、サクセサがなくなります。R1はサクセサのダウンを認識すると、すぐにフィージブルサクセサを新しいサクセサとして選択し、ルーティングテーブルを更新してコンバージェンスが完了します（図8-10）。

第8章　EIGRP

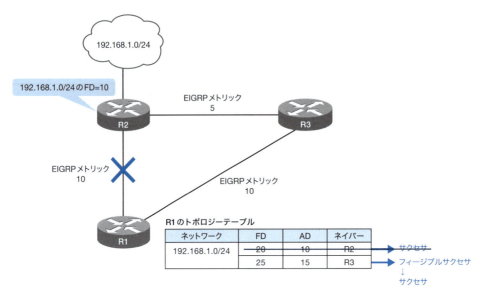

図8-10　フィージブルサクセサが存在する場合のコンバージェンスの例 その2

## ■ フィージブルサクセサが存在しない場合のコンバージェンスの例

次に、目的のネットワークまで複数のルートが存在していても、フィージブルサクセサが存在しない場合を考えます（図8-11）。

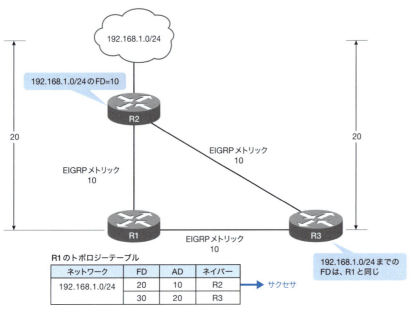

図8-11　フィージブルサクセサが存在しない場合のコンバージェンスの例 その1

先ほどのネットワーク構成とよく似ていますが、R3から192.168.1.0/24までのFDが10となっている例です。R1からもR3からも192.168.1.0/24までの距離が同じです。すると、フィージビリティ条件を満たせないので、R1から192.168.1.0/24へのルートとしてR3経由のルートはフィージブルサクセサにはなれません。

ここで、R1-R2間のリンクがダウンすると、R1にとって192.168.1.0/24のサクセサがなくなります。R3経由のルートはありますが、フィージブルサクセサではないので、すぐに新しいサクセサにはしません。R1は、Queryパケットでサクセサがダウンした192.168.1.0/24の代替ルートをすべてのネイバーに問い合わせます。この例では、R1はR3に対してQueryパケットを送信します。Queryパケットで代替ルートを問い合わせている間は、トポロジーテーブル上では192.168.1.0/24のルートはActive状態となります（図8-12）。

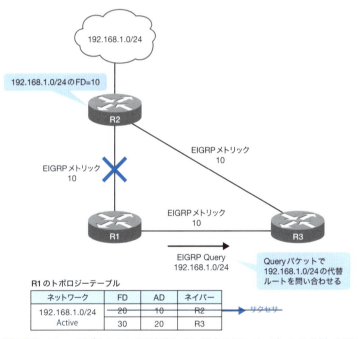

図8-12　フィージブルサクセサが存在しない場合のコンバージェンスの例 その2

R3では、192.168.1.0/24のサクセサとしてR2経由のルートがトポロジーテーブル上に存在します。R1からQueryパケットで192.168.1.0/24の代替ルートを問い合わせられると、その応答としてReplayパケットを返します。

R1はR3からReplayパケットを受信すると、R3経由のルートが192.168.1.0/24の代替ルートとして利用できることが確認できるので、新しいサクセサとしてルーティングテーブルに登録してコンバージェンスします。サクセサが選ばれると、トポロジーテーブル上では192.168.1.0/24はPassive状態に

なります（図8-13）。

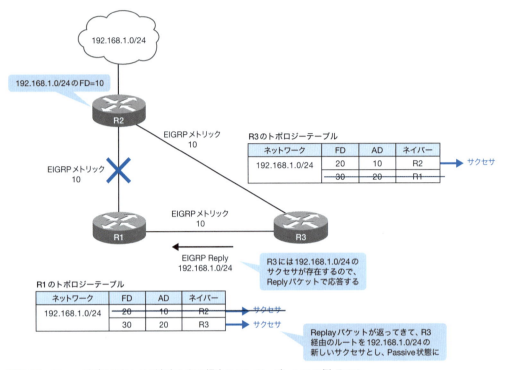

図8-13　フィージブルサクセサが存在しない場合のコンバージェンスの例 その3

以上のように、フィージブルサクセサが存在しない場合は、QueryおよびReplayパケットで代替ルートの問い合わせを行うことになります。

■ 不等コストロードバランシング

同じネットワークに対して複数のルートがある場合は、FDが最小のルートがサクセサになります。もし、FDが最小のルートが複数ある場合は、複数のサクセサが選ばれて、ルーティングテーブルに複数のEIGRPルートが登録されます。これは、等コストロードバランシングです。OSPFやRIPと同様に、EIGRPでも等コストロードバランシングによる負荷分散が可能です。

さらに、EIGRPでは不等コストロードバランシングもサポートしています。不等コストロードバランシングによって、サクセサだけでなく、フィージブルサクセサもルーティングテーブルに登録できるようになります。不等コストロードバランシングを行うためには、varianceと呼ばれる係数を設定します。すると、次の条件に当てはまるフィージブルサクセサもルーティングテーブルに登録できます。

　　　フィージブルサクセサのFD < サクセサのFD × variance

図8-14のネットワーク構成で、不等コストロードバランシングの例を考えてみます。

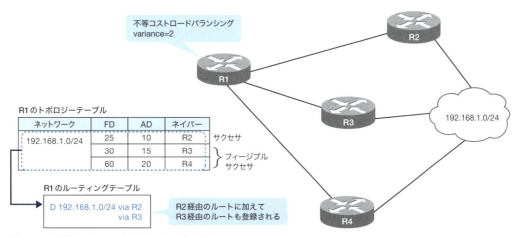

図8-14 不等コストロードバランシングの例

R1から192.168.1.0/24へのルートは3つあります。そのうちFDが最小のR2経由のルートがサクセサになります。R3経由、R4経由のルートはフィージビリティ条件を満たしているのでフィージブルサクセサになります。

R1で不等コストロードバランシングとして、variance = 2の設定を行ったとします。すると、最小のFDである25×2 = 50までのFDを持つフィージブルサクセサもルーティングテーブルに登録できます。つまり、R1のルーティングテーブルには192.168.1.0/24のルートとしてR2経由のルートに加えて、FDが30であるR3経由のルートも登録されます。

## 8-3 EIGRPのパケットフォーマット

ここからは、EIGRPのパケットフォーマットについて解説します。

### 8-3-1 EIGRPのカプセル化

EIGRPはOSPFと同様に、IPパケットに直接カプセル化されます。IPヘッダのプロトコル番号88がEIGRPです。IPヘッダの宛先IPアドレスとして、224.0.0.10というマルチキャストアドレスがEIGRP用に予約されています（図8-15）。

第8章　EIGRP

図8-15　EIGRPのカプセル化*

＊　宛先IPアドレスは、ネイバーのユニキャストIPアドレスになることもあります。

## 8-3-2　EIGRPヘッダ

　EIGRPパケットの先頭には、図8-16に示す共通のヘッダが含まれています。ヘッダの後にさまざまなTLV（Type/Length/Value）が続きます。TLVとは、パラメータの「タイプ」「長さ」「値」の3つの要素をまとめたものです。TLVは、単純なルート情報だけではなく、DUALプロセスやマルチキャストの順序制御などの情報を運ぶためにも使われています。

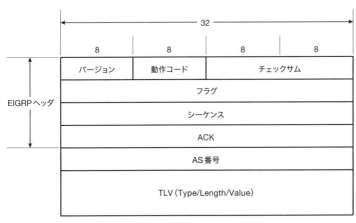

図8-16　EIGRPヘッダ

　EIGRPヘッダの各フィールドの詳細は、以下のとおりです。

### 「バージョン」フィールド

　EIGRPのバージョンが記載されます。

### 「動作コード」フィールド

　このフィールドでEIGRPのパケットタイプがわかります。EIGRPパケットタイプとそのコードの値は、表8-3のとおりです。

表8-3 動作コードとEIGRPパケットタイプ

| 動作コード | EIGRPパケットタイプ |
|---|---|
| 1 | Update |
| 3 | Query |
| 4 | Reply |
| 5 | Hello |
| 6 | IPX SAP ※ |

※IPX Service Advertisement Protocol

### 「チェックサム」フィールド

エラーチェックのためのチェックサムフィールドです。EIGRPパケット全体に対してのチェックサムがこのフィールドに入ります。IPヘッダは含みません。

### 「フラグ」フィールド

フラグは、現在2つのことを指し示すために使われています。最も右のビットは「Init」ビットと呼ばれ、このInitビットがセットされていると（フラグ=0x00000001）、新しいネイバーとの間でやり取りするルート情報が含まれていることを示します。

右から2つ目のビットは条件付き受信ビットで、このビットは独自の信頼性のあるマルチキャストアルゴリズムで利用されています。

### 「シーケンス番号」フィールド

RTPで利用される32ビットのシーケンス番号です。

### 「ACK」フィールド

ネイバーから受信した最後のシーケンス番号です。このフィールドが0でないHelloパケットがAckパケットとして取り扱われます。

### 「AS番号」フィールド

EIGRPのAS番号が入ります。

## 8-3-3 EIGRP TLVタイプ

前項のEIGRPヘッダに、さまざまなTLV（Type/Length/Value）が続きます。TLVのタイプは大きく分けて次の4種類があります。

- General TLV
- IP-Specific TLV
- AppleTalk-Specific TLV
- IPX-Specific TLV

第8章　EIGRP

さらに詳細にTLVを分類すると、**表8-4**のようになっています。

表8-4　EIGRP TLVのタイプ

| タイプコード | TLVタイプ |
|---|---|
| General TLV | |
| 0x0001 | EIGRPパラメータ |
| 0x0003 | シーケンス※ |
| 0x0004 | ソフトウェアバージョン※ |
| 0x0005 | 次のマルチキャストシーケンス※ |
| IP-Specific TLV | |
| 0x0102 | IP内部ルート |
| 0x0103 | IP外部ルート |
| AppleTalk-Specific TLV※ | |
| 0x0202 | AppleTalk内部ルート |
| 0x0203 | AppleTalk外部ルート |
| IPX-Specific TLV※ | |
| 0x0302 | IPX内部ルート |
| 0x0303 | IPX外部ルート |

※のTLVについては、ほぼ使われることがないため、解説は省略します。

　表の左列に記載されている2バイトのタイプコードでTLVタイプを特定します。そして、そのTLVタイプ固有の2バイト長と、TLVタイプによって決定されるフォーマットからEIGRPパケットは成り立っています。

## ■ General TLV

　General TLVタイプのうち、EIGRPパラメータについて紹介します。EIGRPパラメータTLVのフォーマットは**図8-17**のとおりです。
　EIGRPパラメータTLVは、メトリック計算に利用するK値やホールドタイムを運ぶために使われています。

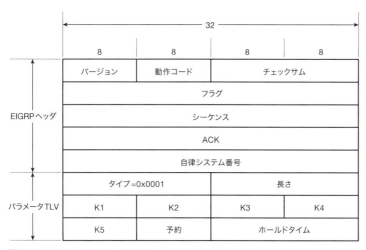

図8-17　EIGRPパラメータTLV

## ■ IP-Specific TLV

　IP内部ルートTLV、IP外部ルートTLVともに、1つのルート情報エントリから構成されます。これらのTLVがいくつか集まって、Update、Query、Replyパケットが構成されています。

　IP内部ルートTLVのフォーマットは図8-18のとおりです。

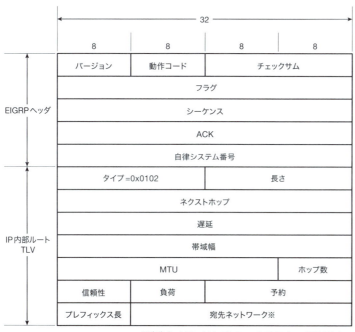

※宛先ネットワークは、プレフィックス長によって可変長となる

図8-18　IP内部ルートTLV

### 「ネクストホップ」フィールド

ネクストホップルータのIPアドレスが入ります。

### 「遅延」フィールド

EIGRP複合メトリックの要素の1つである遅延の値が入ります。

### 「帯域幅」フィールド

EIGRP複合メトリックの要素の1つである帯域幅の値が入ります。

### 「MTU」フィールド

宛先ネットワークへのルート上の最小MTUサイズが入ります。

### 「ホップ数」フィールド

宛先ネットワークへ到達するためのホップ数が入ります。ホップ数の最大値は0xFF、つまり255です。

### 「信頼性」フィールド

EIGRP複合メトリックの要素の1つである信頼性の値が入ります。

### 「負荷」フィールド

EIGRP複合メトリックの要素の1つである負荷の値が入ります。

### 「予約」フィールド

0で埋められます。

### 「プレフィックス長」フィールド

ネットワークアドレスの長さ、すなわちサブネットマスクのビット長が記載されます。このプレフィックス長の値から、次の「宛先ネットワーク」フィールドのフィールド長が決まります。

### 「宛先ネットワーク」フィールド

宛先ネットワークアドレスが記載されるフィールドです。ただし、このフィールドは前のプレフィックス長フィールドと関連していて、長さが可変長です。

たとえば、10.1.0.0/16というルートであれば、プレフィックス長=16、宛先ネットワーク=10.1が入ります。EIGRPパケットは4バイト単位にする必要があるので、宛先ネットワークの後に0x00がパディング（足りないデータを補充）されます。192.168.17.64/27というルートならば、プレフィックス長=27、宛先ネットワーク=192.168.17.64です。先ほどと同様に、EIGRPパケットを4バイト単位にする必要があります。ですから、0x000000がパディングされることになります。

続いて、IP外部ルートTLVのフォーマットは、図8-19のとおりです。

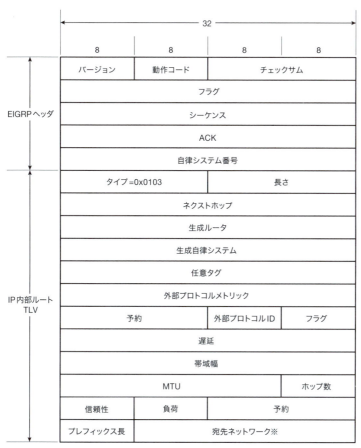

図8-19　IP外部ルートTLV

外部ルートとは、他のルーティングプロトコルからEIGRPに再配送されたルートです。

#### 「ネクストホップ」フィールド

ネクストホップルータのIPアドレスが入ります。

#### 「生成ルータ」フィールド

外部ルートをEIGRPに再配送したルータのIPアドレス、もしくはルータIDが入ります。

#### 「生成自律システム」フィールド

外部ルートを生成したルータのAS番号が入ります。

#### 「任意タグ」フィールド

ルーティングループを防止するためのフィルタリングなどに利用する任意のタグ情報です。

### 「外部プロトコルメトリック」フィールド

IGRPのルートを再配送するときに、IGRPメトリックを追跡するために利用されます。

### 「外部プロトコルID」フィールド

どのルーティングプロトコルから再配送されたかを識別するための値が入ります。外部プロトコルIDの値は、**表8-5**のとおりです。

表8-5 外部プロトコルID

| 値 | 外部プロトコル |
| --- | --- |
| 0x01 | IGRP |
| 0x02 | EIGRP |
| 0x03 | スタティックルート |
| 0x04 | RIP |
| 0x05 | Hello |
| 0x06 | OSPF |
| 0x07 | IS-IS |
| 0x08 | EGP |
| 0x09 | BGP |
| 0x0A | IDRP |
| 0x0B | 直接接続 |

### 「フラグ」フィールド

このフラグフィールドは2つの意味で利用されています。最も右のビットがセットされているとき（0x01）、ルートが外部ルートであることを示しています。右から2番目のビットがセットされているとき（0x02）、デフォルトルートの候補であることを示しています。

残りのフィールドについてはIP内部ルートTLVと同じです。

第**9**章

# BGP

BGPは、主にインターネットのバックボーンで利用されるルーティングプロトコルです。この章では、インターネットのルーティングを支えるBGPの仕組みについて解説します。

- 9-1 BGPの概要
- 9-2 BGPの仕組み
- 9-3 BGPの利用
- 9-4 ポリシーベースルーティング

第9章 BGP

## 9-1

# BGPの概要

まず、BGPの概要を説明します。BGPがどのような特徴を持つルーティングプロトコルであるかをざっと把握してください。

## 9-1-1 BGPの特徴

BGP（Border Gateway Protocol）はAS（Autonomous System）間でルート情報を交換するために利用するEGPs（Exterior Gateway Protocols）の一種です。ASとは、「統一された管理ポリシーに基づいて管理されるネットワークの集合」です[*]。ある組織が管理しているネットワーク全体が1つのASを形成します。

> ＊　「AS」という言葉の狭義の意味は、「同じルーティングプロトコルを利用しているネットワークの集合」です。OSPFの「ASBR」やEIGRPの「AS番号」で使うASは、狭義の意味です。

ASの例として、ISP（Internet Service Provider）が挙げられます。そして、各ISPが管理・運用するそれぞれのネットワークを相互に接続したネットワークがインターネットです。言い換えると、インターネットは、さまざまなASが相互に接続した「ネットワークのネットワーク」です。

さまざまなASが相互に接続してAS間で通信するためには、各ASで管理しているネットワークのルート情報を交換しなければいけません。これまで解説してきたように、ルーティングテーブルにルート情報がなければルーティングできないからです。このために使用されるルーティングプロトコルがEGPsです。本章で解説するBGPは、EGPsの代表的なプロトコルです。

各ASでは、AS内のネットワークのルーティングのために、OSPFやRIP、EIGRPなどのIGPsを利用します。そして、他のASに自身のAS内のルートをアドバタイズしたり、他のAS内のルート情報を受け取ったりするためにBGPを利用します。IGPsとBGPの使い分けを示したものが、**図9-1**です。

自AS内のネットワークのルート情報を相手のASにアドバタイズすれば、そのネットワーク宛てのパケットを相手のASからルーティングできることになります[*1]。つまり、BGPでルート情報を交換するのは、AS間の通信を可能にするためです[*2]。このような目的から、BGPではルート情報をAS単位で考えています。一方、OSPFなどのIGPsはルート情報をルータ単位で考えています。この点は、BGPとOSPFなどのIGPsとの大きな違いですので注意してください。

> ＊1　アドバタイズしたルート情報が、必ずしも相手のASで利用されるとは限りません。そのため、相手のASにルート情報をアドバタイズしても、そのネットワーク宛てのパケットが相手のASからルーティングされるとは限りません。
> ＊2　同じAS内でBGPを利用してルート情報を交換することもあります。

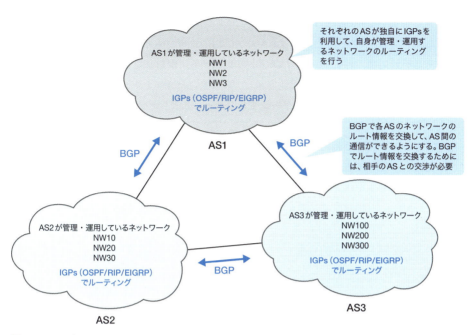

図9-1　IGPsとBGP

　インターネットを構成するAS間でルート情報が交換されるネットワークの数は膨大です。膨大なルート情報を効率よく交換するために、BGPは次の特徴を備えています。

- 信頼性
- 安定性
- 拡張性
- 柔軟性

それぞれの特徴について、詳しく説明していきます。

## ■ BGPの信頼性

　BGPで送受信されるルート情報の数は膨大で、2015年現在、その数は50万以上にもなります。このように膨大なルート情報の交換を行うために、BGPはトランスポート層にTCPを使うアプリケーション層プロトコルとして定義されています。TCPを利用することで、BGP自体にはフラグメントや再送制御、順序制御、確認応答などの機能を実装しなくて済みます。TCPがこれらの機能を担っているからです。TCPによる信頼性のあるデータ転送により、膨大な数のルート情報を効率よく送受信できるようにしています。なお、BGPのウェルノウンポート番号は179です。

　また、ルート情報を送信するのは何らかの変更があったときのみという、トリガードアップデートを採用しています。ネットワークに特に変更がなければ、定期的にKEEPALIVEメッセージを送信し

第9章　BGP

てネイバーが正常に稼働しているかどうかのみを確認しています。

　そして、適切なルーティングを行うためには、ルート情報の正確さも重要です。BGPで送受信されるルート情報それぞれには、いくつかの「**パスアトリビュート**」が付加されています。パスアトリビュートは、そのルート情報のさまざまな属性を示しています。パスアトリビュートでルートがループしていないかを確認したり、目的のネットワークまでのルートのより正確な特徴を示すことができます。

　BGPのパスアトリビュートは、OSPFやRIPなどのIGPsでいうところのメトリックに相当するとも考えられます。ただし、IGPsでは、メトリックを計算する要素はいくつかあるものの、最終的には1つの値で比較して最適ルートを決定していました。一方、BGPのパスアトリビュートにはさまざまな種類があり、単に1つの値ではなく、さまざまな観点から最適ルートを評価することができます。

　BGPでルート情報を交換するルータのことを、BGPネイバーまたはBGPピアと呼びます。BGPでは、それぞれのルータ同士が明示的にネイバーを設定しなければいけません。ネイバーを明示的に設定しなければいけないので、不正なルータが勝手にネイバーになって間違ったルート情報が送信されることはありません。

### ■ BGPの安定性

　インターネットのような巨大なネットワークでは、ルーティングプロトコルの安定性がとても重要です。BGPでは安定性を高めるために、さまざまなタイマーを用いています。タイマーを調整することで、ルータのインタフェースやルートが短時間にup/downを繰り返すようなフラッピングに対応することができます。

　何度もフラッピングを繰り返すルート情報を一定時間使えないようにするルートダンプニング機能などもあります。

### ■ BGPの拡張性

　交換するルート情報はなるべく少ないほうが、ルータやネットワークリソースの負荷も抑えられ、個別のネットワーク障害の影響も限定することができます。そのため、拡張性のあるルーティングを行ううえでは、ルート集約がとても大事です。BGPでも当然ルート集約の機能が備わっています。

　ISPなどのトランジットAS（後述）では、同じAS内でBGPネイバー（IBGPネイバー）を構成します。原則として、IBGPネイバーはフルメッシュの構成\*で確立する必要があります。しかし、フルメッシュIBGPのネイバー構成ではN台のルータがあると接続数がN(N−1)÷2だけ必要となり、拡張性に問題が出てくる可能性があります。そこで、フルメッシュIBGPを緩和するためにルートリフレクタやコンフェデレーションという機能があります。

> ＊　フルメッシュのネイバー構成とは、複数のルータのそれぞれが他のすべてのルータとネイバーを確立することを意味します。

　さらに、BGPにはIPv4のルート情報だけでなく、IPv6のルート情報やIPv4アドレスを拡張した

VPNアドレスやQoSポリシー、マルチキャストの情報などを運ぶための機能も備わっています。これをMP-BGP（Multi Protocol BGP）と呼びます。

### ■ BGPの柔軟性

BGPでは、パスアトリビュートによって、柔軟性のあるルーティングを提供することができます。パスアトリビュートを調整することで、特定のネットワークに対する最適なルートを意図したとおりに決定することが可能です。また、送受信するルート情報のフィルタも行うことができます。

BGPで送受信するルートのフィルタや、どのように最適ルートを決定するかということを、「ポリシー」と表現することがあります。パスアトリビュートを利用すると、管理者が自由にポリシーを決定し、意図したとおりにルートをフィルタしたり、最適ルートを決定することが可能です。

こうしたBGPの特徴を表す言葉として、「ポリシーベースルーティング」という言い方をします。管理者のポリシーに従ってBGPの最適ルートを自由に決定できる、という意味です。

ただし、自由に決定できるのは自身のAS内の最適ルートだけです。他のASが関係してくる場合は、関係するASとの間で交渉が必要であることに注意してください。

### 9-1-2 AS番号

### ■ グローバルAS番号とプライベートAS番号

BGPでルート情報を交換する基本的な単位であるASは、2バイト（16ビット）のAS番号で一意に識別されます。AS番号には、グローバルAS番号とプライベートAS番号があります。それぞれの番号の範囲は、次のとおりです。

- グローバルAS番号
  - ▶ 1〜64511
- プライベートAS番号
  - ▶ 64512〜65535

IPアドレスのグローバルアドレス、プライベートアドレスと同じように、グローバルAS番号はインターネット全体で一意となるAS番号です。IANA（Internet Assigned Numbers Authority）などの組織がグローバルAS番号の割り当てを管理します。そして、プライベートAS番号は、インターネットに接続しないローカルなネットワークで自由に利用できるAS番号です。プライベートAS番号をインターネット上に流出させてはいけません。

### ■ 4バイトAS番号

AS番号は、将来的な枯渇に備えて2バイトから4バイトへの移行が進められています。拡張され

第9章　BGP

た4バイトで表記するAS番号を、4バイトAS番号と呼びます。4バイトAS番号は、上位2バイトと下位2バイトを「.」（ドット）で区切って表記します。通常の2バイトAS番号は、4バイトAS番号では「0.<2バイトAS番号>」で表現できます。また、2バイトAS番号しかサポートしていないシステムとの下位互換性のために、AS番号23456が予約されています。

## 9-1-3 ASの種類

本章の冒頭で示したASの定義からすると、一般企業の社内ネットワークや家庭で構築する家庭内LANもASと考えることができます。しかし、一般企業の社内ネットワークや家庭内LANをAS同士のネットワークであるインターネットに接続するために、必ずBGPが必要になるわけではありません。

ASは他のASとの接続形態やどのようなルーティングを行うかで、いくつかの種類に分かれます。そしてASの種類によって、グローバルAS番号が必要なのか、それともプライベートAS番号を利用するのか、そもそもBGPでルート情報を交換する必要がないのかが変わってきます。ASの種類として、主に次の3通りがあります。

- スタブAS
- マルチホーム非トランジットAS
- トランジットAS

以下、それぞれについて解説していきます。

### ■ スタブAS

スタブASとは、他のASとの接続を1つだけ持っているASです。また、インターネットに独立して存在しているASではなく、ISPを経由してインターネットに接続するASです。

一般的な企業の社内ネットワークはスタブASに当たります。ISPと契約して、企業ネットワークをインターネットに接続している構成です。

こうしたスタブASでは、BGPを利用する必要はありません。インターネット宛てのパケットは、必ず1つのISPルータへ送信することになるからです。スタブASでは、インターネット向けのルーティングは、接続しているAS（ISP）向けにデフォルトルートをスタティックルートで設定すればよいだけです（図9-2）。

310

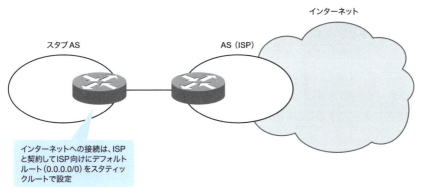

図9-2　スタブAS

　なお、スタブASでもBGPを利用することは可能です。しかし、スタブASの形態では、グローバルAS番号の割り当てが認められていません。そのため、スタブASでBGPを利用する場合は、プライベートAS番号を使います。

URL【参考】JPNIC「AS番号の割り当てを受ける」
　　　http://www.nic.ad.jp/ja/ip/whereto/AS.html

　また、スタブASは、リーフASやカスタマーAS、シングルホームASなどと呼ばれることもあります。

■ マルチホーム非トランジットAS

　マルチホーム非トランジットASは、複数のASと接続しているASです[*]。なおかつ、他のAS間のパケットは、自AS内を通してルーティングしません（図9-3）。

　　＊　1つのASと複数の回線で接続している場合も、マルチホーム非トランジットASです。

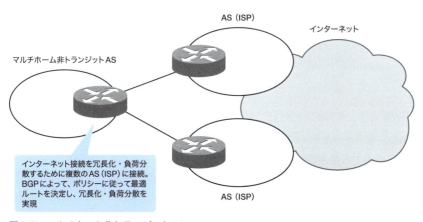

図9-3　マルチホーム非トランジットAS

インターネット接続を冗長化したい一般企業のネットワークや、インターネット上で商用サービスを展開するような企業のネットワークが、マルチホーム非トランジットASの例です。

複数のASとの間でBGPを利用してルート情報を交換し、自AS内のポリシーに基づいて最適なルート情報を決定することで、インターネット接続の冗長化および負荷分散を行うことができます。

マルチホーム非トランジットASでBGPを利用するには、グローバルAS番号を利用することもあれば、プライベートAS番号を利用することもあります。

### ■ トランジットAS

トランジットASとは、マルチホーム非トランジットASと同じく、複数のASに接続しているASです。ただし、マルチホーム非トランジットASとは異なり、他のAS間のパケットを通過（トランジット）させます。ISPは、典型的なトランジットASです。

トランジットASはインターネットを構成する中心的なASで、グローバルAS番号を取得して複数のASと接続し、BGPを利用してそれらのASとルート情報を交換します。このとき、あるASから受信したルート情報をさらに別のASに送信することで、トランジットASは他のAS間のパケットのルーティングを行うことができます（図9-4）。

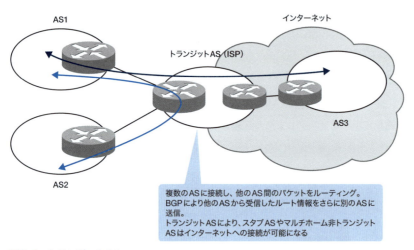

図9-4　トランジットAS

スタブASやマルチホーム非トランジットASは、トランジットASによって提供されるインターネット接続サービスを利用してインターネットに接続します。

トランジットASでは、送信する自AS内以外のルート情報に対してフィルタしたり、任意のパスアトリビュートで最適なルート情報を決定したりするなど、BGPのさまざまな機能を利用して、自ASを通過するインターネット上のパケットの流れを制御します。

### ■ IP-VPNでのBGP

拠点のLAN間を接続するWANサービスとして、IP-VPNを利用するケースがあります。IP-VPNに接続するには、IP-VPNのサービスプロバイダのPE（Provider Edge）ルータとユーザー側のCE（Customer Edge）ルータを接続します。IP-VPNでルーティングを考えるのは、PEルータとCEルータ間です。

IP-VPNのバックボーンではMP-BGPというBGPを拡張したルーティングプロトコルを利用しているので、PEルータ–CEルータ間では通常はBGPが利用されます。

しかし、PE-CE間で必ずBGPを利用するというわけではありません。先述のスタブASとマルチホーム非トランジットASのときと同じような考え方で、PE-CE間のルーティングを考えることができます。

スタブASと同じような接続、つまり拠点とIP-VPN網が1つのリンクで接続されている場合、PE-CE間でルーティングプロトコルを利用する必要はありません。CEルータでデフォルトルートをPEルータに向けてスタティックルートで設定すればよいだけです。PEルータ側では、拠点内のネットワークへのルート情報をスタティックルートで設定し、MP-BGPへ再配送します（図9-5）。

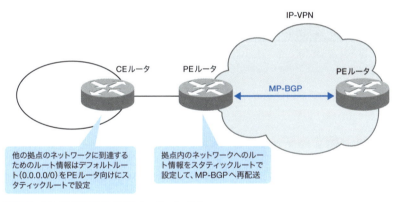

図9-5　IP-VPNでのPE-CE間ルーティング1

PE-CE間でBGPを利用するのは、本社や重要な拠点などで、IP-VPN網への接続を冗長化・負荷分散したいケースです。IP-VPN網への接続を冗長化する場合は、1台のCEルータを複数のPEルータに接続することもあれば、複数のCEルータを複数のPEルータに接続することもあります。

PE-CE間でBGPを利用し、自身の拠点のルート情報をPEルータにアドバタイズしつつ、他の拠点のルート情報をPEルータから受信します[*]。受信したルート情報で、パスアトリビュートによって最適ルートをネットワークごとに決定して負荷分散を行うことができます。また、アドバタイズするルート情報にもパスアトリビュートを付加することで、柔軟な制御を行うことができます（図9-6）。

PEルータは、CEルータから受信したルート情報を、MP-BGPによって他のPEルータにアドバタイズします。

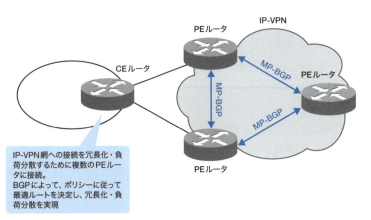

図9-6　IP-VPNでのPE-CE間ルーティング 2

> ＊　IP-VPNのサービスによっては、PE-CEルータ間でOSPFなどBGP以外のルーティングプロトコルを利用できる場合もあります。

## 9-2 BGPの仕組み

ここからは、BGPによるルート情報の交換の仕組みについて解説します。

### 9-2-1 BGPルータが保持するデータベース

BGPでのルーティングを行うために、BGPルータは次の3つのデータベースを保持します。

- ネイバーテーブル
- BGPテーブル
- ルーティングテーブル

ここでは3つのデータベースについて、概要を説明します。

#### ■ ネイバーテーブル

ネイバーテーブルは、BGPでルート情報を交換するBGPルータの情報を保持しているデータベースです。

BGPでは、ネイバールータがどのASに所属するかによって、次の3種類のネイバーの関係があります＊。

- EBGPネイバー
- IBGPネイバー
- IEBGPネイバー

> ＊ BGPネイバーの代わりに、BGPピアと呼ばれることもあります。BGPネイバーとBGPピアは基本的に同じ意味です。

EBGPネイバーは、自ルータのAS番号とネイバールータのAS番号が異なる場合のネイバーです。自ルータのAS番号とネイバールータのAS番号が同じであればIBGPネイバーです。IEBGPネイバーは、コンフェデレーション機能＊を利用する場合のネイバーです。

> ＊ コンフェデレーション機能については、p.340で解説します。

AS間でのルート情報の交換というBGPの本来の目的では、EBGPネイバーを構成します。そして、トランジットASの場合、EBGPネイバーに加えて、同じAS内のネイバーであるIBGPネイバーを構成します。

## ■ BGPテーブル

BGPテーブルは、BGPで送受信するルート情報を保持するためのデータベースです。BGPネイバーから受信したルート情報は、BGPテーブルに格納されます。同じネットワークアドレスに対する複数のルート情報が存在する場合、パスアトリビュートによってベストパスをただ1つ決定します。

BGPネイバーにアドバタイズするルート情報は、BGPテーブル上のベストパスのルート情報のみです。そして、ベストパスとなったルート情報がBGPのルートとしてルーティングテーブルに登録されます。

## ■ ルーティングテーブル

IPパケットをルーティングするためのルート情報が格納されているデータベースがルーティングテーブルです。BGPテーブルでベストパスとなったルート情報が、BGPルートとしてルーティングテーブルに登録されることになります。ただし、同じネットワークアドレスを他のルーティングプロトコルで学習している場合、BGPルートとしてルーティングテーブルに登録されるとは限りません＊。

> ＊ 同じルートを複数のルーティングプロトコルで学習している場合、ルーティングプロトコルの優先度によって、どのルーティングプロトコルのルートとしてルーティングテーブルに登録されるかが決まります。ルーティングプロトコルの優先度はベンダーそれぞれで異なります。

## 9-2-2 BGPのメッセージ

BGPでは、主に4つのメッセージを利用します＊。各メッセージの概要は次のとおりです。

> ＊ ルートリフレッシュ機能をサポートしている場合、REFRESHメッセージも使われます。

### OPENメッセージ

　TCPコネクションを確立した後、BGPネイバーのセッションを開始するために最初にやり取りされるメッセージです。OPENメッセージには、バージョン番号、AS番号、BGPルータIDなどの情報が含まれています。

　また、OPENメッセージの確認応答として、KEEPALIVEメッセージを利用します。

### UPDATEメッセージ

　UPDATEメッセージには、BGPネイバーで交換するルート情報が含まれています。UPDATEに含まれるルート情報は、ネットワークアドレス、サブネットマスクと、それに付加されるパスアトリビュートです。1つのUPDATEメッセージで、1つのBGPルートを表しています。ネットワークがダウンした場合に、ルート情報が利用不可能になることもUPDATEメッセージでアドバタイズします。また、UPDATEメッセージは、何らかの変更があったときのみアドバタイズされます。

### KEEPALIVEメッセージ

　BGPネイバーが正常であるかどうかを確認するために、KEEPALIVEメッセージを利用します。BGPネイバーから定期的にKEEPALIVEメッセージを受け取ることができれば、BGPネイバーが正常に維持できているということになります。もしも、ホールドタイム内にBGPネイバーからKEEPALIVEメッセージを受け取ることができなければ、BGPネイバーはダウンしたとみなされます。

### NOTIFICATIONメッセージ

　NOTIFICATIONメッセージは、BGPネイバーとの間で何らかのエラーが発生したときに、そのエラーを通知するために使われます。NOTIFICATIONメッセージを受け取ると、直ちにBGPネイバーが切断されます。

### 9-2-3 BGPの基本的な動作の流れ

　ここまでに解説したBGPルータが保持するデータベースとBGPのメッセージを利用して、BGPルータは次のようにルート情報を交換します。

❶ BGPルータは、TCPコネクション（ポート179）を確立し、OPENメッセージを交換してBGPネイバーを確立します＊。

> ＊ 図9-7では省略していますが、OPENメッセージの確認応答としてKEEPALIVEメッセージも利用します。

❷ BGPネイバー間でUPDATEメッセージをやり取りして、受信したUPDATEメッセージをBGPテーブルに格納します。

❸ BGPテーブルの中からベストパスを選択してルーティングテーブルに載せます。また、BGPテーブル上のベストパスを他のBGPネイバーに送信します。

❹ 定期的にKEEPALIVEメッセージを交換して、BGPネイバーを維持します。

この様子を示したものが図9-7です。

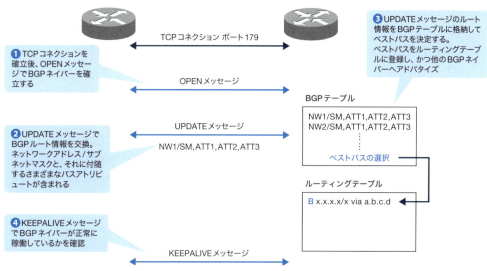

図9-7　BGPの基本動作

### ■ BGPネイバー確立の状態遷移

BGPネイバーを確立するまでの状態遷移についても触れておきましょう。BGPネイバーの状態には、次の6つがあります。

#### Idle状態

BGPプロセスの初期状態です。ネイバーとのTCP接続のプロセスを開始して、Connect状態に移行します。

#### Connect状態

ネイバーとのTCP接続が完了するのを待っている状態です。TCP接続を正常に確立できれば、OPENメッセージを送信してOpenSent状態に移行します。

もし、TCP接続を確立できなければ、Active状態に移行します。

#### Active状態

ネイバーとのTCP接続のプロセスの開始を試行している状態です。TCP接続が正常に確立されれば、OPENメッセージを送信してOpenSent状態に移行します。TCP接続が確立できなければ再

び Connect 状態に戻ります。ネイバーから予期しない IP アドレスで TCP 接続が行われると、Active 状態のままでとどまります。

　Active 状態にとどまってしまう理由は設定ミスがほとんどなので、ネイバーの設定を確認してください。

### OpenSent状態

　OPEN メッセージをネイバーに送信し、ネイバーからの OPEN メッセージを待っている状態です。ネイバーからの OPEN メッセージを受け取ると、その中身をチェックします。何らかのエラーがあれば NOTIFICATION メッセージを送信し、Idle 状態になります。エラーがなければ KEEPALIVE メッセージを送信して、ホールドタイムをネゴシエーションします。

　また、ネイバーの AS 番号から IBGP ネイバーか EBGP ネイバーかが決定し、OpenConfirm 状態に移行します。

### OpenConfirm状態

　KEEPALIVE メッセージもしくは NOTIFICATION メッセージを待っている状態です。KEEPALIVE メッセージを受け取れば、Established 状態に移行します。NOTIFICATION メッセージを受け取れば、Idle 状態に移行します。

### Established状態

　BGP ネイバーが完全に確立している状態です。Established 状態になると UPDATE メッセージを交換することができます。KEEPALIVE メッセージや UPDATE メッセージを受け取るごとにホールドタイムがリセットされます。NOTIFICATION メッセージを受け取ると、Idle 状態に移行します。

## ■ BGPルータID

　BGP ルータも OSPF と同じようにルータ ID が決められ、一意に識別することができます。ルータ ID の決め方は OSPF と同じです。

1. 手動設定
2. アクティブなループバックインタフェースのうち最大の IP アドレス
3. ループバックインタフェース以外のアクティブなインタフェースのうち最大の IP アドレス

　上記の **1. 2. 3.** の順番が、ルータ ID 決定方法の優先度です。

　BGP ではネイバーを IP アドレスで認識します。OSPF ではネイバーをルータ ID で認識します。ベストパスの決定でルータ ID を比較することはありますが、BGP では OSPF のようにルータ ID を意識することはあまりありません。

　当然ながら、ルータ ID は重複してはいけないので注意してください。

### 9-2-4 BGPパスアトリビュート

#### ■ パスアトリビュートの概要

BGPで交換するルート情報には、いくつかのパスアトリビュートが付加されています。パスアトリビュートは、そのルート情報のさまざまな属性を示しています。パスアトリビュートによって、管理者はベストパスを任意に決定し、パケットのルーティングを制御することができます。パスアトリビュートにはたくさんの種類があります。主なパスアトリビュートは次のとおりです。

- ORIGIN
- AS_PATH
- NEXT_HOP
- LOCAL_PREFERENCE
- Multi Exit Discriminator (MED)
- COMMUNITY

他にもパスアトリビュートは数多くありますが、ほとんどの場合、上記のパスアトリビュートを利用してベストパスを決定します。これらのパスアトリビュートは、次の基準で分類することができます。

- すべてのBGPルータがサポートしているかどうか
  - ▶ Well known
  - ▶ Optional
- ルート情報に付加する必要があるかどうか
  - ▶ Mandatory
  - ▶ Discretionary
- 他のネイバーへ伝搬するかどうか
  - ▶ Transitive
  - ▶ Non Transitive

この分類基準を組み合わせて、パスアトリビュートは**表9-1**の4タイプに分類されます。

表9-1 BGPパスアトリビュートの分類

| 分類基準 | 意味 | パスアトリビュート例 |
| --- | --- | --- |
| Well known Mandatory | すべてのBGPルータが解釈でき、ルート情報に必ず付加される | ORIGIN、AS_PATH、NEXT_HOP |
| Well known Discretionary | すべてのBGPルータが解釈できるが、ルート情報に付加するかどうかは任意 | LOCAL_PREFERENCE |
| Optional Transitive | 一部の実装では解釈できない可能性があるが、その場合でも他のBGPネイバーに伝搬する | COMMUNITY |

第9章 BGP

| 分類基準 | 意味 | パスアトリビュート例 |
|---|---|---|
| Optional Non Transitive | 一部の実装では解釈できない可能性があり、その場合、他のBGPネイバーへは伝搬しない | Multi Exit Discriminator (MED) |

　この中でWell known Mandatoryのアトリビュートは、どのようなBGPルートにも必ず付加される最も基本的なパスアトリビュートです*。以降では、Well known Mandatoryのパスアトリビュートである

- ORIGIN
- AS_PATH
- NEXT_HOP

の3つについて解説します。

> \* 以降の説明の図では、説明の都合上、BGPルートに付加されているパスアトリビュートを限定して記述しています。しかし、実際にはORIGIN、AS_PATH、NEXT_HOPの3つのWell known Mandatoryアトリビュートのすべてが付加されています。

## ■ ORIGINアトリビュート

　ORIGINアトリビュートは、BGPルートの生成元を示すパスアトリビュートで、次の3つの種類があります。

- IGP
- EGP
- INCOMPLETE

### IGP

　IGPのORIGINアトリビュートは、BGPルートがAS内のIGPsから生成されていることを示しています。BGPテーブル上では、「i」で表されます。

　AS内のネットワークは、IGPsでルーティングできるようになっていることを思い出してください。AS内のIGPsから生成されている、つまり、IGPのORIGINアトリビュートが付加されているBGPルートは、これを生成したのが所属するAS内のルータであることを示しています。

### EGP

　EGPのORIGINアトリビュートは、BGPルートがEGP（Exterior Gateway Protocol）*から生成されていることを示しています。EGPは、BGPの前身のプロトコルです。BGPテーブル上では「e」で表されます。現在は、EGPのORIGINアトリビュートを見かけることはまずありません。

> \* 外部ゲートウェイプロトコルの総称としてのEGPsではなく、EGPsの一種としてEGPというプロトコルがあります。まぎらわしいので注意してください。

320

## INCOMPLETE

INCOMPLETEのORIGINアトリビュートは、BGPルートの生成元が不明であることを示しています。BGPテーブル上では「?」で表されます。

ルートの生成元が不明であるINCOMPLETEのORIGINアトリビュートを付加したまま、ルート情報を他のASにアドバタイズするのは好ましくありません。INCOMPLETEのORIGINアトリビュートが付加されているルートを他のASにアドバタイズするときには、IGPのORIGINアトリビュートに変更するのが一般的です。

### ■ AS_PATHアトリビュート

AS_PATHアトリビュートは、BGPルートが経由してきたAS番号のリストを文字列で表します。BGPルートを生成したとき、初期のAS_PATHアトリビュートは空っぽです。そして、他のASのネイバーであるEBGPネイバーにBGPルートをアドバタイズするとき、AS_PATHアトリビュートの左端に自AS番号を追加します。AS_PATHアトリビュートの左端に自AS番号を追加することを、特に「プリペンド (prepend)」といいます。

このようなAS_PATHアトリビュートのプリペンドの動作から、AS_PATHアトリビュートの右端のAS番号は、そのルートの生成元のASとみなされます。

なお、IBGPネイバーにBGPルートをアドバタイズするときには、AS_PATHアトリビュートは変更されません。これは、BGPではルートをAS単位で考えていることを表しています。AS_PATHアトリビュートのプリペンドの様子を表したのが図9-8です。この図は、AS1の中の100.0.0.0/8のルート情報に対してAS_PATHアトリビュートがどのように変更されているかを示しています。

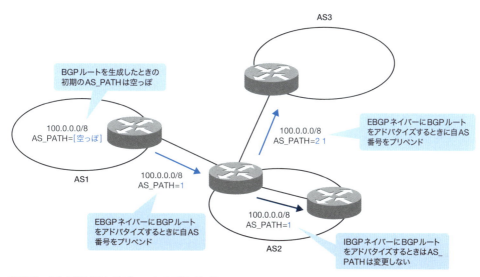

図9-8　AS_PATHアトリビュートのプリペンド

初期のAS_PATHアトリビュートは空っぽです。AS1からAS2のEBGPネイバーに100.0.0.0/8をアドバタイズするときにAS番号「1」がプリペンドされます。

AS2内のIBGPネイバーにアドバタイズするときには、100.0.0.0/8のAS_PATHアトリビュートは変更されません。AS2からAS3のEBGPネイバーに100.0.0.0/8をアドバタイズするときにAS番号「2」がプリペンドされて、AS_PATHアトリビュートは「2 1」＊となります。

> ＊　AS_PATHアトリビュートのAS番号の間には、スペースが入ります。

### AS_PATHアトリビュートによるループの防止

AS_PATHアトリビュートは、BGPルートがループするのを防止するという重要な役割も担っています。受信したBGPルートのAS_PATHアトリビュートの中に自AS番号が入っている場合は、ループしているものとみなして破棄します（図9-9）。

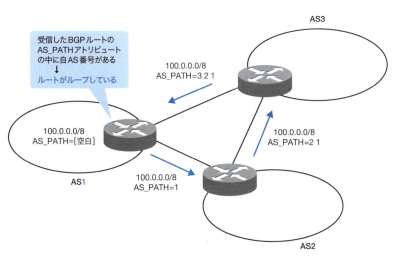

図9-9　AS_PATHアトリビュートによるループ防止

前述のように、BGPではルート情報をAS単位で考えるのが基本です。そのため、BGPのルートが経由してきたAS番号をリストしているAS_PATHアトリビュートは、重要なアトリビュートです。ルートをフィルタしたり、他のパスアトリビュートを付加したりするときに、AS_PATHアトリビュートを基準にして行うことがよくあります。

### AS_PATHアトリビュートのタイプ

なお、AS_PATHアトリビュートには、次の4つのタイプがあります。

- AS_SEQUENCE
- AS_SET

- AS_CONFED_SEQUENCE
- AS_CONFED_SET

　ここまで解説してきたAS_PATHアトリビュートはAS_SEQUENCEのタイプです。ルートが経由してきたASの順番どおりにAS番号がリストされています。

　AS_SETは、ルート集約によってASの順番が失われたことを表し、BGPテーブルの表示上は{ }の中にAS番号が記述されます。

　AS_CONFED_SEQUENCEおよびAS_CONFED_SETのタイプは、コンフェデレーションの構成のときに現れます。BGPテーブルの表示上は( )の中にAS番号が記述されます。

### ■ NEXT_HOPアトリビュート

　NEXT_HOPアトリビュートは、その名前のとおり、ルートに対するネクストホップアドレスを示しています。ただし、BGPではルート情報をAS単位で考えることに注意してください。どのようなネイバーにアドバタイズするかによって、NEXT_HOPアトリビュートの扱い方が異なります。

　BGPルートを生成したときの初期のNEXT_HOPアトリビュートは、「0.0.0.0」もしくはAS内のIGPsのネクストホップアドレスです。そして、他のASのネイバーであるEBGPネイバーにBGPルートをアドバタイズするとき、NEXT_HOPアトリビュートを自分のIPアドレスに変更してアドバタイズします。このIPアドレスは、ネイバーを構成しているIPアドレスです（図9-10）。

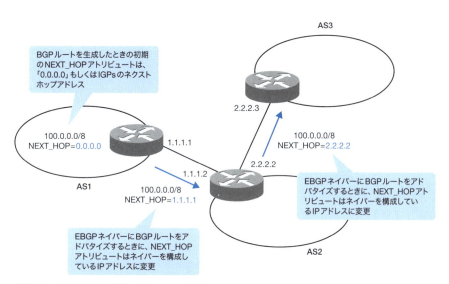

**図9-10　NEXT_HOPアトリビュートの動作**

　また、次のような場合、NEXT_HOPアトリビュートは変更されません。

1. マルチアクセスネットワーク上のEBGPネイバーにBGPルートをアドバタイズするとき
2. IBGPネイバーにBGPルートをアドバタイズするとき

### NEXT_HOPアトリビュートが変更されないケース1

上記の1.でNEXT_HOPアトリビュートが変更されない理由は、実際のIPパケットのルーティングの効率を考えてのためです。どういうことか、図9-11で確認してみましょう。

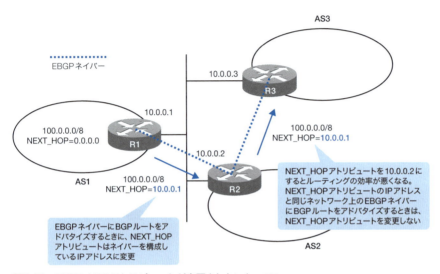

図9-11　NEXT_HOPアトリビュートが変更されないケース1

図9-11では、R1（AS1）、R2（AS2）、R3（AS3）がイーサネットで同じサブネットに接続されています。EBGPネイバーはR1（AS1）- R2（AS2）間とR2（AS2）- R3（AS3）間で構成されています。

ここで、R2からR3へ100.0.0.0/8のルート情報をアドバタイズするときにNEXT_HOPアトリビュートをR2の10.0.0.2に変更すると、実際のIPパケットのルーティングの効率が悪くなってしまいます。R3からはR1へ直接パケットをルーティングするほうが効率がよいです。

そのため、NEXT_HOPアトリビュートのIPアドレスと同じネットワーク上のEBGPネイバーにBGPルートをアドバタイズするときは、NEXT_HOPアトリビュートを変更しません。

### NEXT_HOPアトリビュートが変更されないケース2

上記の2.でNEXT_HOPアトリビュートが変更されない理由は、BGPではルート情報をAS単位で考えるためです。図9-12のように、IBGPネイバーに対してBGPルートをアドバタイズするときは、デフォルトではNEXT_HOPアトリビュートを変更しません。

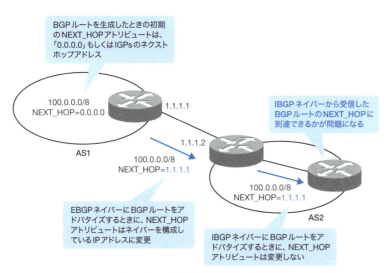

**図9-12** NEXT_HOPアトリビュートが変更されないケース2

　NEXT_HOPアトリビュートは、IPパケットをルーティングするときの中継先です。ですから、NEXT_HOPアトリビュートのIPアドレスには必ず到達できることがBGPルートを利用する大前提です。このようにIBGPネイバーに対してBGPルートをアドバタイズするときにNEXT_HOPアトリビュートを変更しないとなると、BGPルートを受信したBGPルータからNEXT_HOPアトリビュートのIPアドレスに到達できるかどうかが問題になってきます。詳細は、「9-3-2 トランジットASの場合」のところで解説します。

## 9-3 BGPの利用

　ここでは、マルチホーム非トランジットASやトランジットASで、どのようにBGPを利用したルーティングを行うかについて解説します。

### 9-3-1 マルチホーム非トランジットASの場合

　マルチホームASとは、複数のASに接続されているASのことです。ただし、ここではマルチホームASの中でも、非トランジットASについて考えていきます。つまり、図9-13のように、一般企業がインターネット接続を冗長化して複数のISPに接続している形態です。

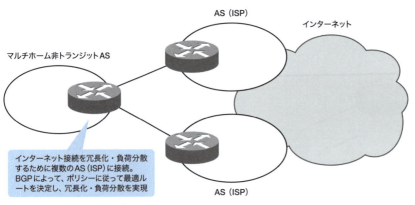

図9-13　マルチホーム非トランジットASの接続形態の例

　マルチホーム非トランジットASのルータは、接続しているISPのルータとEBGPネイバーを確立して、複数のISP接続の冗長化・負荷分散を行うことができます。

　図9-13では、1台のルータが複数のISPに接続する様子を示しています。他にも、図9-14のように、複数のルータが複数のISPに接続する接続形態があります。複数のルータを用いたほうが、より高い信頼性を確保できます。

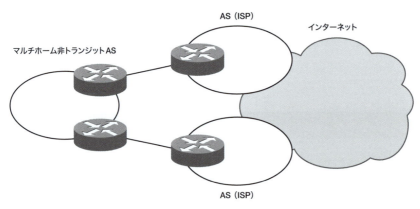

図9-14　複数のルータで接続したマルチホーム非トランジットAS

　なお、以降ではマルチホーム非トランジットASのことを、単に「マルチホームAS」と表記します。

### ■ マルチホームASで考慮すること

マルチホームASでBGPを利用するときに考慮することとして、主に次の3つがあります。

- ルートフィルタ
- ベストパスの選択

- IGPsとBGPの連携

この3つについてそれぞれ解説します。

### ルートフィルタ

マルチホームASで複数のASのBGPルータとネイバーを確立すると、デフォルトではトランジットASとして動作してしまいます。BGPネイバーから受信したルートは、ベストパスであれば、さらに他のBGPネイバーに送信するからです。たとえば、図9-15のネットワーク構成を見てください。

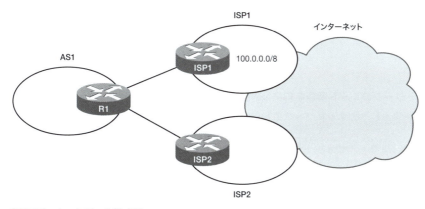

図9-15　ネットワーク構成例

マルチホームAS（AS1）内のR1がISP1、ISP2とEBGPネイバーを確立しています。ISP1からBGPで100.0.0.0/8のルート情報を受信すると、R1はBGPテーブルにそのルート情報を格納します。ルートがループしていなければ、ベストパスに選択されることになります。すると、R1はISP1から受信した100.0.0.0/8のルート情報をさらにISP2へと送信します（図9-16）。

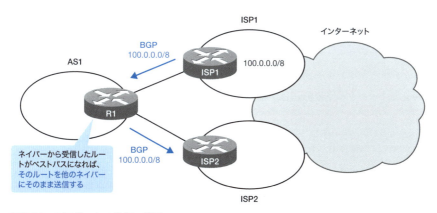

図9-16　BGPルートの送信の様子

詳細は後述しますが、トランジットASとは、他のAS間のパケットをルーティングする役割を持つASです。R1のこのようなルート情報の送信は、ISP2に対して「100.0.0.0/8宛てのパケットをこちらに転送してきてもいい」と言っていることになります。すなわち、100.0.0.0/8のネットワーク宛てのパケットがR1（AS1）へルーティングされる可能性があり、AS1がトランジットASになってしまうことになります。

しかし、AS1の組織（一般企業など）にとっては、このようなルーティングを行うことは無駄です。100.0.0.0/8はAS1内のネットワークではありません。ISPと契約してインターネットに接続する目的は、自分のASの中からインターネット上のネットワークとの相互通信ができるようにすることです。他のAS間のパケットのルーティングを行うことではありません。

インターネット上のネットワークと相互通信するという本来の目的からすると、次の2つができればよいことになります。

- 自AS内のネットワークのルート情報をISPへ送信
- ISPからインターネット上のネットワークのルート情報を受信

つまり、他のASのネットワークのルート情報をISPに送信する必要はないのです。送信してしまうとトランジットASになり、他のASのネットワーク宛てのパケットが転送されてきてしまう可能性があります。これは望ましくありません。

実際には、そのようなルートはISP側でフィルタされることがほとんどなので、パケットが転送されてくることはまずありません。しかし、たとえそうであっても不要なルート情報の送信を放置していると、他のASに余計な負荷をかけることになります。

そのため、マルチホームASでは、トランジットASにならないようにするためのルートフィルタが必要です。BGPルートをISPのルータに送信するときにフィルタをかけて、ISPへ送信するルート情報は自AS内のネットワークのもののみに限定します。

### ベストパスの選択

マルチホームASでインターネット接続を冗長化した場合、実際にパケットをどのようにルーティングするかを考えないといけません。つまり、自ASからインターネットにパケットを転送するときにどのISPを利用するか、また、インターネットから自ASへパケットが転送されてくるときにどのISPを経由させるかを考えます。パケットの転送は、結局は最適ルート（ベストパス）の選択によって決まります（**図9-17**）。

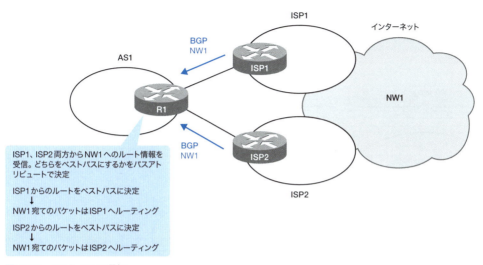

図9-17　ベストパスの選択

前述のようにBGPのルート情報にはさまざまなパスアトリビュートが付加されています。パスアトリビュートを利用して、インターネット側に出て行くパケットをルーティングするためのベストパス、インターネット側から転送されてくるときのベストパスを決定します。

パスアトリビュートによるベストパスの決定の詳細については9-4-2項以降で解説しますが、ここで簡単に紹介しておくと、マルチホームASでのベストパスの決定に利用するパスアトリビュートは主に次の2つです。

- LOCAL_PREFERENCE
- MED

LOCAL_PREFERENCEは、自ASからインターネットへパケットを転送するときの出口を決めたいときに利用します。MEDはインターネット側から自ASへパケットが転送されてくるときの入り口を決めたいときに利用します。

### IGPsとBGPの連携

マルチホームAS内には多くのルータが含まれていることがほとんどです。しかし、マルチホームAS内のすべてのルータでBGPを動作させることは難しい場合が多いはずです。通常はISPと接続する境界のルータでBGPを動作させて、それ以外はOSPFなどのIGPsを利用してルーティングを行います（図9-18）。

境界ルータは、ISPからBGPによってインターネット上のネットワークのルート情報を受信することができます。そして、そのルート情報を、自AS内のIGPsを利用する他のルータにも送信しなければなりません。さもないと、マルチホームAS内からインターネット上のネットワークと相互通信でき

るのは、BGPを利用している境界ルータだけになってしまいます。
　そこで、IGPsとBGPの連携が必要です。具体的にはBGPのルート情報をIGPsに再配送しなければいけません。

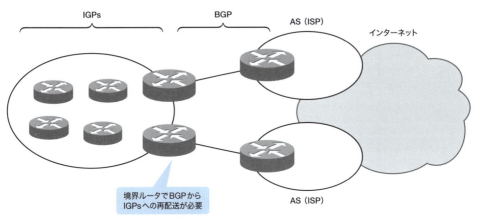

**図9-18** IGPsとBGPの連携

　再配送の方向は、基本的にBGPからIGPsの方向です。BGPのルート情報の生成方法としてIGPsからの再配送を利用しているときは、プライベートアドレスのルート情報を再配送しないようにフィルタし、さらにORIGINアトリビュートの変更も行います。

### 9-3-2 トランジットASの場合

　トランジットASとは、複数のASと接続し、他のAS間のパケットを通過（トランジット）させるASです。トランジットASの典型的な例がISPで、インターネットを構成する中心的なASです。
　トランジットASでは、他のASが生成元のBGPルート情報をさらに別のASにアドバタイズします[*]。ルート情報をアドバタイズすれば、そのネットワーク宛てのパケットがルート情報をアドバタイズしたASにルーティングされるようになります（図9-19）。

> [*] ただし、アドバタイズしたルート情報が相手のASで必ず利用されるとは限りません。

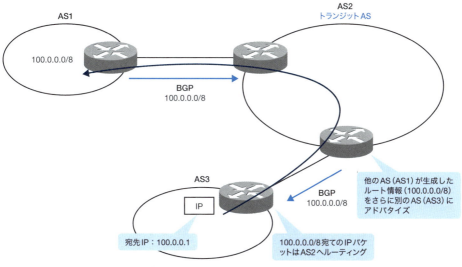

図9-19　トランジットASの構成[*]

＊　この図において、AS1とAS3間の双方向の通信を行うには、AS3が生成したルート情報をAS1にアドバタイズする必要があります。

## ■ トランジットASを設計・運用するうえでのポイント

このようなトランジットASを設計・運用するうえでのポイントが次の2つです。

- ポイント❶
  
  他のASが生成したトランジット対象のネットワークのルート情報を、トランジットAS内のAS境界ルータ間でどのように伝えるか

- ポイント❷
  
  他のASが生成したトランジット対象のネットワークのルート情報を、トランジットAS内のすべてのルータにどのように学習させるか
  
  ▶ パケットをルーティングするためには、ルーティングテーブルにルート情報が登録されていなければなりません。そのため、AS境界ルータ以外のルータにもトランジット対象のネットワークのルート情報を学習させる必要があります。

文章だけではわかりづらいと思いますので、図9-20もあわせて確認してください。

# 第9章 BGP

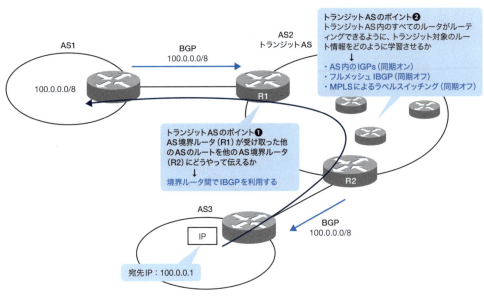

図9-20　トランジットASのポイント

ポイント❶については、トランジットAS内でIBGPによって実現することが一般的です。BGPの膨大なルート情報をトランジットAS内の境界ルータ間で伝えるためにIBGPを利用します。

ポイント❷には、次の3通りの実現方法があります。

1. **AS内はIGPsを動作させる**
    - AS内ではOSPFなどのIGPsを利用
    - 境界ルータでBGPルートをIGPsに再配送する
    - IBGPルートの同期[*1]を満たす必要がある

2. **AS内のすべてのルータでBGPを動作させる**
    - トランジットAS内のすべてのルータでIBGPネイバーの設定を行う
        - IBGPスプリットホライズン[*2]より、フルメッシュのIBGPネイバー構成が必要
        - 必要ならばルートリフレクタ、コンフェデレーションでフルメッシュIBGPネイバーを緩和できる
    - IBGPルートの同期は考慮しなくてもよいので、同期を無効化する

3. **MPLSでルーティングではなくラベルスイッチングを行う**
    - AS内のルータは他のASのルート情報を学習しない
    - トランジットASの出口となる境界ルータまでMPLSでラベルスイッチングする
    - IBGPルートの同期は不要

*1 IBGPルートの同期とは、IBGPネイバーから学習したルートはAS内のIGPsで学習するまでベストパスに選ばないというルールです。現在では、上記ポイント❷の1.を行うことはなく、IBGPルートの同期を考慮することはまずありません。
*2 IBGPスプリットホライズンについては、p.337の「IBGPスプリットホライズン」で解説します。

トランジットAS設計・運用のポイントを3つのパターンにまとめると、表9-2のようになります。

表9-2 トランジットASのパターンまとめ

| トランジットASのパターン | ポイント❶ | ポイント❷ |
| --- | --- | --- |
| パターン1 | IBGP（同期オン） | AS内IGPs |
| パターン2 | IBGP（同期オフ） | AS内BGP（フルメッシュIBGP） |
| パターン3 | IBGP（同期オフ） | MPLSによるラベルスイッチング |

最も一般的なトランジットASの構成は、パターン2です。パターン1は、AS内のIGPsにBGPルートを再配送することで、AS内のIGPsのコンバージェンスに深刻な影響を及ぼす可能性があります。パターン1のような構成のトランジットASはほとんどないでしょう。

また、パターン2ではフルメッシュIBGPによる拡張性の問題があります。ルートリフレクタやコンフェデレーションで緩和することもできますが、より拡張性の高いトランジットASを構成するにはパターン3が最適です。本書ではMPLSについては対象外としています。そこで、最も一般的なトランジットAS構成のパターン2の詳細について、p.335で解説します。

■ IBGPネイバー

トランジットASをパターン2で構成するには、IBGPネイバーをフルメッシュで確立します。そこで、あらためてIBGPネイバーについて詳細に見ておきましょう。

EBGPネイバーは異なるASのルータとの間のネイバーで、直接接続されていることを前提にしています。一方、IBGPネイバーは同じAS内のルータとの間のネイバーで、直接接続されていることは前提にしていません。トランジットAS内は冗長化されていることを想定し、ループバックインタフェースでIBGPネイバーを設定することが一般的です（図9-21）。

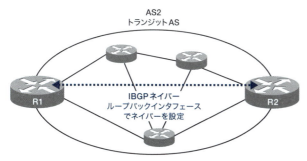

図9-21 IBGPネイバー

## 第9章 BGP

IBGPネイバーとEBGPネイバーの違いをまとめると、次のようになります。

表9-3 IBGPネイバーとEBGPネイバーの違い

|  | EBGPネイバー | IBGPネイバー |
| --- | --- | --- |
| 接続の想定 | 直接接続している | 直接接続ではない |
| TTLのデフォルト値 | 1 | 255 |
| AS_PATHアトリビュート | 自AS番号をプリペンド | 変更しない |
| NEXT_HOPアトリビュート | 自分のIPアドレスに変更※ | 変更しない |

※マルチアクセスネットワークでは、NEXT_HOPアトリビュートのIPアドレスを変更しない場合もあります。

### ■ IBGPルートのNEXT_HOPの到達性

p.324で解説したように、IBGPネイバーにルート情報をアドバタイズするとき、デフォルトではNEXT_HOPアトリビュートは変更しません。これは、BGPではルート情報をAS単位で考えているからです。

トランジットASにおいては、境界ルータでIBGPネイバーを確立します。NEXT_HOPアトリビュートが変更されないため、IBGPネイバーからルート情報を受信したときにNEXT_HOPアトリビュートのIPアドレスに到達できるかどうかが問題になります。

図9-22のようなネットワーク構成で具体的に考えてみましょう。

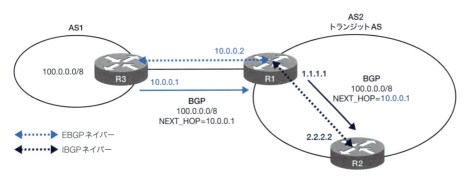

図9-22 NEXT_HOPの到達性の例

R1-R3ではEBGPネイバーを設定しています。AS2内のR1-R2間ではIBGPネイバーを設定しています。

R1は、R3からAS1内の100.0.0.0/8のルート情報を受信します。このときのNEXT_HOPアトリビュートは「10.0.0.1」です。そして、R1はこのルート情報をIBGPネイバーのR2にアドバタイズします。R2が受信する100.0.0.0/8のルート情報のNEXT_HOPアトリビュートは変更されずに「10.0.0.1」のままです。R2がR1から受信したこのルート情報を利用するためには、NEXT_HOPアトリビュートのIPアドレス10.0.0.1に到達できなければいけません。

しかし、ほとんどの場合、AS内のルータ（R2）はAS間を接続しているリンクのIPアドレス（10.0.0.1）には到達できません。AS間を接続するリンクは、どちらのASの管理下にもない中立的なリンクです。そのため、AS間のリンクのネットワークアドレスをAS内にアドバタイズすることは、セキュリティなどの観点から好ましくありません。AS間を接続しているリンクのネットワークアドレスは、AS間を接続するルータのみが直接接続のルートとして認識していることがほとんどです。そうすると、AS内のルータ（R2）はNEXT_HOPアトリビュートのIPアドレスに到達できないので、結果的にAS境界ルータ（R1）からIBGPを介して受信したBGPルートはすべて利用できないことになります。

そこで、IBGPルートのNEXT_HOPの到達性を解決するために、次のどちらかを行います。

- AS間のリンクのネットワークアドレスをAS内にアドバタイズする
- AS境界ルータでIBGPルートのNEXT_HOPアトリビュートを変更する

ただ、前者の方法は、前述のようにセキュリティや管理の面から好ましくありません。通常は、AS境界ルータでIBGPルートのNEXT_HOPアトリビュートのIPアドレスを自身のIPアドレスに変更することで、IBGPルートのNEXT_HOPの到達性を解決します。このような動作のことをネクストホップセルフと呼びます（図9-23）。

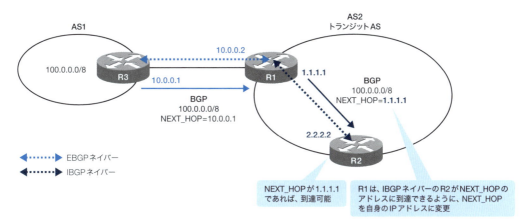

図9-23　ネクストホップセルフ

## ■ トランジットASのパターン2──フルメッシュIBGP

一般的なトランジットASの構成が、前掲の表9-2にあるパターン2のフルメッシュIBGPです。トランジットASを設計・運用するうえでの2つのポイントについて、もう一度振り返ります。

- ポイント❶
  他のASが生成したトランジット対象のネットワークのルート情報を、トランジットAS内のAS

## 第9章 BGP

境界ルータ間でどのように伝えるか
- ▶ 【パターン2では】：AS境界ルータでIBGP

- ポイント❷
他のASが生成したトランジット対象のネットワークのルート情報を、トランジットAS内のすべてのルータにどのように学習させるか
  - ▶ 【パターン2では】：AS内の、パケットをルーティングするルート上の全ルータでBGPを動作させ、フルメッシュIBGP

トランジットASのパターン2では、トランジットAS内のすべてのルータでBGPを有効にし、フルメッシュIBGPネイバーの設定を行います。すると、AS境界ルータだけでなく、AS内部のルータもIBGPで他のASのトランジット対象のルート情報を学習することができます。そのため、IBGPルートをベストパスにするためにわざわざIGPsで学習できているかどうかをチェックする必要はなく、BGPの同期を考慮する必要もありません。

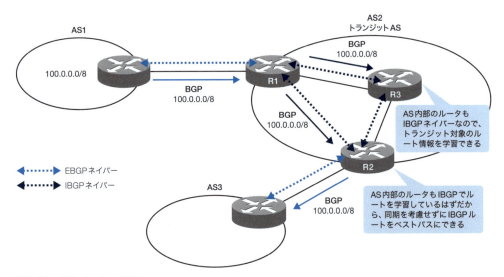

図9-24　フルメッシュIBGP

ここで、フルメッシュIBGPネイバーでなくてはいけないのか？と思う人がいるかもしれません。たとえば、図9-24のネットワーク構成であれば、フルメッシュではなく

- R1-R3のIBGP
- R3-R2のIBGP

の2組のIBGPネイバーを設定して、R3経由でR1からR2へトランジット対象のルート情報をアドバ

タイズできるのではないかと考えるかもしれません。しかし、次に説明するIBGPスプリットホライズンにより、このようなIBGPネイバーの構成では必要なルートを学習できません。

### ■ IBGPスプリットホライズン

IBGPスプリットホライズンとは、「IBGPネイバーから受信したルート情報を他のIBGPネイバーにアドバタイズしない」というルールです。

これは、IBGPルートのループを防止するためのルールです。EBGPのルートであれば、AS_PATHアトリビュートを見てルートがループしていないかを判断することができます。しかし、IBGPルートはAS_PATHアトリビュートを変更しないので、AS_PATHアトリビュートによるループの判断ができません。そこで、ループが発生しないようにスプリットホライズンのルールが適用されます。

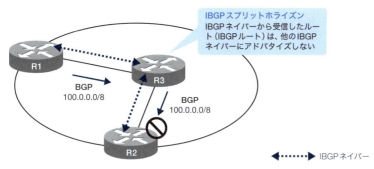

図9-25 IBGPスプリットホライズン

図9-25で、R1からR2にBGPのルート情報をアドバタイズするには、R1-R2間のIBGPネイバーの設定が必要です。

以上のようなIBGPスプリットホライズンのルールから、トランジットAS内ではフルメッシュIBGPの設定が必要になるのです。

### ■ ルートリフレクタ、コンフェデレーションの概要

トランジットAS内にたくさんのルータが存在する場合、フルメッシュIBGPには拡張性の問題が生じる恐れがあります。

トランジットAS内にN台のルータが存在すれば、フルメッシュIBGPネイバーの数はN(N−1)÷2になり、$N^2$のオーダーでIBGPネイバーの数が増えてしまいます。BGPネイバーはTCPコネクション上で確立するので、ルータにかかる負荷は大きくなります。また、設定も非常に煩雑になります。

そこで、フルメッシュIBGPによる拡張性の問題を緩和するために、次の2つの機能があります。

- ルートリフレクタ
- コンフェデレーション

第9章　BGP

この2つの機能のいずれかではなく、2つとも組み合わせることで、フルメッシュIBGPによる拡張性の問題を緩和することができます。

ルートリフレクタは、IBGPスプリットホライズンのルールを一部無効にするものです。設定で「ルートリフレクタ」と「ルートリフレクタクライアント」を決定し、ハブ＆スポークのトポロジーでネイバーを形成します。ルートリフレクタはハブになり、IBGPネイバーから受信したルート情報をルートリフレクタクライアントにアドバタイズすることができます。

コンフェデレーションは、1つのASを複数のコンフェデレーションASに分割するものです。コンフェデレーションAS間はIEBGP（Intra EBGP）ネイバーとなりますが、IEBGPはEBGPの一部です。EBGPにはスプリットホライズンはありませんので、同様にIEBGPについてもスプリットホライズンは関係なくなります。IEBGPネイバーから受信したルートを、他のIEBGPネイバーにアドバタイズすることができます。そのため、コンフェデレーションAS内はフルメッシュIBGPが必要ですが、コンフェデレーションAS間はフルメッシュにしなくてもかまいません。

以降では、ルートリフレクタとコンフェデレーションの仕組みを詳しく見ていきます。

### ■ ルートリフレクタの仕組み

ルートリフレクタによって、トランジットAS内のIBGPネイバーをフルメッシュ構成にする必要がなくなります。

ルートリフレクタでは、次の2つのルータを考えます。

- ルートリフレクタ
- ルートリフレクタクライアント

ルートリフレクタを利用する場合、IBGPネイバーはルートリフレクタを中心としたハブ＆スポークの構成をとります。IBGPネイバーにはスプリットホライズンのルールがありますが、ルートリフレクタを利用すると、ルートリフレクタとルートリフレクタクライアント間のIBGPスプリットホライズンのルールが無効化されます。なお、ルートリフレクタと通常のIBGPネイバーの関係にあるルータのことを「ノンクライアント」といいます。

ルートリフレクタクライアントからルート情報を受信したルートリフレクタは、そのルート情報をノンクライアントおよび他のルートリフレクタクライアントにアドバタイズすることができます（図9-26）。

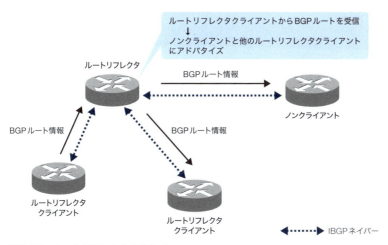

図9-26　ルートリフレクタの動作1

また、ルートリフレクタがノンクライアントからルート情報を受信すると、そのルート情報をルートリフレクタクライアントへアドバタイズします。この場合、他のノンクライアントにはアドバタイズしません（図9-27）。

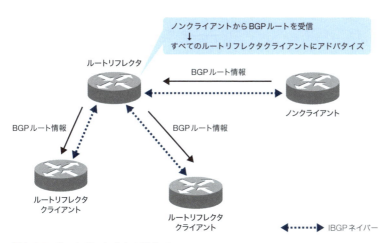

図9-27　ルートリフレクタの動作2

このように、ルートリフレクタとルートリフレクタクライアント間でIBGPスプリットホライズンのルールを無効化して、フルメッシュでなくてもすべてのBGPルータにルート情報が行き渡るようにしています。

## ■ コンフェデレーションの仕組み

コンフェデレーションは、1つのASを複数のサブAS*に分割する機能です。異なるサブASに含まれるルータ間のネイバーはIEBGP（Intra EBGP）ネイバーといいます。スプリットホライズンはIBGPネイバーに対して適用されるので、IEBGPネイバーには無関係です。

> ＊ 「サブAS」のことを、「コンフェデレーションAS」や「メンバーAS」とも呼びます。

その結果、フルメッシュIBGPの構成にしなくても、必要なルート情報をAS内に行き渡らせることができます。このように、コンフェデレーションは、AS内のルータをIBGPではなくEBGPネイバー扱いにすることでIBGPスプリットホライズンを無効化し、フルメッシュIBGPの構成を緩和します。

コンフェデレーションの構成例が図9-28です。

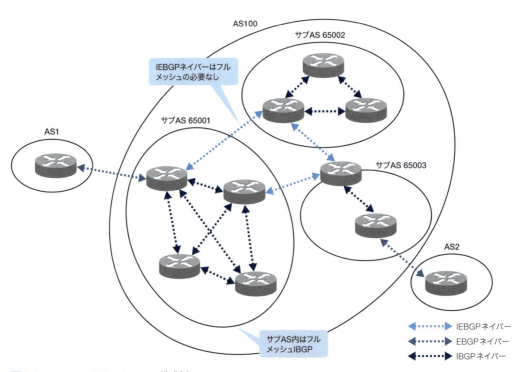

図9-28　コンフェデレーションの構成例

図の真ん中のAS100を、AS65001、AS65002、AS65003の3つのサブASに分割しています*。各サブASの境界ルータ間のネイバーがIEBGPネイバーです。この部分ではIBGPスプリットホライズンは関係ないので、フルメッシュにする必要はありません。

> ＊　サブASにはプライベートAS番号を指定することが一般的です。

9-3 BGPの利用

サブAS内は、通常のIBGPネイバーです。そのため、フルメッシュIBGPの構成にします。

AS100を3つのサブASに分割していますが、外部のASから見るとサブASの存在はわかりません。外部のASからはAS100だけが認識されることになります。

IEBGPネイバーにルートを送信するときと、通常のEBGPネイバーへルートを送信するときでは、アトリビュートの扱いに異なる点があります。違いは、次のとおりです。

- AS_PATHアトリビュートの扱いの違い
  - ▶ IEBGPネイバーにルート情報を送信するときに、自身のサブAS番号をプリペンドします。ただし、プリペンドするAS番号はAS_PATHアトリビュートのAS_CONFED_SEQUENCEのタイプとなり、( )の中に記述されます。
  - ▶ EBGPネイバーにルート情報を送信するとき、( )に含まれたすべてのサブAS番号を削除します。そのうえで、本来のAS番号をプリペンドします。

- LOCAL_PREFERENCEアトリビュート*の扱いの違い
  - ▶ LOCAL_PREFERENCEは自AS内だけで利用するアトリビュートなので、通常のEBGPネイバーに送信するときは削除されます。
  - ▶ IEBGPネイバーにルートを送信するとき、LOCAL_PREFERENCEの値は変更されません。

- NEXT_HOPアトリビュートの扱いの違い
  - ▶ EBGPネイバーにルートを送信するとき、NEXT_HOPの値を変更します。
  - ▶ IEBGPネイバーにルートを送信するとき、NEXT_HOPの値は変更されません。

- MEDアトリビュートの扱いの違い
  - ▶ EBGPネイバーにルートを送信するとき、MEDは削除されます。
  - ▶ IEBGPネイバーにルートを送信するとき、MEDは削除されません。

> \* LOCAL_PREFERENCEおよびMEDアトリビュートの詳細はp.347から解説します。

これら以外は、EBGPと同じです。

### コンフェデレーションにおけるAS_PATHアトリビュート変更の例

ではここで、コンフェデレーションにおいてAS_PATHアトリビュートがどのように変更されていくかを見てみましょう。コンフェデレーションにおけるAS_PATHアトリビュートの扱いをあらためてまとめます。

- IEBGPネイバーへルート情報を送信するとき、( )内に自AS番号 (サブAS) をプリペンド
- EBGPネイバーへルート情報を送信するとき、( )の部分をすべて削除。そのうえで本来のAS番号をプリペンド

図9-29で、このようなAS_PATHアトリビュートの扱いを確認しましょう。R4がAS1内のルートを

341

AS100→AS2へと送信する様子を考えています。

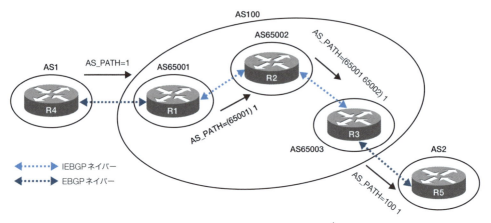

図9-29　コンフェデレーションにおけるAS_PATHアトリビュートの扱い[*]

> ＊　図では、わかりやすくするためにBGPルートのAS_PATHアトリビュートのみを抜き出しています。

- R4→R1
  EBGPネイバーへの送信です。R4は自AS番号「1」をAS_PATHアトリビュートにプリペンドします。

- R1→R2
  IEBGPネイバーへの送信です。R1は自AS番号「65001」を( )内に含めて、AS_PATHアトリビュートにプリペンドします。

- R2→R3
  IEBGPネイバーへの送信です。R2は自AS番号「65002」を( )内に追加します。

- R3→R5
  EBGPネイバーへの送信です。R3は( )をすべて削除して、本来のAS番号「100」をプリペンドします。
  最終的にR5へ送信されるルートのAS_PATHアトリビュートは「100 1」です。

コンフェデレーションとルートリフレクタは排他的な機能ではなく、両方組み合わせて利用することができます。ASをコンフェデレーションでサブASに分割し、サブAS内でルートリフレクタを利用してIBGPネイバーの数を減らすことができます。ルートリフレクタとコンフェデレーションを組み合わせたASの構成例を図9-30に示します。

9-4　ポリシーベースルーティング

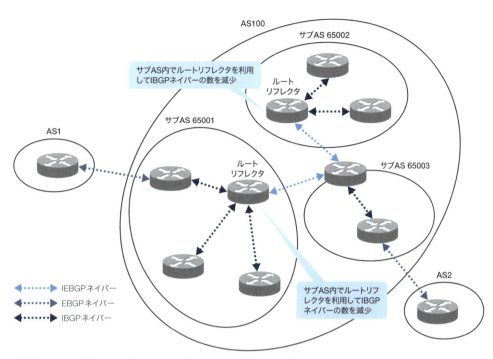

図9-30　ルートリフレクタとコンフェデレーションの組み合わせ

## 9-4　ポリシーベースルーティング

BGPでは管理者が柔軟にベストパスを決定し、パケットのルーティングを制御できます。ここからは、BGPのポリシーベースルーティングについて解説します。

### 9-4-1　ポリシーベースルーティングの概要

　ポリシーベースルーティングとは、「管理者が意図したとおりにパケットをルーティングすること」を意味します。

　BGPのポリシーベースルーティングは、BGPのベストパスを管理者が意図したとおりに決定し、意図したとおりにパケットをルーティングさせることです。OSPFやEIGRPなどのIGPsでは、ネットワークごとに最適ルートを変更することは簡単にはできません。IGPsで最適ルートを決定するには、メトリックを利用します。メトリックは結局1つの値になるので、あまり柔軟な制御が行えません。

　一方、BGPではさまざまなパスアトリビュートがルート情報に付加されています。ベストパスの決

343

定はパスアトリビュートによって行われます。パスアトリビュートを制御することで、最適ルートであるベストパスを管理者が意図的に決めることができます。ベストパスを意図的に決めることで、パケットのルーティングを制御します。パスアトリビュートの変更は、ネイバーとの間でBGPルート情報を送受信するときやBGPルートを生成するときに行います。

　また、パスアトリビュートの変更によるベストパスの決定だけでなく、送受信するルート情報をフィルタすることもできます。特にトランジットASでは、他のASにアドバタイズするルート情報をフィルタすることで、トランジット対象のネットワークを限定することができます。

　ルートフィルタやパスアトリビュートの変更を、まとめて「BGPポリシー」と呼びます。BGPポリシーとは、どんなルート情報をフィルタして、どんなルート情報のパスアトリビュートを設定するかを表したものです。BGPポリシーは、ネイバーとのルート情報の送受信のタイミングで適用することができます。

　以降では、BGPの特徴的な動作である、パスアトリビュートによるベストパスの決定について詳しく解説します。

## 9-4-2 パスアトリビュートによるベストパスの決定

　BGPポリシーベースルーティングとは、ルート情報のフィルタに加えて、パスアトリビュートによるベストパスの決定を行うことです。個別のルート情報に対してパスアトリビュートを変更することで、任意のルート情報をベストパスにすることができます。パスアトリビュートによるベストパスの決定には、次のような優先順位があります。

**1. NEXT_HOPアトリビュートのIPアドレスに到達可能（大前提）**
　まず大前提として、NEXT_HOPアトリビュートのIPアドレスに到達できなければ、そのルート情報を使うことができません。これは、考えてみると当たり前のことです。自らがそのネットワークにルーティングできないのに、そのルート情報を他のルータに教えるのはナンセンスです。
　また、IBGPルートの同期を有効化している場合、IBGPルートは同期条件を満たしていないと利用できません。

**2. LOCAL_PREFERENCEアトリビュートが最大のルート情報を優先**
　ルート情報に付加されているLOCAL_PREFERENCEアトリビュートを参照します。LOCAL_PREFERNCEの値が最も大きいルート情報を優先してベストパスとして選択します。

**3. ローカルルータが生成元であるルート情報を優先**
　LOCAL_PREFERENCEの値が同一の場合、ローカルルータ（自分自身）で生成したルート情報をベストパスとして選択します。

## 4. AS_PATHアトリビュートが最短のルート情報を優先

次に、ルート情報のAS_PATHアトリビュートを参照します。AS_PATHアトリビュートが最も短いルート情報が優先されて、ベストパスとなります。AS_PATHアトリビュートが最も短いとは、AS_PATHアトリビュートに含まれるAS番号の数が少ないという意味です。

なお、コンフェデレーション時の( )に含まれるAS_CONFED_SETやAS_CONFED_SEQUENCEの部分はAS_PATHアトリビュートの長さに含めません。AS_SETは1つとして数えます。

## 5. ORIGINアトリビュートが最小のルート情報を優先（IGP＜EGP＜INCOMPLETE）

AS_PATHアトリビュートの長さが同じ場合、次にORIGINアトリビュートを参照します。ORIGINアトリビュートはルート情報の生成元を意味していて、IGP、EGP、INCOMPLETEの3種類があります。

これらは数値にコード化され、大小関係はIGP<EGP<INCOMPLETEとなっています。ORIGINアトリビュートの値が最も小さいルート情報が優先されて、ベストパスとなります。

## 6. MEDアトリビュートが最小のルート情報を優先

ORIGINアトリビュートでもベストパスを選択できなければ、次にMEDアトリビュートを参照します。MEDアトリビュートの値が最も小さいルート情報をベストパスとして選択します。MEDの比較にはさまざまな条件があります。詳しくはp.348で解説します。

## 7. IBGPネイバーから学習したルート情報よりもEBGPネイバーから学習したルート情報を優先

MEDアトリビュートを比べてもベストパスを選択できなかったときは、ルート情報の学習元で判断します。IBGPネイバーから学習したルート情報よりもEBGPネイバーから学習したルート情報を優先して、ベストパスを選択します。

## 8. NEXT_HOPへ最短で到達できるルート情報を優先

ルート情報の学習元でもベストパスを決めることができないときは、NEXT_HOPへ最短で到達できるルート情報を優先して選択します。この条件は、基本的にIBGPルートについてです。次ページの図9-31では、R3は100.1.1.0/24のルート情報をIBGPネイバーから学習しています。このとき、NEXT_HOPのIPアドレスにルーティングするためのIGPルートのメトリックを比較して、最小のルートが優先されることになります。

第9章　BGP

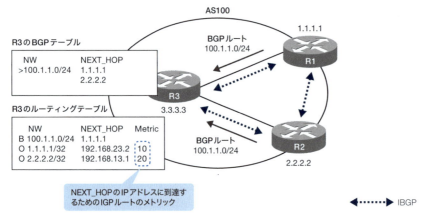

図9-31　NEXT_HOPへ最短で到達できるルート情報を優先

9. **EBGPネイバーから学習したルート情報のとき、学習してから最も時間が経っているものを優先**
EBGPネイバーから学習したルート情報の場合、学習してからの時間が長いほうが安定しているとみなして、ベストパスとして選択します。

10. **BGPネイバーのルータIDが最も小さいルート情報を優先**
以上のプロセスでもベストパスを選択できないときには、ルータIDによる比較を行います。ルータIDが最も小さいBGPネイバーから学習したルート情報をベストパスとして選択します。

11. **BGPネイバーのIPアドレスが最も小さいルート情報を優先**
同じルータと複数のIPアドレスでネイバーを確立している場合、ルータIDでもベストパスを決定できないことがあります。そのときは、ネイバーのIPアドレスが最も小さいルート情報を優先して、ベストパスとして選択します。

以上のようなパスアトリビュートによるBGPベストパス決定の優先度があります。ただし、ほとんどの場合、次の2つを利用してベストパスの決定を行います。

- LOCAL_PREFERENCE
- MED

また、COMMUNITYアトリビュートを利用して、直接接続されていない離れたAS間でのパスコントロールを行うような設定が一般的です。
続いて、これら3つのパスアトリビュートによるBGPベストパスの決定について解説していきます。

### 9-4-3 LOCAL_PREFERENCEアトリビュートによるベストパスの決定

LOCAL_PREFERENCEアトリビュートによるベストパスの決定は、「自ASから他のASのネットワークにパケットをルーティングする際の自ASの出口を指定したいとき」に利用します。

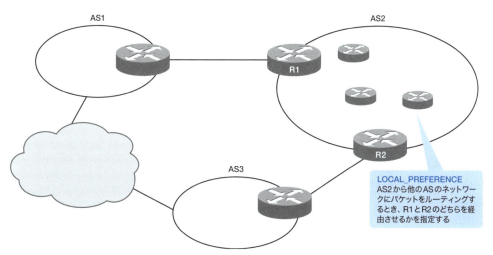

図9-32 LOCAL_PREFERENCEアトリビュートの利用

図9-32では、AS2内のルータが他のASのネットワークにパケットをルーティングする際、AS2の出口はR1とR2の2つがあります。LOCAL_PREFERENCEアトリビュートによるベストパスの決定により、R1とR2のどちらを経由させるかを指定することができます。

LOCAL_PREFERENCEアトリビュートの特徴は次のとおりです。

- Well known Discretionaryのアトリビュート
- 値が大きいルートが優先される
- EBGPネイバーへアドバタイズするときLOCAL_PREFERENCEは削除される
    - IBGPネイバーへアドバタイズするときは削除されない
    - つまり、LOCAL_PREFERENCEは自AS内でのみ有効（ここで「LOCAL」とはAS内のこと）
- EBGPネイバーからルート情報を受信するときにLOCAL_PREFERENCEを設定する
    - AS内でLOCAL_PREFERENCEの一貫性を保つため

これらの特徴について図9-33にまとめています。

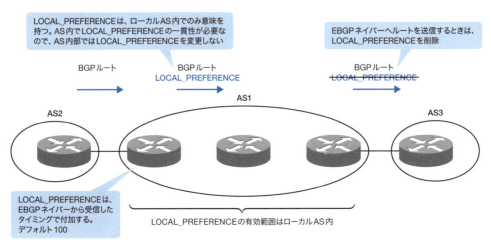

図9-33　LOCAL_PREFERENCEアトリビュートの特徴

### 9-4-4　MEDアトリビュートによるベストパスの決定

MEDアトリビュートによるベストパスの決定は、「ネイバーASに対して自AS内のネットワークへルーティングするときの入り口を指定したいとき」に利用します。

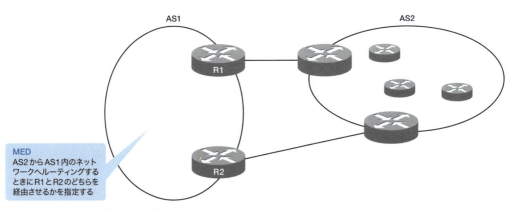

図9-34　MEDアトリビュートの利用

図9-34において、AS1の管理者がAS2に対して、AS1内のネットワークへルーティングするときにR1とR2のどちらを経由させるかを指定したいときにMEDアトリビュートを利用します。

MEDアトリビュートの特徴は次のとおりです。

- Optional Transitiveのアトリビュート
- 32ビットでデフォルト値は0

- 値が小さいルートが優先される
- ローカルで生成していないBGPルートに付加されているMEDは、EBGPネイバーにアドバタイズするときに削除される
  - ▶ IBGPネイバーにアドバタイズするときは削除されない
  - ▶ つまり、MEDはネイバーAS内まで有効で、それ以降は削除される
- MEDの比較はベストパス決定のプロセスでの優先度が高くない
  - ▶ ネイバーASのルーティングを強制することはできない
- EBGPネイバーへアドバタイズするときにMEDを設定する

これらの特徴について図9-35にまとめています。

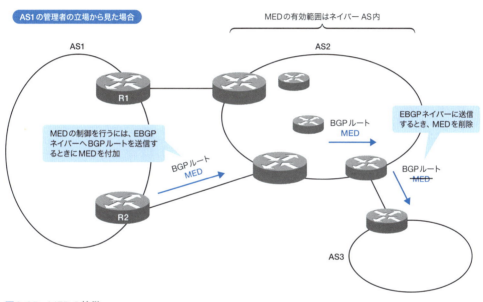

図9-35　MEDの特徴

### 9-4-5 COMMUNITYアトリビュート

　ここまで解説してきたLOCAL_PREFERENCEアトリビュート、MEDアトリビュートは、ベストパス決定で利用します。一方、COMMUNITYアトリビュートはベストパスの決定とは直接関係しません。

　COMMUNITYアトリビュートを利用すると、「特定の条件に基づいてルート情報をグループ化する」ことができます。

　グループ化したルート情報の識別情報（タグ）がCOMMUNITYアトリビュートです。COM

MUNITYアトリビュートは32ビットの数値です。しかし、32ビットの数値をそのまま使うとわかりにくいため、COMMUNITYアトリビュートは図9-36のように16ビットのAS番号と16ビットの識別子を組み合わせて表記されます。

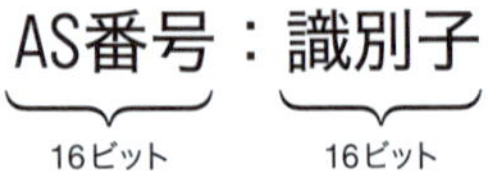

## AS番号：識別子
16ビット　16ビット

**図9-36** COMMUNITYアトリビュートのフォーマット

COMMUNITYアトリビュートによってグループ化したルート情報をどのように扱うかは自由です。フィルタしたり、LOCAL_PREFERENCEやMEDなどのベストパス決定に利用するアトリビュートを再設定したりします（図9-37）。

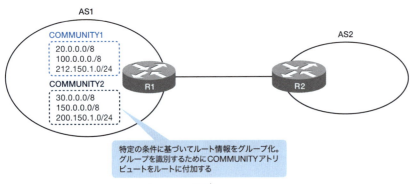

**図9-37** COMMUNITYアトリビュートの利用[*]

＊　1つのルートに複数のCOMMUNITYアトリビュートを付加することも可能です。

COMMUNITYアトリビュートが伝達されていく範囲も注目すべき点です。LOCAL_PREFERENCEは自AS内、MEDはネイバーAS内というようにアトリビュートが伝達される範囲が限られています。しかし、COMMUNITYアトリビュートは、ASを越えてルート情報に付加されて伝達されていきます。そのため、離れたAS間でのルート情報の制御にCOMMUNITYアトリビュートを利用することが可能です（図9-38）。

9-4 ポリシーベースルーティング

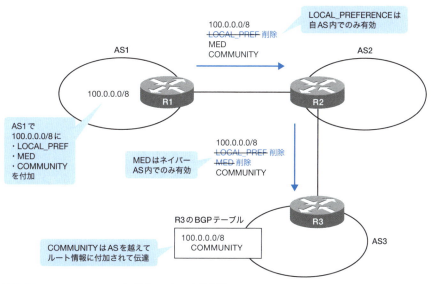

図9-38 COMMUNITYアトリビュートの有効範囲

このようなCOMMUNITYアトリビュートの特徴をまとめると、次のようになります。

- 特定の条件に基づいてルート情報をグループ化する
- グループ化したルート情報の識別情報である
- ASを越えて伝達される
- 離れたAS間でのルート情報の制御が可能になる

■ Well-Known COMMUNITY

COMMUNITYアトリビュートの値には、予約されているWell-known COMMUNITYがあります。Well-known COMMUNITYをルートに付加すると、その種類に応じて自動的にルートをフィルタすることができます。Well-known COMMUNITYで、BGPルートがどこまで伝わるようにするかを簡単に制御することが可能です。

Well-known COMMUNITYの種類とその動作は、表9-4のとおりです。

表9-4　Well-known COMMUNITY

| Well known COMMUNITY | 動作 | 値（16進数） |
| --- | --- | --- |
| no_export | EBGPネイバーにルートを送信しない | 0xFFFFFF01 |
| no_advertise | いかなるBGPネイバーにもルートを送信しない | 0xFFFFFF02 |
| local_as | EBGP/IEBGPネイバーにルートを送信しない | 0xFFFFFF03 |

Well-known COMMUNITYの種類ごとの動作を表したのが、図9-39、図9-40、図9-41です。

第9章　BGP

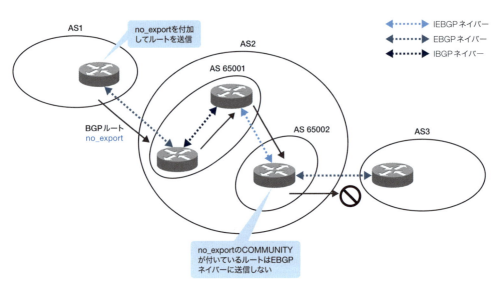

図9-39　Well-known COMMUNITY no_export

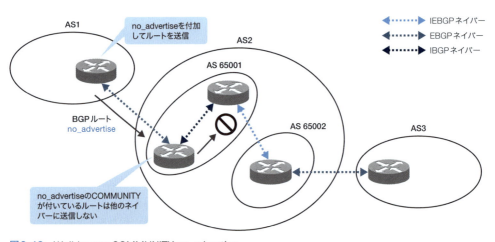

図9-40　Well-known COMMUNITY no_advertise

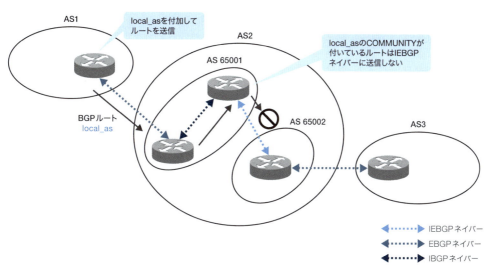

図9-41　Well-known COMMUNITY local_as

　COMMUNITYアトリビュートを付加するルータと実際にルートをフィルタするルータが違うことに注意してください。ここが通常のルートフィルタと異なる点です。Well-known COMMUNITYを付加することで、他のルータにおけるルートの送信に影響を及ぼすことができます。

### ■ COMMUNITYアトリビュートを利用するための手順

　Well-known COMMUNITY以外にも、任意のプライベートCOMMUNITYでルート制御を行うことができます。プライベートCOMMUNITYでは、離れたAS間で、フィルタだけでなくアトリビュートの再設定などのさまざまな制御を行うことができます。そのためには、次のような手順で行います。

1. **制御を行いたいAS間で協議**
   - ASが異なるということは、管理している組織も異なるということです。単体のASだけですべて完結するわけにはいきません。まず、AS間でどのようなルート情報に対してどのような制御を行うかを協議します。
   - 制御したいルート情報に対して、どのような値のCOMMUNITYアトリビュートを設定するかを決定します。
2. **ルートの送信元ASでCOMMUNITYアトリビュートを付加**
   - 協議した内容に基づいて、ルートの送信元ASでBGPルートにCOMMUNITYアトリビュートを付加して、アドバタイズします。
3. **ルートの送信先ASでCOMMUNITYアトリビュートを参照してルート情報を制御**
   - ルート情報の制御として、フィルタを行うことが一般的です。

▶ Well-known COMMUNITYでは明示的な設定は不要です。前述のようにWell-known COMMUNITYの種類に応じて自動的にルートフィルタが行われます。

図9-42にCOMMUNITYアトリビュートの利用手順についてまとめています。

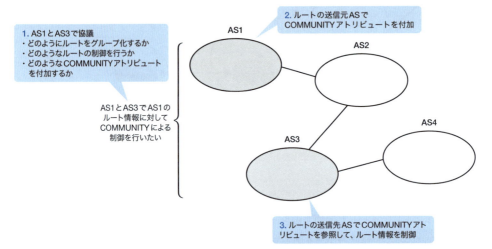

図9-42　COMMUNITYアトリビュートの利用手順

第 **10** 章

# ルート制御

ルーティングテーブルに登録するルート情報をさまざまな形で制御することができます。この章ではルート制御について解説します。

- 10-1 ルート制御の概要
- 10-2 再配送
- 10-3 ルートフィルタ
- 10-4 ポリシーベースルーティング

第10章 ルート制御

## 10-1

# ルート制御の概要

まず、ルート制御の概要について解説します。

　ここまでの章のRIP、OSPF、EIGRP、BGPなどのルーティングプロトコルによって、ルータ間でルート情報を交換して、動的にルーティングテーブルを作成することができます。そして、IPによるエンドツーエンド通信を可能にしています。

　ルーティングプロトコルでやり取りされるルート情報は、さまざまな形で制御することができます。それにより、ルーティングテーブルに登録されるルート情報を管理者が意図したように決められます。その結果、IPパケットがルーティングされるルートを制御できます。ルーティングテーブルに登録されるルート情報を制御する方法として、本書では、次の2つ取り上げます。

- 再配送
- ルートフィルタ

　また、ルータがIPパケットをルーティングするときに、ルーティングテーブルによらずに管理者が意図したとおりに転送先を決定することも可能です。このような制御のことをポリシーベースルーティングと呼びます。以降では、再配送、ルートフィルタおよびポリシーベースルーティングの仕組みについて解説していきます。

## 10-2

# 再配送

再配送によって、あるルーティングプロトコルで学習したルート情報を、別のルーティングプロトコルのルート情報として扱うことができます。ここでは、再配送の仕組みについて解説します。

### 10-2-1 複数のルーティングプロトコルを利用するケース

　ルータでルーティングプロトコルを利用する場合、原則としてルーティングプロトコルは1種類に統一します。複数のルーティングプロトコルが混在していると、ルーティングプロトコルごとにアルゴリズムや設定などが異なるため、ルーティングテーブルに正しくルート情報を登録できなかったり、管理が複雑になるなど、さまざまな問題点が出てきます。1種類のルーティングプロトコルで統一すれば、ルーティングの設定を複雑化させることなく効率的に行うことができます。

356

しかし、場合によっては複数のルーティングプロトコルを利用してルーティングを行うこともあります。その典型的な例として、次のようなケースが挙げられます。

- ルーティングプロトコル移行時の暫定措置
- 利用している機器の制約
- ネットワークの管理範囲の違い

これらのケースの概要について簡単に解説します。

### ■ ルーティングプロトコル移行時の暫定措置

既存のルーティングプロトコルから新しいルーティングプロトコルに移行する場合、一度にすべてのルータでルーティングプロトコルを新しいものに変更することは困難です。通常は、既存のルーティングプロトコルから新しいルーティングプロトコルへ徐々に切り替えていくことになります。そのため、移行時の途中段階では、既存のルーティングプロトコルと新しいルーティングプロトコルが混在するネットワーク構成となります（**図10-1**）。

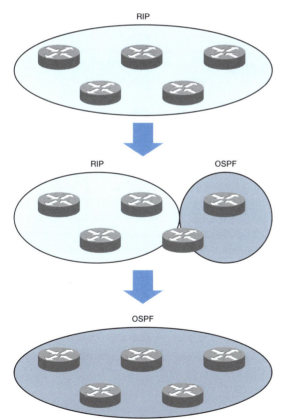

図10-1　ルーティングプロトコルの移行時に複数のルーティングプロトコルを利用する

■ **利用している機器の制約**

　機器によって、サポートしているルーティングプロトコルが異なることがあります。たとえば、Ciscoルータ以外ではEIGRPを利用することはできません。また、低価格のルータやレイヤ3スイッチではRIPのみをサポートしていることがよくあります。

　このように、ネットワークを構成している機器によって、複数のルーティングプロトコルが混在した構成になってしまうことがあります。

■ **ネットワークの管理範囲の違い**

　このケースの典型は、インターネットへの接続です。インターネットに接続するためにはISPと契約します。ISPのネットワークは自社の管理範囲外です。そのため、自社内でOSPFを利用しているからといって、ISPにもOSPFを利用させてルーティングプロトコルを統一することはできません。

　ISPとの間でルーティングプロトコルを利用する場合は、通常、BGPを利用します[*]。そのため、インターネットに接続する場合、BGPと自社内のOSPFなどのルーティングプロトコルが混在したネットワーク構成になります（図10-2）。

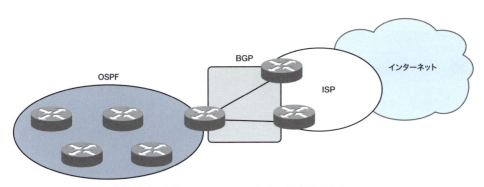

図10-2　インターネット接続時に複数のルーティングプロトコルを利用する

> [*]　インターネットへの接続は、スタティックルートでデフォルトルートを設定することもあります。BGPを利用するのは図10-2のように複数の回線でISPと接続しているマルチホーム構成の場合です。

　インターネットへの接続に限らず、自社の管理が及ばない範囲のネットワークと接続する場合は、ルーティングプロトコルを統一することは難しくなります。

　以上のように、原則としてルーティングプロトコルは統一しますが、それができない場合、複数のルーティングプロトコルが混在する構成になります。ルーティングプロトコルの混在環境では、境界のルータで再配送の設定が必要です。

## 10-2-2 再配送とは

1台のルータでRIPとOSPFといった複数のルーティングプロトコルを動作させることができます。また、ルーティングプロトコルに加えて、スタティックルートの設定を行うことも可能です。ただし、複数のルーティングプロトコルを動作させていても、ルーティングプロトコル間でルート情報を自動的に共有することはありません。たとえば、RIPで学習したルート情報が自動的にOSPFのルート情報として他のOSPFルータへアドバタイズされるといったことはありません。その逆も同様です。ルーティングプロトコル間だけでなく、スタティックルートのルート情報も同様です。スタティックルートで設定したルート情報が自動的にOSPFのルート情報として他のOSPFルータへアドバタイズされることはありません。

### ■ 再配送の例

再配送がどのようなものかを理解するために、図10-3のようなRIPとOSPFが混在しているネットワークを考えてみます。

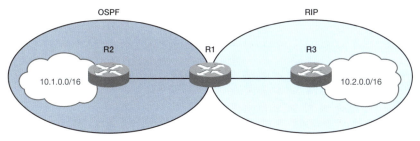

図10-3　RIPとOSPFが混在したネットワーク構成例

このネットワークでは、R1を境界としてOSPFとRIPの2つのルーティングプロトコルを利用しています。ここで、OSPFドメイン内の10.1.0.0/16とRIPドメイン内の10.2.0.0/16の2つのルートに注目します。

R1はOSPFで10.1.0.0/16のルートを学習します。また、RIPで10.2.0.0/16のルートを学習します。そのため、R1から10.1.0.0/16と10.2.0.0/16にはともに到達可能です。ただし、R1はOSPFで学習した10.1.0.0/16をRIPでR3にアドバタイズすることはありません。逆に、RIPで学習した10.2.0.0/16をOSPFでR2にアドバタイズすることもありません。そのため、R2は10.2.0.0/16のルートがわからず、R3は10.1.0.0/16のルートがわかりません。その結果、10.1.0.0/16と10.2.0.0/16のネットワーク間でのIP通信を行うことはできません（図10-4）。

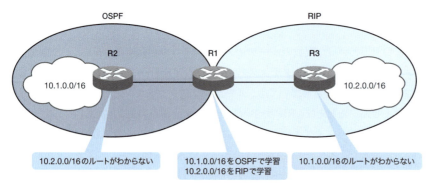

図10-4　ルーティングプロトコル間でルート情報を自動的に共有することはないため、ルーティングが行われない

　図10-4の10.1.0.0/16と10.2.0.0/16のネットワーク間でのIP通信を行うためには、R1でルート再配送を行います。ルート再配送によって、R1はRIPで学習した10.2.0.0/16をOSPFのルートとしてR2へアドバタイズできます。また、R1はOSPFで学習した10.1.0.0/16をRIPのルートとしてR3へアドバタイズできます（**図10-5**）。

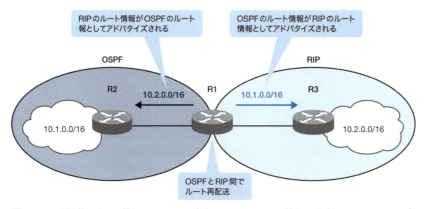

図10-5　再配送によって他のルーティングプロトコルのルート情報を共有してアドバタイズできる

### 10-2-3　再配送の仕組み

　再配送によって、あるルーティングプロトコルで学習したルート情報を別のルーティングプロトコルのルート情報に変換します。これにより、複数のルーティングプロトコルを利用している環境で、各ルータのルーティングプロトコルに必要なルート情報を登録できるようにします。

　各ルーティングプロトコルでは、それぞれのルート情報を制御するために**表10-1**に挙げるデータベースを保持しています。

表10-1　ルーティングプロトコルのデータベース

| ルーティングプロトコル | データベース |
| --- | --- |
| RIP | RIPデータベース |
| OSPF | LSDB |
| EIGRP | トポロジーテーブル |
| BGP | BGPテーブル |

　再配送は、上記のようなルーティングプロトコルのデータベース間でのルート情報の変換を行います。たとえばRIPからOSPFへ再配送すると、RIPデータベース上の最適なルート情報がOSPFのLSDBへ登録されます。こうして再配送されたルート情報のことを、外部ルートと呼びます（図10-6）。

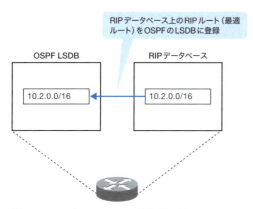

図10-6　RIPからOSPFへの再配送の例

　なお、ルーティングプロトコルだけではなくスタティックルートや直接接続のルート情報を再配送元にすることもできます。たとえばスタティックルートとして設定したルート情報をOSPFに再配送して、OSPFのLSDBに登録することができます。

　また、再配送の設定は原則として単方向です。そのため、図10-6の例では、RIPからOSPFへの再配送の設定だけでは不十分です。OSPFからRIPへの再配送の設定も同時に行う必要があります。つまり、ルーティングドメインの境界のルータでは、通常は双方向の再配送の設定が必要です。

■ シードメトリック

　再配送で、あるルーティングプロトコルのルート情報を別のルーティングプロトコルのルート情報に変換する際には、メトリックを考慮しなければいけません。メトリックについて簡単に振り返っておくと、各ルーティングプロトコルにおける宛先ネットワークまでの距離を表しています。RIPでは経由するルータ台数、すなわちホップ数を宛先ネットワークまでの距離としています。そして、OSPF

ではインタフェースの帯域幅から求められるOSPFコストの累積値を宛先ネットワークまでの距離としています。また、EIGRPは帯域幅、遅延、信頼性、負荷、MTUといった要素から計算される値を宛先ネットワークまでの距離としています。

表10-2　ルーティングプロトコルごとのメトリック

| ルーティングプロトコル | メトリック |
| --- | --- |
| RIP | ホップ数 |
| OSPF | 累積コスト（帯域幅） |
| EIGRP | 帯域幅、遅延、信頼性、負荷、MTU |

　ルーティングプロトコルごとにメトリックが異なり、互換性はありません。そのため、再配送で、あるルーティングプロトコルのルート情報を別のルーティングプロトコルのルート情報に変換するときには、メトリックの初期値を与える必要があります。再配送時のメトリックの初期値のことをシードメトリックと呼びます（図10-7）。

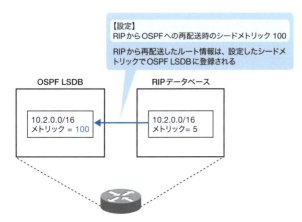

図10-7　シードメトリックの例

　シードメトリックを適切に設定しないと、正しく再配送されない場合があるので注意が必要です。また、シードメトリックの値が不適切な場合、ルーティングループが発生したり、IPパケットの転送ルートが最適なものではなくなってしまうことがあります。

### ■ 外部ルートの認識

　OSPFおよびEIGRPでは、他のルーティングプロトコルから再配送された外部ルートをきちんと認識して管理しています。

　OSPFの場合、再配送されたルート情報はLSAタイプ5 AS外部LSAとしてLSDBに登録されます。そして、外部ルートのメトリックには、メトリックタイプE1とメトリックタイプE2があります。メ

トリックタイプE1として再配送されたルート情報は、OSPFネットワークを伝わっていくにつれて、シードメトリックの値からメトリックが加算されていきます。一方、メトリックタイプE2として再配送されたルート情報は、シードメトリックのままでメトリックの値は変化しません（図10-8）。

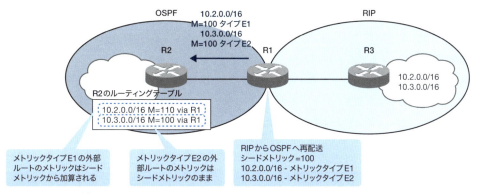

図10-8　OSPF外部ルートのメトリックタイプ

　EIGRPの場合、外部ルートは本来のEIGRPルートよりも優先度が低くなるようにしています。Ciscoルータでは、アドミニストレーティブディスタンスというパラメータでルーティングプロトコルの優先度を表しています。アドミニストレーティブディスタンスによるルーティングプロトコルの優先度は、言い方を変えると、ルーティングプロトコル間でメトリックを比較可能にする係数です。アドミニストレーティブディスタンスと各ルーティングプロトコルのメトリックを組み合わせて、宛先ネットワークまでのトータルの距離を表現します。EIGRPルートはアドミニストレーティブディスタンスが90です。それに対して、他のルーティングプロトコルから再配送されたEIGRPの外部ルートのアドミニストレーティブディスタンスは170です。アドミニストレーティブディスタンスはメトリックと同じように値が小さいほうが優先されます。

## 10-2-4　再配送の注意点

再配送には、次のようなデメリットがあります。

- ルーティングの設定が複雑になる
- 必ずしも最適なルートになるとは限らない
- ルーティングループの可能性がある

　複数のルーティングプロトコルを利用していると、どうしてもルーティングの設定が複雑になってしまいます。複雑な設定を行うとトラブルの元です。また、ルーティングプロトコルのアルゴリズムやメトリックの互換性がないために、再配送したルート情報が最適なルートでのルーティングを妨げ

てしまう可能性もあります。その最も極端な例がルーティングループの発生です。ルーティングループは、パケットがある場所を行ったり来たりする現象です。ルーティングループは、ルータが正しくルーティングテーブルを作成できないことから引き起こされます。ルーティングループの状態では、もちろんパケットのルーティングを正しく行うことができません。

　複数のルータで双方向のルート再配送を行うと、ルーティングループが発生する可能性が生じます。ルーティングループを防止するためには、ルーティングプロトコルの優先度の制御、シードメトリックの調整やルートフィルタなど複雑な設定が必要になります。

　以上のような再配送のデメリットを考えると、現実のネットワーク構成では、できる限り再配送の必要がないようにすることが望ましいといえます。ネットワーク設計に際しても、再配送が必要になるような複数のルーティングプロトコルの利用は避けることが原則です。

## 10-3
# ルートフィルタ

ルートフィルタにより、ルーティングプロトコルで送受信するルート情報を、特定の条件に基づいてフィルタすることができます。ここからは、ルートフィルタについて解説します。

### 10-3-1 ルートフィルタの利用

　ルートフィルタとは、ルーティングプロトコルで送受信するルート情報を制御することです。必要に応じてルート情報の一部を送信しないようにしたり、受信したルート情報の一部を破棄したりします。こうしたルートフィルタを利用する主な目的として、次のことが挙げられます。

#### 再配送しているときの不適切なルーティングを防ぐ

　複数のルーティングプロトコルを利用して再配送を行うネットワーク構成の場合、ルート情報が正しく伝わらず、パケットのルーティングが不適切になってしまうことがあります。このようなとき、ルートフィルタで不適切なルート情報をフィルタリングすることで、不適切なルーティングを防ぐことができます。

　たとえば、図10-9のようにRIPとOSPFを利用し、ルータAとルータBで再配送を行っている場合を考えます。もともとはRIPで学習された172.16.0.0/16のルートがルータAでOSPFに再配送されて、OSPFドメインを通じてルータBに伝わったとします。ここでルータBがRIPではなくOSPFで学習したルートを優先してしまうと、パケットをルーティングするルートが最短ではなくなり不適切です。そこで、ルータBにおいて、OSPFドメインを流れてきた元RIPのルートを受信しないようにフィルタすることで、このような不適切なルーティングを防ぎます。

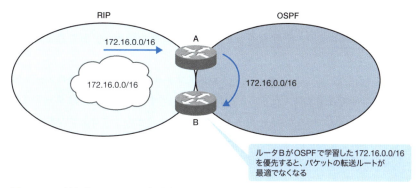

図10-9　不適切なルーティングの例

#### 特定のネットワークを隠蔽する

　ルーティングプロトコルでルート情報を他のルータに送信するということは、ネットワークの存在を通知し、そのネットワーク宛てのパケットを受け入れることを意味します。反対に、特定のネットワークへのルート情報をフィルタすることで、他のルータに対してそのネットワークの情報を隠蔽し、セキュリティを向上させることが可能です（図10-10）。

図10-10　ルートフィルタによって特定のネットワークの存在を隠蔽する

### 10-3-2　パッシブインタフェースによるフィルタ

　ルート情報をフィルタする機能として、パッシブインタフェースがあります。ルーティングプロトコルを有効にしたインタフェースは、デフォルトでは最適なルート情報を「すべて送信」します。パッシブインタフェースの設定を行うと、そのインタフェースからはルート情報の送信をしなくなります。デフォルトの「すべて送る」に対して、パッシブインタフェースは「すべて止める」という動作をするわけです。

　パッシブインタフェースの機能を利用するのは、他のルータが接続されていないインタフェースに対してです。RIP、OSPF、EIGRPといったルーティングプロトコルはインタフェース単位での有効化を行います。PCやサーバだけしか接続されていないインタフェースでもルーティングプロトコルを有効にします。しかし、PCやサーバに対してルート情報を送信しても意味がありません。ルート情報はデータサイズとしてはそれほど大きなものではありませんが、余計なトラフィックが発生して

しまうことになります。そこで、PCやサーバなどが接続されているインタフェースではパッシブインタフェースを有効にします。これにより、不要なルート情報の送信を止めることができます（図10-11）。

他のルータが接続されているインタフェースをパッシブインタフェースとすると、必要なルート情報が送信されなくなってしまうので注意してください。なお、パッシブインタフェースはルーティングプロトコルのルート情報を止めるだけではなく、ルーティングプロトコルのパケットそのものを止めてしまいます。そのため、OSPFやEIGRPではネイバーを発見するためのHelloパケットも止められてしまい、ネイバーを確立することもできなくなります。

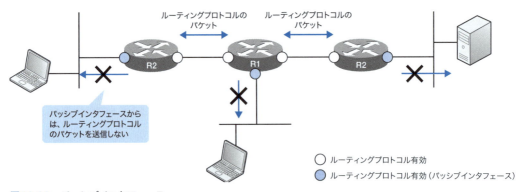

図10-11　パッシブインタフェース

### 10-3-3　ルートフィルタのポイント

ルートフィルタの設定方法は、扱う機器がどのベンダーの製品であるかによってかなり違います。しかし、ルートフィルタの設定の考え方は、どのベンダーでも共通しています。ルートフィルタを行うときのポイントは、次の2点です。

- フィルタするルートの指定方法
- フィルタするタイミング

■ **フィルタするルートの指定方法**

ルートフィルタによって、特定のルート情報の送信または受信を制御します。そのため、まずはフィルタする対象のルート情報をどのように指定するかがポイントです。

#### RIP、EIGRP、BGPの場合

RIPやEIGRPおよびBGPでは、各ルータ間でやり取りされるルート情報にはネットワークアドレス／サブネットマスクが含まれています。そのため、フィルタするルートの指定は、ネットワークアド

レス/サブネットマスクを条件にすることが一般的です。また、ルーティングプロトコルが扱うルート情報には、タグを付加することもできます。同じタグを付加することで、ルート情報をグループ化できます。そして、タグを条件に指定することによって、複数のルート情報をまとめてフィルタすることができます（図10-12）。

図10-12　フィルタするルートの指定の例

BGPルートであれば、ネットワークアドレス/サブネットマスクにさまざまなパスアトリビュートが付加されているので、パスアトリビュートによってフィルタするルート情報を指定することも可能です（図10-13）。フィルタするルート情報を指定するためによく利用されるBGPのパスアトリビュートとしては、AS_PATHやCOMMUNITYがあります。

図10-13　フィルタするBGPルートの指定の例

### OSPFの場合

OSPFでのフィルタするルート情報の指定は、他のルーティングプロトコルとは異なります。OSPFの特徴として、同一エリア内のすべてのOSPFルータはLSDBの同期を取ります。そのため、エリア内でやり取りするLSAタイプ1やLSAタイプ2を特定のルータだけフィルタすることは、OSPFの仕組み上できません。それに、LSAタイプ1、LSAタイプ2に含まれる情報は、ネットワークアドレス/サブネットマスクの形とは限りません。OSPFでのルートフィルタは、ABRでのLSAタイプ3やASBRでのLSAタイプ5が対象です。LSAタイプ3やLSAタイプ5には、ネットワークアドレス/サブネットマスクの形でルート情報が含まれています。

OSPFのルートフィルタのポイントを図10-14にまとめています。

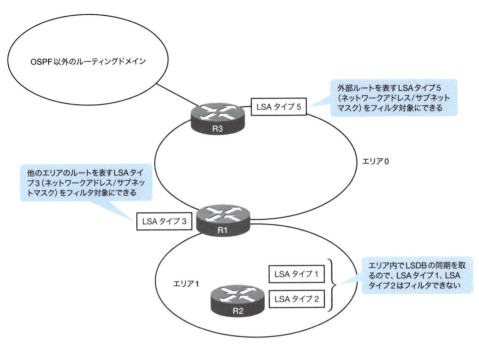

図10-14 OSPFのルートフィルタ

### ■ フィルタするタイミング

ルートフィルタを行うタイミングとしては、主に次のものがあります。

- インタフェースでルート情報を送受信するとき
- BGPの場合、BGPネイバーにルート情報を送受信するとき
- OSPFの場合、LSDBにLSAタイプ3やLSAタイプ5を生成するとき
- 再配送するとき

インタフェースでルート情報を送受信するタイミングでルートフィルタを行うのは、RIPやEIGRPです（図10-15）。RIP、EIGRPはインタフェース単位で有効化して、有効になったインタフェースでルート情報を送受信するからです。OSPFもインタフェース単位で有効にしますが、先述のとおりエリア内でのOSPFのLSAをフィルタすることは基本的にできません。

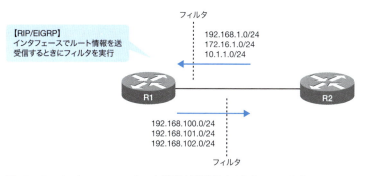

図10-15 インタフェースでルート情報を送受信するときのフィルタ

BGPはインタフェース単位で有効にするわけではありません。BGPの設定は、BGPによってルート情報を交換するネイバーを指定します。BGPのネイバーに対してルート情報を送受信するタイミングでルートフィルタを実行できます（図10-16）。

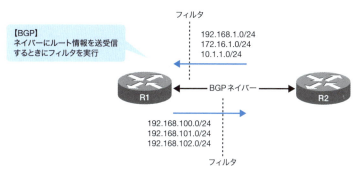

図10-16 BGPネイバーにルート情報を送受信するときのフィルタ

OSPFでは、ABRで他のエリアのLSDBに対するLSAタイプ3を生成するときにフィルタできます。また、ASBRで他のルーティングプロトコルのデータベースからLSAタイプ5を生成するときにフィルタが可能です。

第10章　ルート制御

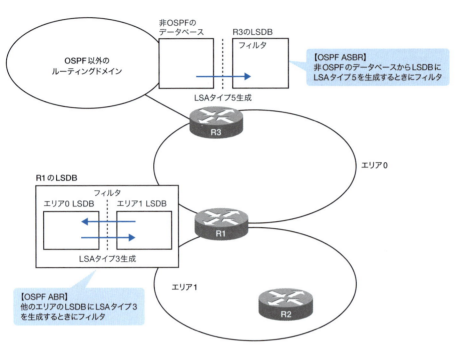

図10-17　OSPFのルートフィルタのタイミング

　また、再配送時にフィルタをかけることもできます。通常、再配送元のルーティングプロトコルの最適ルートがすべて再配送されていきます。再配送時のフィルタを実行することで、特定のルート情報を再配送対象から除外することが可能です（図10-18）。

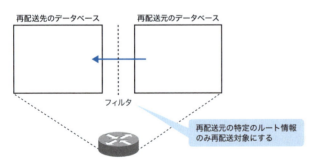

図10-18　再配送時のフィルタ

## 10-4 ポリシーベースルーティング

宛先IPアドレス以外の情報に基づいて柔軟なルーティングを行うことをポリシーベースルーティングと呼びます。ここからは、ポリシーベースルーティングの仕組みについて解説します。

### 10-4-1 ポリシーベースルーティングとは

ルータがIPパケットをルーティングするとき、通常は宛先IPアドレスとルーティングテーブルによって転送先を決定します。たとえば図10-19では、同じネットワーク上に異なるアプリケーションのサーバが接続されています。通常のルーティングでは、宛先IPアドレスしか見ません。そのため、同じネットワーク上のサーバであれば、複数のルートがあったとしても同じルートで転送されてしまうことになります。

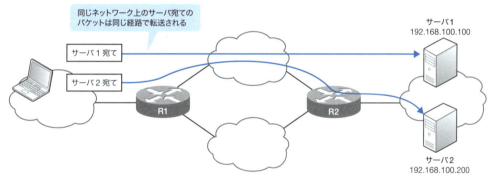

図10-19　通常のルーティングの転送ルート

ポリシーベースルーティング*とは、通常のIPルーティングのように宛先IPアドレスだけを用いるのではなく、それ以外のさまざまな情報を使って管理者が意図したようにパケットのルーティングを制御する機能です。具体的には、次のような情報を用いてパケットのルーティングを行うことができます。

- 送信元IPアドレス
- TCP/UDPポート番号
- IPヘッダのDSCP (Differentiated Services Code Point)
- 入力インタフェース
- MACアドレス

> ※ BGPでも「ポリシーベースルーティング」という表現を利用します。BGPの場合は、ベストパスの決定を管理者が意図したように制御することを意味しています。

ポリシーベースルーティングによって、アプリケーションごとに細かくIPパケットの転送を負荷分散したり、パケットの送信元によってIPパケットの転送ルートを変更したりといった柔軟なルーティングを行うことが可能です。たとえば、図10-20のように送信元が同じホストからでも、サーバ1のアプリケーションとサーバ2のアプリケーションで異なる転送ルートでIPパケットをルーティングすることができます。

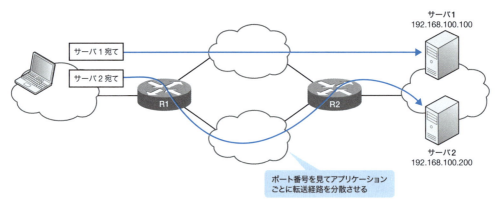

図10-20　ポリシーベースルーティングによる負荷分散の例

アプリケーションの識別はトランスポート層プロトコルであるTCPまたはUDPのポート番号で行うことができます。図10-20の例では、宛先IPアドレスとポート番号に基づいたポリシーベースルーティングにより、転送ルートの負荷分散を行っています。

### 10-4-2　ポリシーベースルーティングの限界

ポリシーベースルーティングによって、IPパケットの転送ルートを柔軟に制御し、ネットワークリソースを効率よく利用できます。しかし、ポリシーベースルーティングには次のような問題点があります。

- ホップバイホップの処理であるため拡張性に乏しい
- 動的なポート番号を利用するアプリケーションには対応できない

ポリシーベースルーティングでは、ホップバイホップの処理、すなわちルータごとの処理を行うことになります。ネットワークの規模が大きくなり、多くのルータによって構成されているネットワークでは、ポリシーベースルーティングの実装は大きな負担になります。ルータごとに、どのようにIPパケットを転送するかを設定していかなければいけません。その結果、拡張性に乏しくなってしまいま

10-4　ポリシーベースルーティング

す。

　また、ポリシーベースルーティングの設定は「あらかじめ」行っておく必要があります。アプリケーションごとに負荷分散するには、ポート番号いくつであればこのルート、ポート番号いくつであれば他のルートといった具合に、アプリケーションの通信が起こる前に各ルータに設定しておかなければいけません。Webやメールなどポート番号が決まっているアプリケーションならばあらかじめ設定しておくことは可能です。しかし、通信するときにポート番号が動的に決まるアプリケーションをポリシーベースルーティングで制御することは非常に困難です。

　拡張性を確保したうえで、より柔軟に、ネットワークリソースを効率よく利用して通信を行うためには、OpenFlowなどによるSDN*の構築が効果的です。

> ＊　SDNおよびOpenFlowの技術については付録で解説します。

**付録**

# SDN

近年、コンピュータの仮想化・クラウド化に伴い、ネットワークも仮想化への流れが加速しています。このネットワーク仮想化と、ネットワークの設計・構築・運用の自動化を実現する概念としてSDNが出現してきました。この章では、SDNについて詳しく解説します。

- ■A-1　SDNの概要
- ■A-2　SDNを実現する技術
- ■A-3　SDNアーキテクチャ
- ■A-4　プログラマビリティ
- ■A-5　SDNコントローラの実装例

付録　SDN

## A-1

# SDNの概要

SDNでは従来のネットワークの制御プレーンと転送プレーンを明確に分離し、転送プレーンを構成するスイッチを制御プレーンであるコントローラによって集中管理・制御します。ここではSDNの生まれた背景とその目的、そして適用範囲について解説します。

## A-1-1　SDNとは何か

　SDN（Software-Defined Networking）とは、直訳すると、「ソフトウェアが定義したネットワーク動作」です。これはいったい何でしょうか？　SDNという言葉が初めてメディアで取り上げられたのは2009年4月の『MIT Technology Review』の記事*と言われています。そこでは、SDNは「データフローをソフトウェアで定義できるようにする」と定義されています。

> ＊　http://www2.technologyreview.com/article/412194/tr10-software-defined-networking/

　過去の経緯からか、「Networking」ではなく「Network」と呼ぶ人や、「Defined」ではなく「Driven」と呼ぶ人もいたりしますが、現在SDNを最も中心的に定義しているとみられるONF（Open Networking Foundation）という標準化団体では「Software-Defined Networking」と呼んでいるため、本稿ではこれに従うこととします。ちなみに、SDNといえばOpenFlowというプロトコルが有名ですが、このOpenFlowの標準化を行っているところがONFです。

　「Network」ではなく「Networking」というところがSDNを理解する1つのポイントです。SDNはネットワークそのものを指しているわけではありません。ここからは、今までのネットワークと比較しながら、このSDNというものを説明していきます。

### ■ 今までのネットワークの課題

　今までのネットワーク、たとえばルータのネットワークはどのように動作していたでしょうか。ルータのネットワークでは、OSPFやBGPといったルーティングプロトコルを使って経路制御が行われていました。それぞれのルータが、自身の知っているルート情報を他のルータと交換しあうことで、パケットの転送先を決めています。このパケット転送先をそれぞれのルータが自律的に決定しているところから、このような制御方式を「自律分散制御」と呼びます（**図A-1**）。

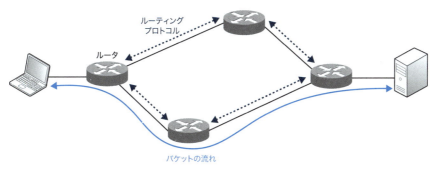

図A-1　ルータのネットワークではルーティングプロトコルを使って経路制御が行われている

　ルータの内部に目を向けてみましょう。大きく分けると、ルーティングプロトコルを使って経路制御を行う部分（Control Plane：制御プレーン）と、パケットの転送処理を行う部分（Data Plane：転送プレーン）が存在しています。制御プレーンで決定したルート情報に従い、どのようにパケット処理を行えばよいかを転送プレーンに書き込むことで、ルータはパケット転送を行います（**図A-2**）。

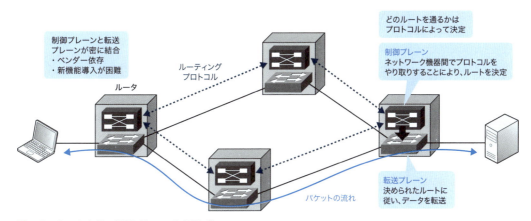

図A-2　ルータ内部の制御プレーンと転送プレーン

　ルーティングの設定をしたことのある方はよくわかると思いますが、パケットのルートを自在に操るのはとても難しいことです。どこを通るかはそれぞれのルータが決定するため、意図したところを通すには、「間接的な」設定を個々のルータに対して行う必要があります。たとえばリンクのメトリック値を調整することによって、パケットのルートを操作したりします。ところが、ルーティングプロトコルでは基本的に「宛先」ネットワークだけの情報交換を行うため、その単位でしか制御することができません。同じ宛先ネットワークであれば、HTTPも音声パケットも同じ経路を通ることになり、負荷分散やQoS制御を行うのは非常に困難です。

　よりきめ細かく経路制御するための手段として、ポリシーベースルーティング[*1]やトラフィックエ

ンジニアリング[*2]といったものもありますが、これらは基本的に手動で設定する必要があり、手間がかかったり設定を間違えたりするという問題があります。

> [*1] ポリシーベースルーティングとは、宛先ネットワーク以外の情報も使用してパケットの転送を制御する技術です。10-4節で解説しています。
> [*2] トラフィックエンジニアリングとは、ネットワークリソースの利用状態などを考慮したパケットの転送制御を行うための技術です。

そこで、転送プレーンに直接転送情報を設定するというアイデアが考えられました。アプリケーション（ソフトウェア）で転送経路を決定し、それを転送プレーンの各スイッチに直接設定しようというものです。これがSDNの始まりです。アプリケーションがスイッチを設定することで、従来のように人がコマンドでそれぞれのスイッチを設定する手間が省け、その設定の自動化が図れます。また、転送プレーンを担うネットワーク機器（スイッチ）もシンプルにデータ転送だけを行えばよくなるため、そのコストも抑えられると期待されました（図A-3）。

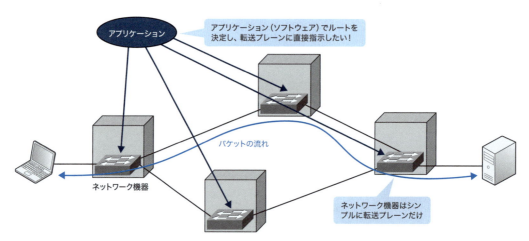

図A-3　アプリケーションで転送情報を転送プレーンに直接設定するというアイデア

ただし、その設定がネットワーク機器ごとに異なると、とても大変です。そこで、このインタフェースの標準化が検討されました。また、アプリケーションが直接転送プレーンを制御するには、従来の制御プレーンが行っていた転送プレーンを制御する仕組みを各アプリケーションで実装する必要があります。それでは非常に効率が悪くなってしまうため、まず**制御プレーンを転送プレーンから明確に分離**して、その間のインタフェースの定義を行いました。それがOpenFlowです。

しかし、ただ単純にネットワーク機器上で分離しただけでは、ネットワークに制御プレーンが分散していることになり、今までのルーティングプロトコルによる経路制御と変わらないことになってしまいます。アプリケーションは制御プレーンを経由して転送プレーンを制御しますが、制御プレーンが分散していると、そのプログラミングも非常に難しいものになります（図A-4）。

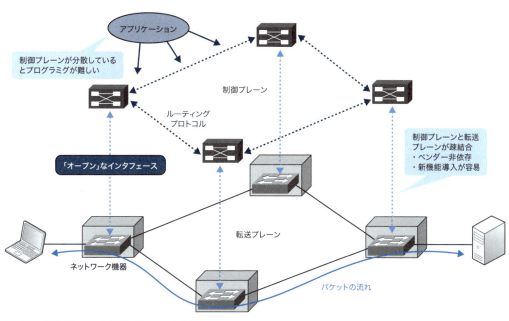

図A-4　制御プレーンと転送プレーンの分離

　そこで、制御プレーンを1箇所に集中させ、そこでまとめて転送プレーンを制御することが考えられました。ただ、制御プレーンを1箇所に集中させると、そのスケーラビリティに懸念が生じることは容易に想像できます。そこで、SDNではこの制御プレーンを「**論理的に集中**」することをうたっています。これは、スケーラビリティのために物理的には分散して実装されるものの、論理的には1つのものとして動作するということです。この論理的に集中した制御プレーンが、SDNの特徴の1つとなっています（**図A-5**）。

　制御プレーンが論理的に集中することにより、それを扱うアプリケーションをプログラミングするのも容易になります。また、制御プレーンが論理的に集中することで、ネットワーク全体を1箇所で見ることができるため、エンドツーエンドの最適な転送経路の設定を容易に行うことが可能になります。

付録　SDN

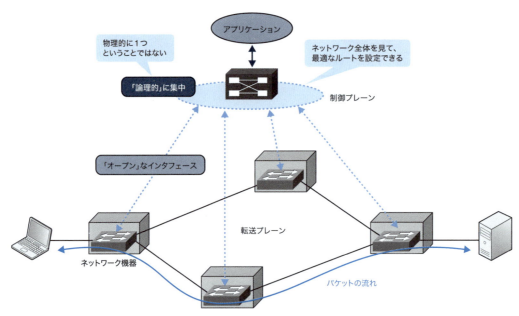

図A-5　制御プレーンを論理的に1箇所に集中させる

### ■ SDNコントローラ

　次に、SDNの当初の目的である「データフローをソフトウェアで定義する」という部分について説明します。これは制御プレーンとアプリケーション間のインタフェースを定義することで実現可能となります。論理的に集中した制御プレーンを扱うエンティティ（実体）のことを、以降は「SDNコントローラ」と呼ぶことにします。このSDNコントローラがアプリケーションに対してAPI（Application Programming Interface）を公開することで、アプリケーションは転送プレーンの制御方法を詳細に知ることなく、APIに従ってプログラムすればよいことになります（図A-6）。

　以上の内容をまとめたものが、図A-7です。従来の自律分散型Networkingから、論理集中型Networking、つまりSDNへの変遷を示しています。SDNにおいては、基本的に転送プレーンそのものの機能は従来と変わりありません。もちろん、OpenFlowスイッチでは転送制御に使用できるパラメータが柔軟性を持っているということはありますが、本質的な違いはありません。
　大きく変わるところは制御プレーンであり、いわゆるSDNコントローラが、SDNの中心的な役割を演じることとなります。

A-1 SDNの概要

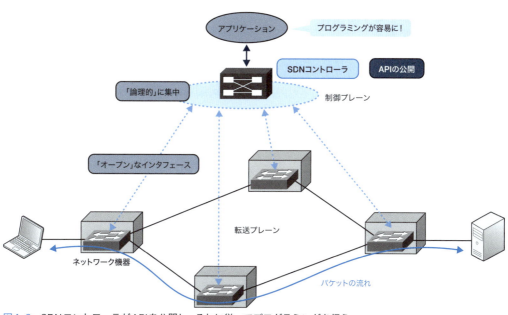

図A-6 SDNコントローラがAPIを公開し、それに従ってプログラミングを行う

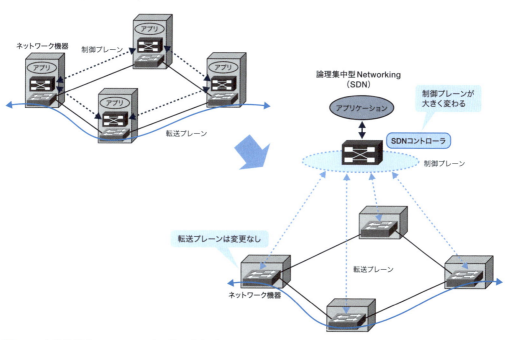

図A-7 自律分散型Networkingから論理集中型Networkingへ

## A-1-2 ネットワーク仮想化

　SDNというキーワードと並んでよく出てくる言葉に、「ネットワーク仮想化」というものがあります。ネットワーク仮想化とは、ソフトウェアによって仮想的にネットワークを作り上げる技術全般を指します。従来のネットワークでも、VLANやVPN（Virtual Private Network）といった仮想ネットワーク技術は存在していました。SDNを用いると、物理的に接続されたネットワーク上で、より柔軟に仮想的なネットワークを構築することが可能になります。

　それでは、仮想的なネットワークを構築する利点は何でしょうか？　サーバやPCの仮想化を例に挙げて考えてみましょう。サーバ仮想化では、物理的なサーバコンピュータの上に、複数の仮想的なコンピュータを動作させることができます。この仮想的なコンピュータはそれぞれ独立して動作し、異なるOSや異なるアプリケーションを動作させることが可能です。通常、1台のサーバは100％のコンピュータ資源を使って動作しているわけではないため、そのコンピュータ資源が遊んでいる（無駄な）状態です。これを仮想化によって複数のコンピュータを動作させることで、そのコンピュータ資源を有効に活用できます。

　これをSDNによるネットワーク仮想化に当てはめて考えてみましょう（図A-8）。

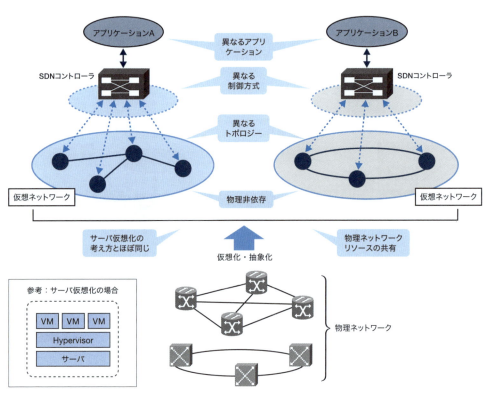

図A-8　ネットワーク仮想化

A-1 SDNの概要

サーバ仮想化と同様、物理ネットワークの上に、複数の仮想的なネットワークを構築します。これらの仮想ネットワークでは、異なるトポロジー、異なる制御方式、そして異なるアプリケーションを独立して動作させることができます。従来のネットワークでは、VLANやVPNを使って物理ネットワークと異なるトポロジーを作ることは可能でしたが、制御方式やアプリケーションまで独立したものを動作させることは困難でした。また、VLANやVPNでは、仮想ネットワークを識別するためにVLANタグやVPNを識別するMPLSラベルやトンネルIDが必要でした。一方、SDNでは転送プレーンにデータを転送するための情報をきめ細かく設定できるため、このような仮想ネットワーク識別子をパケットに付加しなくても仮想ネットワークを構築することが可能です。このようにSDNによるネットワーク仮想化では、ネットワークの物理的な制約から離れて、目的に応じたネットワークをより柔軟に構築できます。

## A-1-3 SDNの適用領域

### ■ データセンターのネットワーク

SDNの適用は、まずデータセンターのネットワークから始まっています。今までのデータセンターではサーバ間をVLANで接続していましたが、データセンターのサーバの仮想マシン化が進むにつれ、VLANで構築できる最大数4094では不足するようになってきました。また、そのVLANの制限を打破するためにVXLANなどのトンネル技術が適用されていますが、仮想マシンがライブマイグレーション*で他の物理サーバ上に移動するときに、これに追随してネットワークを設定することが従来の技術では困難でした。一方、SDNでは柔軟に仮想ネットワークを構築することができ、またその制御も柔軟に行うことができるため、データセンターネットワークへの適用に適したものとなっています。

> \*　ライブマイグレーションとは、ある仮想マシンで稼働しているOSやアプリケーションを停止させずに、丸ごと別の物理マシンに移動させる機能です。

### ■ 企業ネットワーク

企業ネットワークでは、組織変更によるネットワークの変更に対応する必要があります。従来のネットワークでは同じ部署を同じVLANに収容することが一般的でしたが、VLANでは物理的な制約があり、部署が遠隔に分割されてしまう場合や、一部の人が別の場所にいる場合に、その構築が難しいものとなっていました。SDNではVLANによらない仮想ネットワークを構築することが可能となるため、企業ネットワークの変更にも柔軟に対応することが可能です。また、昨今のネットワークではセキュリティがとても重要なものとなっています。従来のネットワークではファイアウォールやIDS/IPSなどを使用していましたが、機器のデータ転送性能や攻撃検知後の動作などが課題となっていました。SDNでは、データ転送経路を柔軟に操作できるため、ファイアウォールやIDS/IPSと連携

383

付録　SDN

することで、これらの課題を解決することができます。

### ■ 電気通信事業者のネットワーク

電気通信事業者のネットワークでは、SDNの柔軟な経路制御が役立つものと期待されています。従来のトラフィックエンジニアリングは、ルーティングと連携しているため適用範囲が限定されてしまったり、トラフィックエンジニアリングルートの手動設定に手間がかかるといった課題があります。SDNでトラフィックエンジニアリングを行うことで、より柔軟な経路制御が実施でき、ネットワークリソースをより効率的に使用することが可能になります。特にWDM（Wavelength Division Multiplex：波長分割多重）などの伝送ネットワークでは、制御プレーンによる動的な制御は従来では行われていませんでしたが、ここにSDNを適用することで、動的に構成を変更できる柔軟な伝送ネットワークを構築することも期待できます。

最近ではNFV（Network Functions Virtualization）が電気通信事業者のネットワークで注目を浴びています。従来のネットワーク機器、ルータやスイッチ、ファイアウォールやモバイルゲートウェイなどは特有のハードウェア上で実装されていましたが、NFVではこれらの機能を一般的なサーバ上に仮想的に実装することを目指しています。仮想的に実装された機能間を接続することをService Chainingと呼びますが、この接続を行うのにSDNが適しています。

以上のように、SDNではデータ転送を柔軟に制御できることから、さまざまなネットワークへの適用が考えられています。

## A-2
# SDNを実現する技術

SDNの制御プレーンと転送プレーンを分離する技術として、現在最も注目されているのがOpenFlowです。ここでは、ネットワークの制御方式と、OpenFlowについて詳しく解説します。

### A-2-1　ネットワーク制御方式

ネットワーク制御とは、ネットワークの動作（たとえばパケット転送やパケット処理）を制御することであり、データ転送を行うためにデータ転送経路を決定し、転送プレーンに対してデータ転送パスや転送テーブルの動的な設定を行うことです。SDNにおけるネットワーク制御では、分離された制御プレーンが、転送プレーンとの間に設定されたオープンなインタフェース（たとえばOpenFlow）を使って転送プレーンの設定を行います。

SDNにおけるネットワーク制御方式として、一般的に、ホップバイホップ方式とオーバーレイ方式

384

の2つがあります（**図A-9**）。

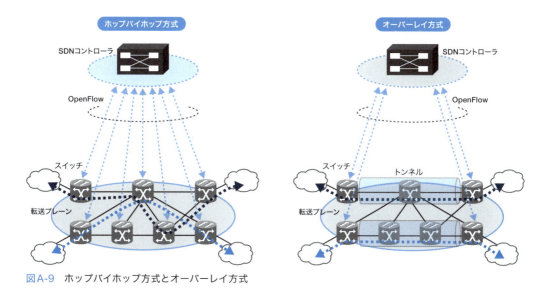

**図A-9** ホップバイホップ方式とオーバーレイ方式

**図A-9**の左側の図はホップバイホップ方式を、右側の図はオーバーレイ方式を表しています。それぞれの方式について説明します。

### ■ ホップバイホップ方式

ホップバイホップ方式では、転送プレーンのすべてのスイッチに対して、各データフローに対する転送テーブル情報の設定を制御プレーンが行い、その設定情報に従って、スイッチがデータ転送を行います。この方式では、制御プレーンは全スイッチに対して制御を行わなければならないため拡張性に懸念がありますが、厳密なパケット転送経路の設定やQoS制御を行うことができます。当然ながら、すべてのスイッチがSDN制御に対応している必要があります。また、各データフローを異なる仮想ネットワーク上のものと考えた場合、転送プレーンではパケットそのものに特別な操作——たとえばVLANタグやMPLSラベル挿入など——による仮想ネットワーク識別子を付与する必要がありません。なぜならば、転送プレーンまたは物理ネットワークは、自分の上にどんな仮想ネットワークが定義されているかは知らないからです（この方式では、転送プレーンのパケットを見ただけでは、どの仮想ネットワークに属するパケットかを判断することはできません）。

### ■ オーバーレイ方式

オーバーレイ方式では、データ転送を行うエッジスイッチ（一般的にはサーバ/VM上の仮想スイッチが多い）間にトンネルを設定し、そのエッジスイッチに対して、各データフローに対する転送テーブル情報の設定を制御プレーンが行います。エッジスイッチはパケットをトンネルにカプセル化

付録　SDN

し、パケットはネットワーク上を転送されます。この方式では、制御プレーンはエッジスイッチのみ制御すればよいため拡張性の面では優位ですが、トンネルにより仮想的に生成されているオーバーレイネットワークは物理的なネットワークトポロジーとは独立しているため、厳密なパケット転送経路の設定やQoS制御を行うことは難しくなります。本方式ではトンネル終端を行うエッジスイッチのみSDN制御に対応していればよいことになります。また、本稿執筆時点におけるOpenFlow仕様の最新バージョン1.4.0においては、トンネルの設定（トンネルヘッダの挿入）は規定されていないため、トンネル設定は別の方法——たとえばエッジスイッチでのコマンドなどによる設定——にてあらかじめ設定される必要があります。

　また、制御プレーンと転送プレーンが分離していない従来の形のネットワーク制御（つまり各スイッチが制御プレーンを使って自律的に経路制御）を実施しているネットワークに対し、図A-9に示したホップバイホップ方式やオーバーレイ方式を組み合わせ、特定のデータフローのみSDNで制御を行うというハイブリッド方式もあります。

## A-2-2 OpenFlowとは

　OpenFlowとは、制御プレーンと転送プレーン間のインタフェースとしてONFによって標準化されているオープンなインタフェースです。OpenFlowの特徴を、ネットワーク機器を制御するための代表的なプロトコルであるTELNETやSNMPと比較して説明します。これらは、プロトコルそのものは標準化されているものの、実際の制御に使用するパラメータなどはベンダー独自になっていました。たとえばTELNETコマンドのオプションがベンダーごとに異なったり、SNMPではベンダー拡張MIBを使用したりといった具合です。したがって、異なるベンダーのネットワーク機器を混在させて運用する、マルチベンダー環境で動作させるのはとても難しいことでした。一方、OpenFlowではプロトコルだけでなく、スイッチそのものの動作を規定しているため、その設定パラメータも標準化されています。そのため、これに従うことによってベンダー間での動作の違いをなくすことができる、すなわちマルチベンダー環境での運用が容易になっています。

　OpenFlowはバージョン1.0が2009年に発行されましたが、その後も拡張が続き、現在の最新バージョンは1.4.0となっています。本稿では最新のOpenFlow 1.4.0の内容で説明していきます。

　OpenFlowには、スイッチ制御のためのOpenFlow Switchとスイッチ管理のためのOF-CONFIG（OpenFlow Management and Configuration Protocol）の2つのプロトコルが存在しています。

　ここからは、OpenFlow Switchについて解説していきます。OF-CONFIGについてはその後で解説します。

### ■ OpenFlow Switch Specification

　OpenFlow Switch Specificationは、スイッチのコンポーネントと基本機能、そして遠隔のコントローラからOpenFlowスイッチの制御を行うOpenFlow Switchプロトコルについて規定していま

す。通常、OpenFlowというと、このOpenFlow Switch Specificationを指します。本稿でも、単にOpenFlowと表記している場合は、このOpenFlow Switch Specificationを指すものとします。

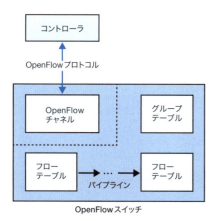

図A-10　OpenFlowスイッチの構成

　図A-10はOpenFlow Switch Specificationから抜粋したものであり、この仕様書で定義しているOpenFlowスイッチの主なコンポーネントを示しています。

　OpenFlowスイッチは、パケットの検索、および転送を行うために使用される1つまたは**複数のフローテーブル**と**1つのグループテーブル**、そして外部のコントローラと接続する**OpenFlowチャネル**から構成されています。OpenFlowスイッチは、OpenFlowチャネルを通じてコントローラとやり取りし、コントローラはOpenFlowプロトコルによりスイッチの制御を行います。

　OpenFlowプロトコルを使って、コントローラは**フローテーブル**に**フローエントリ**の追加、更新、そして削除を行うことができます。スイッチの中のそれぞれのフローテーブルはフローエントリのセットを持ち、それぞれのフローエントリはマッチフィールド、カウンタ、そしてマッチしたパケットに適用するインストラクション（命令）を含んでいます。

| マッチフィールド<br>(match fields) | プライオリティ<br>(priority) | カウンタ<br>(counters) | インストラクション<br>(instructions) | タイムアウト<br>(timeouts) | クッキー<br>(cookie) |
|---|---|---|---|---|---|

図A-11　フローエントリの構成

　図A-11はOpenFlow 1.4.0におけるフローエントリの構成を表しており、各フローエントリの要素を**表A-1**で説明しています。OpenFlow 1.0の時点では、フローエントリを構成する要素は「マッチフィールド」（OpenFlow 1.0では「ヘッダフィールド」という名称）、「カウンタ」「インストラクション」（OpenFlow 1.0では「アクション」という名称）の3つしか存在していませんでした。その種類はOpenFlowのバージョンが上がるにつれて増えています。

付録　SDN

表A-1　フローエントリの各要素

| 要素名 | 説明 |
|---|---|
| マッチフィールド (match fields) | パケットを識別するための、パケットのヘッダ情報の指定。この要素には表A-2 に示すものがある。 |
| プライオリティ (priority) | フローエントリの優先度。複数のフローエントリがヒットする場合、優先度の高いフローエントリが選択される。 |
| カウンタ (counters) | パケットがフローエントリにヒットした場合の、パケットの統計情報処理を指定。 |
| インストラクション (instructions) | パケットがフローエントリにヒットした場合の、パケットの処理方法の指定。 |
| タイムアウト (timeouts) | フローエントリの有効期限。この設定時間内にパケットがヒットしない場合は、フローエントリが削除される。 |
| クッキー (cookie) | コントローラによって選ばれるランダムなデータ値。フロー統計値のフィルタリングやフローの変更、フローの削除をするためにコントローラによって使われる可能性がある。パケットの処理中には使われない。 |

　表A-2はOpenFlow 1.4.0におけるマッチフィールドの一覧です。OpenFlowスイッチはフローテーブルに設定されたフローエントリのマッチフィールドと、入力パケットのヘッダ情報を比較し、マッチするフローエントリが存在した場合に、インストラクションで指定されている処理を行います。

表A-2　マッチフィールド一覧

| レイヤ | マッチフィールド |
|---|---|
| レイヤ0/1 (物理 / 論理情報) | 入力ポート（物理 / 論理ポート）※ |
| | 入力物理ポート |
| レイヤ2 | 送信元 / 宛先MACアドレス※ |
| | VLAN ID |
| | VLANプライオリティ |
| | イーサタイプ※ |
| レイヤ3 | 送信元 / 宛先IPv4/v6アドレス※ |
| | IPv4 DSCP/ECN/IPv6 Traffic class |
| | IPv6拡張ヘッダ |
| | IPプロトコル※ |
| | ICMP (v4/v6) type/code |
| | ARP opcode/SPA/TPA/SHA/THA |
| | IPv6 ND TARGET/SLL/TLL |
| レイヤ4 | TCP/UDP送信元ポート番号※ |
| | TCP/UDP宛先ポート番号※ |
| | SCTP 送信元 / 宛先ポート番号 |
| MPLS | MPLSラベル |
| | Traffic class (EXP) |
| | BoS (Bottom of Stack) |

| レイヤ | マッチフィールド |
|---|---|
| PBB | I-SID |
| | UCAフィールド |
| その他 | Metadata |
| | Tunnel ID |
| | Experimenter |

※サポート必須のマッチフィールド

　表A-3にOpenFlow 1.4.0におけるインストラクションの種類を示します。アクションセットはそれぞれのパケットに対して割り当てられ、デフォルトでは空の状態です。フローエントリで指定されたWrite-ActionsやClear-Actionsによってこのアクションセットは更新され、フローテーブル間で渡されていきます。最後のテーブル処理となったとき（Goto-Tableインストラクションを含まない場合）やApply-Actionsが指定された場合に、アクションセットに指定されているアクションが実行されます。

表A-3　インストラクションの種類

| インストラクション | 説明 |
|---|---|
| Meter | 統計情報処理を指定 |
| Apply-Actions | アクションセットに含まれるアクションの即時実行 |
| Clear-Actions | アクションセットに含まれるすべてのアクションを削除 |
| Write-Actions[※] | アクションセットへのアクションの追加 |
| Write-Metadata | メタデータの追加 |
| Goto-Table[※] | 次に処理されるテーブルの指定 |

※サポート必須のインストラクション

　表A-4にOpenFlow 1.4.0におけるアクションの種類を示します。

表A-4　アクションの種類

| アクション | 説明 |
|---|---|
| Output[※] | パケットを指定したポートから転送 |
| Set-Queue | パケットをQoSのために設定したキューに入れる |
| Drop[※] | パケットを廃棄 |
| Group[※] | ブロードキャスト・マルチキャストの出力処理を指定 |
| Push-Tag/Pop-Tag | VLANタグやMPLSラベルの挿入、削除を指定 |
| | ・VLANヘッダ |
| | ・MPLSヘッダ |
| | ・PBB (Provider Backbone Bridging) ヘッダ |

付録　SDN

| アクション | 説明 |
|---|---|
| Set-Field | パケットヘッダの各フィールドの書き換えを指定 |
| | ・送信元/宛先MACアドレス |
| | ・VLAN ID |
| | ・VLAN優先度 |
| | ・イーサタイプ |
| | ・送信元/宛先IPv4/v6アドレス |
| | ・IPv4 DSCP/ECN/IPv6 Traffic class |
| | ・IPv6拡張ヘッダ |
| | ・IPプロトコル |
| | ・ICMP(v4/v6)タイプ/コード |
| | ・ARP opcode/SPA/TPA/SHA/THA |
| | ・IPv6 ND TARGET/SLL/TLL |
| | ・送信元TCP/UDPポート番号 |
| | ・宛先TCP/UDPポート番号 |
| | ・送信元/宛先SCTPポート番号 |
| | ・MPLSラベル |
| | ・Traffic class (EXP) |
| | ・BoS (Bottom of Stack) |
| | ・I-SID |
| | ・UCA field |
| | ・Metadata |
| | ・Tunnel ID |
| | ・Experimenter |
| Change-TTL | TTLの減算処理を指定 |
| | ・MPLS TTLの設定・減算 |
| | ・IP TTLの設定・減算 |
| | ・TTL値を外側のヘッダにコピー |
| | ・TTL値を内側のヘッダにコピー |

※サポート必須のアクション

アクションはアクションセットに指定されますが、実行される順番は下記のようになっています。

1. TTL値を内側のヘッダにコピー
2. タグ情報の削除 (Pop-Tag)
3. MPLSラベルの挿入 (Push-Tag)
4. PBBタグの挿入

5. VLANタグの挿入
6. TTL値を外側のヘッダにコピー
7. TTLの減算処理
8. パケットのフィールドの更新 (Set-Field)
9. QoS処理 (Set-Queue)
10. ブロードキャスト・マルチキャストの場合、該当処理を実施 (Group)
11. パケット出力処理 (Output)

このようにOpenFlowスイッチは、「マッチフィールド」で指定された条件にマッチしたパケットに対して、「インストラクション」「アクション」で指定した処理を行います。これは、従来のルータやスイッチの転送テーブルの処理と基本的に同等の処理となります。ただし、従来のスイッチでは基本的にイーサネットヘッダ情報にマッチしたフレームを指定されたポートから出力する、ルータでは基本的にIPヘッダ情報にマッチしたパケットを指定されたポートから出力する、といった程度でした。一方、OpenFlowでは物理レイヤからレイヤ4まで幅広い条件を指定でき、またその処理方法もいろいろ指定できます。つまり、OpenFlowスイッチでは従来のスイッチやルータと比べて、きめ細かい処理を行うことが可能になります。

図A-12は、OpenFlowスイッチにおける基本的なパケット処理動作を示しています（OpenFlow Switch Specificationから抜粋）。

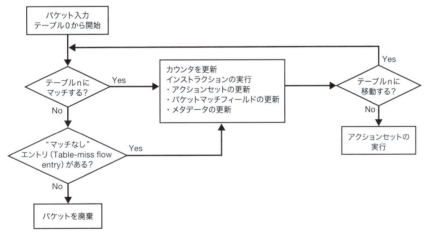

図A-12　OpenFlowスイッチにおける基本的なパケット処理動作

OpenFlowスイッチにパケットが入力されると、まずテーブル0のフローエントリに対し、そのパケットがマッチするかどうかの判定が行われます。判定は、表A-2のマッチフィールドの、パケットのヘッダ情報において行われます。マッチするエントリが存在する場合は、該当するエントリのカウン

タ処理（統計）を行い、そして該当エントリに設定されたアクションセットが更新されます。このアクションセットには、**表A-3**のインストラクション、**表A-4**のアクションがあります。アクションによってヘッダ情報の更新が行われる場合は、パケットマッチフィールドを更新し、メタデータの更新が指示された場合はその更新を行います。インストラクションの「Goto-Table」が指示された場合は、該当テーブル番号に処理が移り、そのテーブルにて再びマッチするかどうかの判定が行われます。「Goto-Table」以外の場合は、指示されたアクションセットを実行します。

　**図A-13**に複数のフローテーブルによる処理の流れを示します。このように複数のテーブルで一連のパケット処理を行うことを、OpenFlowパイプライン処理といいます。

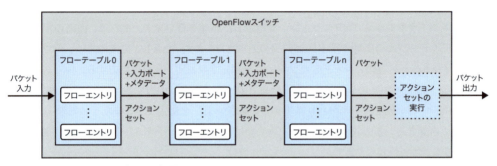

図A-13　OpenFlowパイプライン処理

　あるテーブルの処理が終わったら次のテーブルの処理へ、ということについては、従来のスイッチの動作を考えるとわかりやすいでしょう。たとえばイーサネットフレームを受信して、MACアドレステーブルで宛先を検索後、レイヤ3のルーティング処理を行わなければならない場合は、次にルーティングテーブルを検索してその宛先を決定し、パケット転送を行います。OpenFlowスイッチでは最大254のテーブルが定義できますが、その用途については特に規定されていないので、当面は従来のスイッチと同じような使われ方をするのではないかと思われます。

　複数のフローエントリにマッチする場合は、プライオリティの高いフローエントリのインストラクションに従って、パケット処理が実施されます。

　フローエントリにマッチしない場合、かつ"マッチなし"エントリ（Table-miss flow entry）がある場合は、そのエントリに従った命令セットを実行します。"マッチなし"エントリが存在しない場合は、該当パケットを廃棄します。

　OpenFlow Switch Specificationでは、Optionalと規定されているパラメータをスイッチが解釈できない場合は該当メッセージを拒否し、エラーメッセージをコントローラに返す仕様となっています。したがって、コントローラはOpenFlowチャネル接続時に、最初にスイッチに対してサポートしているパラメータを問い合わせます。また、該当エラーメッセージを受信した場合は、エラーとなったOptionalのパラメータを以降のメッセージに含めないようにします。

## A-2-3 OpenFlowの拡張

OpenFlowは現在バージョン1.4.0が最新ですが、現在も仕様追加が行われています。主なものとして、WDMなどの光伝送ネットワークの制御に対する拡張や、トンネル制御に対する拡張があります。

OpenFlowでは、「experimenter」という拡張フィールドが定義されており、これを使って独自のTLV（Type/Length/Value）を定義し、独自拡張が可能な仕様となっています。拡張が必要な場合は、この「experimenter」を使って拡張を行います。

OpenFlow Switch Specificationでは、「experimenter」をスイッチが解釈できない場合は該当メッセージを拒否し、エラーメッセージをコントローラに返す仕様となっています。したがって、コントローラは該当エラーメッセージを受信した場合は、エラーとなった「experimenter」を以降のメッセージに含めないようにします。

## A-2-4 OpenFlowポート

OpenFlowスイッチには、OpenFlowポートと呼ばれる論理的なネットワークインタフェースをサポートすることが義務付けられています。OpenFlowでスイッチを制御するときに、このOpenFlowポートをパケットの入出力ポートとして指定することになりますが、これが標準化されているため、スイッチがどのベンダーのものであるかを意識することなく運用が可能です。

OpenFlowポートには、次の3つの種類があります。

### Physical Port

物理ポートを指します。たとえばイーサネットポートがあります。

### Logical Port

論理ポートを指します。例えばループバックインタフェースやトンネルインタフェースがあります。

### Reserved Port

OpenFlow Switch Specificationで予約されたポートです。表A-5のようなものがあります。

表A-5 予約OpenFlowポート

| ポートの種類 | 説明 |
| --- | --- |
| ALL[*] | パケット送信に使用できるすべてのポート。パケット送信ポートとして指定すると、パケット受信ポートを除くすべてのポートからパケットがコピーされて送信される。 |
| CONTROLLER[*] | OpenFlowコントローラとの制御チャネル用ポート。パケット送信ポートとして指定するとパケットをPacket-Inメッセージ内にカプセル化し、OpenFlowプロトコルを使ってコントローラに送信する。パケット受信ポートとして指定すると、コントローラから受信したパケットをPacket-Outメッセージとして識別する。 |

付録　SDN

| ポートの種類 | 説明 |
|---|---|
| TABLE[※] | OpenFlowパイプライン処理の始まりを表す。Packet-OutメッセージのOutputアクションでのみ有効であり、Packet-Outメッセージで受信したパケットをOpenFlowパイプラインで処理できるように最初のフローテーブルへ送る。 |
| IN_PORT[※] | パケットの受信ポート。パケット受信ポートからそのパケットを送信する場合に指定する。 |
| ANY[※] | ポートの指定がないとき（ワイルドカード指定時など）の特別な値としてOpenFlowコマンドで使われる。実際のパケット受信/送信ポートのどちらとしても指定できない。 |
| LOCAL | スイッチの管理用のネットワークに接続するためのポート。 |
| NORMAL | OpenFlowパイプライン処理を行わず、従来のスイッチの転送機能を使用する場合に指定する。 |
| FLOOD | 従来のスイッチの転送機能を用いてフラッディングする場合に指定する。 |

※サポート必須の予約ポート

OpenFlowスイッチには、次の2つのタイプがあります。

### OF-Only Switch

OpenFlow-Only Switch、すなわちOpenFlowのみをサポートするスイッチです。すべてのパケット処理をOpenFlowパイプラインで行います。このスイッチは「NORMAL」「FLOOD」ポートをサポートしません。これらのポートは従来のレイヤ2スイッチの動作に使用するものです。

### OF-Hybrid Switch

OpenFlow-Hybrid Switch、すなわちOpenFlowと従来のレイヤ2スイッチの動作の両方をサポートできるスイッチです。

## A-2-5　OpenFlowチャネル

OpenFlowコントローラとOpenFlowスイッチ間のインタフェースをOpenFlowチャネルと呼びます。ここで使用する具体的なプロトコルはOpenFlow Switch Specificationでは規定しないことになっており、実装次第となっています。通常はTLSかTCPを使用しており、デフォルトではTCPポート番号6653を使用します。

OpenFlowではコントローラとスイッチが分かれているため、OpenFlowチャネルが切断されてしまったときにスイッチがどのように動作するのかについて、次の2つの方式が規定されています。

- fail secure mode
  フローエントリが有効期限を過ぎるまで、それに従ってパケットを継続して転送するモードです。
- fail standalone mode
  「NORMAL」ポート、つまり従来のスイッチ処理を行ってパケット転送を行うモードです。これは、OF-Hybrid Switchのみ有効となります。

また、OpenFlowチャネルは同一コントローラ-スイッチ間で複数のチャネル設定が可能です。これは、パラレル転送により処理能力の向上を狙ったものです。複数のチャネル設定を行った場合は、下記のような動作となります。

- 1つのメインコネクション（main connection）と複数の補助コネクション（auxiliary connection）が設定されます。Packet-In/Packet-Outメッセージ以外はメインコネクションを使用することが推奨されています。
- 「補助コネクションID（Auxiliary ID）」でチャネルは区別されます。複数のチャネル設定では、そのIPアドレス/スイッチID（Datapath ID）は同じものとなります。
- メインコネクションが切断したら、補助コネクションはすべて切断されます。
- 補助コネクションが信頼できないトランスポート（UDPやDTLS）の場合は、転送可能なメッセージを制限します。

一方で、信頼性向上のため、スイッチは複数のコントローラと接続することが可能です。複数のコントローラが接続した場合、コントローラは下記の3つのうち、1つの役割を演じることとなります。

- EQUAL
コントローラがスイッチに対してフルアクセスの権限を持ちます。コントローラのデフォルトの役割です。複数のコントローラがEQUALの場合、コントローラ間で負荷分散が可能となります。
- MASTER
コントローラがスイッチに対してフルアクセスの権限を持つところはEQUALと同じですが、MASTERは1つだけ存在できます。後述する複数のSLAVEが接続されることにより、冗長構成を組むことができます。
- SLAVE
コントローラはスイッチに対して読み出し専用権限のみ持ちます。MASTERと組み合わせて冗長構成を組むことができます。

## A-2-6 OpenFlowメッセージ

それでは、OpenFlowコントローラとOpenFlowスイッチの間でやり取りされるOpenFlowメッセージの概要を見ていきましょう。

OpenFlowメッセージは、OpenFlowチャネル上でメッセージ交換されます。OpenFlowメッセージには、大きく次の3種類があります。

- Controller-to-Switchメッセージ
- Asynchronousメッセージ

付録　SDN

● Symmetric メッセージ

Controller-to-Switch メッセージは、コントローラからスイッチに送信されるメッセージです（**表A-6**）。このメッセージには、スイッチからの応答があるものとないものがあります。

表A-6　Controller-to-Switch メッセージ

| メッセージ | 内容 | 応答 |
|---|---|---|
| Features | OpenFlow スイッチのID（Datapath ID）と基本的な機能の問い合わせ（Feature Request）とその応答（Feature Reply） | 必要 |
| Configuration | OpenFlow スイッチの設定パラメータの設定（SET_CONFIG）と問い合わせ/応答（GET_CONFIG_REQUEST/GET_CONFIG_REPLY） | 問い合わせ時のみ |
| Modify-State | OpenFlow スイッチの状態管理。フロー/グループエントリの追加/変更/削除（FLOW_MOD/GROUP_MOD）やポートの属性設定など | なし |
| Read-State | OpenFlow スイッチの状態（現在の設定、統計情報、OpenFlow スイッチ能力など）の読み出し | 必要 |
| Packet-Out | Packet-In で入力されたパケットそのものをコントローラからスイッチに転送する、あるいはバッファIDを指定して、OpenFlow スイッチからパケットを出力 | なし |
| Barrier | 処理の区切りに使用 | 必要 |
| Asynchronous-Configuration | Asynchronous メッセージの送信設定、および問い合わせ | 問い合わせ時のみ |

Asynchronous メッセージは、スイッチからコントローラに非同期で送信されるメッセージです（**表A-7**）。

表A-7　Asynchronous メッセージ

| メッセージ | 内容 | 応答 |
|---|---|---|
| Packet-In | 「CONTROLLER」ポートがパケット送信ポートとして指定された、またはフローエントリにヒットしない場合に、パケットそのもの、あるいはヘッダの一部（パケットはバッファに保持。バッファIDで管理）をコントローラへ送信 | なし |
| Flow-Removed | フローエントリが削除された場合に送信 | なし |
| Port-status | ポート設定・状態が変化した場合に送信 | なし |
| Experimenter | 拡張用 | ― |

Symmetric メッセージは、コントローラ、あるいはスイッチどちらからでも送信できるメッセージです（**表A-8**）。

表A-8 Symmetricメッセージ

| メッセージ | 内容 | 応答 |
| --- | --- | --- |
| Hello | OpenFlowコントローラとOpenFlowスイッチ間の接続時に送信 | なし |
| Echo | OpenFlowコントローラとOpenFlowスイッチ間の接続確認<br>(ECHO_REQUEST/ECHO_REPLY) | 必要 |
| Error | エラーメッセージの通知 | なし |
| Experimenter | 拡張用 | ─ |

### ■ ハンドシェイク

OpenFlowチャネルの設定後、OpenFlowコントローラとOpenFlowスイッチ間でHelloメッセージを使ってOpenFlowバージョンのネゴシエーションが行われます。お互いにサポートしているOpenFlowのバージョンを交換し、両者がサポートする最も高いバージョンを使用します。次にOpenFlowコントローラは、Featuresメッセージを使ってOpenFlowスイッチの機能の問い合わせを行います。OpenFlowスイッチはその応答の中に、自身のIDであるDatapath IDを含めます。これは以後、このスイッチの識別子として使用されます（図A-14）。

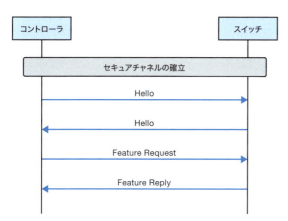

図A-14　ハンドシェイク

### ■ スイッチの設定変更

ハンドシェイク終了後、OpenFlowコントローラはOpenFlowスイッチに対し、Configurationメッセージを使って、フラグメントパケットに対する処理の設定や、パケットイン時[*]にコントローラに送信する最大バイト数などのスイッチの設定変更を行います。

> [*] パケットインについてはA-2-8項で説明します。

また、OpenFlowコントローラはConfigurationメッセージを使って、スイッチの設定情報の読み出しを行うことができます（図A-15）。

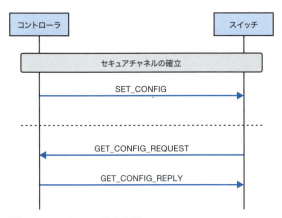

図A-15　スイッチの設定変更

■ フローエントリの追加・変更・削除

　OpenFlowコントローラはOpenFlowスイッチに対し、Modify-Stateメッセージを使ってフローエントリの追加・変更・削除を行います。p.388〜390に記載したマッチフィールド、インストラクション、アクションなどをフローエントリとして設定します（**図A-16**）。

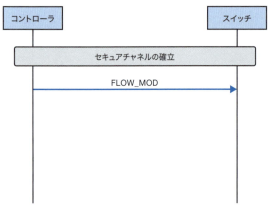

図A-16　フローエントリの追加・変更・削除

■ グループエントリの追加・変更・削除

　フローエントリ同様、OpenFlowコントローラはOpenFlowスイッチに対し、Modify-Stateメッセージを使ってグループエントリの追加・変更・削除を行います。p.388〜390に記載したマッチフィールド、インストラクション、アクションなどをグループエントリとして設定します（**図A-17**）。

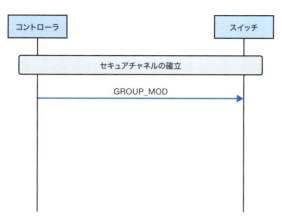

図A-17　グループエントリの追加・変更・削除

## ■ パケットイン、パケットアウト

後述するA-2-8項で説明しますが、OpenFlowスイッチのフローエントリにマッチしないパケットを受信した場合に、その転送方法をOpenFlowコントローラに問い合わせるためにPacket-In/Packet-Outメッセージを使います。受信パケットをOpenFlowスイッチのバッファに格納しておく場合は、そのバッファIDをPacket-In/Packet-Outメッセージに含めます。パケットそのものをOpenFlowスイッチに送る場合は、Packet-In/Packet-Outメッセージに受信パケットそのものを入れて転送します。

Packet-InメッセージでOpenFlowコントローラが受信パケットの転送処理を決定した後、後続のパケットをパケットインさせないように、前述のModify-Stateメッセージで該当処理のフローエントリの設定を行うこともできます。（図A-18）

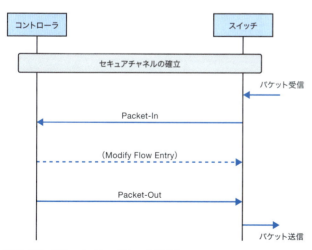

図A-18　パケットイン、パケットアウト

## ■ OpenFlowチャネルの正常性確認

　OpenFlowコントローラとOpenFlowスイッチ間に設定したOpenFlowチャネルの正常性確認のため、Echoメッセージが使用されます。OpenFlowチャネルの異常を検出した場合は、他のOpenFlowコントローラに接続を変更したり、従来のスイッチ転送モードに変更してパケット転送処理を継続するなどの動作の切り替えを行います。

図A-19　OpenFlowチャネルの正常性確認

### A-2-7　OF-CONFIG

　OpenFlowのもう1つのプロトコル、OF-CONFIG（OpenFlow Management and Configuration Protocol）では、OpenFlowスイッチの管理、および設定について規定しています。OF-CONFIGはネットワーク機器の管理プロトコルであるNETCONFをベースとしており、OpenFlow Switch Specificationのバージョンにそれぞれ対応したバージョンが規定されています（**表A-9**）。

表A-9　OpenFlow SwitchとOF-CONFIGのバージョンの対応

| OpenFlow Switchバージョン | 対応OF-CONFIGバージョン |
| --- | --- |
| OpenFlow 1.0 / 1.1 | 規定なし |
| OpenFlow 1.2 | OF-CONFIG 1.0 |
| OpenFlow 1.3 | OF-CONFIG 1.1 |
| OpenFlow 1.4 | OF-CONFIG 1.2 |

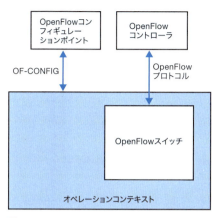

図A-20 OpenFlow Switch と OF-CONFIG の関連

図A-20 は OF-CONFIG Specification から抜粋したものであり、この仕様書で定義している OF-CONFIG の主なコンポーネントを示しています。「OpenFlow コンフィギュレーションポイント」と呼ばれる従来のネットワーク管理システム相当のコンポーネントから、OpenFlow スイッチに対して、OF-CONFIG を使用してスイッチの設定や管理を行います。

表A-10 OpenFlow Switch と OF-CONFIG の比較

|  | OpenFlow Switch | OF-CONFIG |
| --- | --- | --- |
| 目的 | マッチ・アクションルールを変更することにより、パケットフローに影響を及ぼす | 物理または仮想のプラットフォームに対し、遠隔から設定を行う |
| トランスポートプロトコル | TCP、TLS または SSL をサポート | NETCONF に準ずる |
| 機能 | ・OpenFlow セキュアチャネルの確立、監視<br>・バージョン・機能のネゴシエーション、問い合わせ<br>・OpenFlow スイッチ設定 (フラグメントパケット処理、パケットイン処理)、設定情報の問い合わせ<br>・フローテーブルの設定・変更・問い合わせ<br>・フローエントリの追加・変更・削除<br>・ポート設定変更<br>・メーター (ポリサ) 設定追加・変更・削除<br>・統計情報 (テーブル/ポート/フロー/キュー/メーターなど) の問い合わせ、複数コントローラ接続時の役割変更と変更通知<br>・パケットイン、パケットアウト<br>・OpenFlow スイッチの状態通知 (フローエントリ削除/ポート状態変更/フローテーブル容量) | ・OpenFlow スイッチへの OpenFlow コントローラの割り当て<br>・OF-CONFIG バージョンのネゴシエーション<br>・Switch Datapath ID (スイッチを識別する ID) の設定<br>・OpenFlow スイッチモードの設定<br>・ポート/キューの設定<br>・ポートの Up/Down の遠隔制御<br>・OpenFlow セキュアチャネル用のセキュリティ設定 (証明書など)<br>・OpenFlow スイッチの能力/機能発見<br>・トンネル設定 |

表A-10に示したように、ネットワーク制御という役割においてはOpenFlow Switchプロトコルを使用し、パケットフローの制御を行います。これはOpenFlowスイッチのフローテーブルにフローエントリを設定することで実現します。ネットワーク管理という役割においてはOF-CONFIGを使用し、OpenFlowスイッチの設定・管理を行います。

### A-2-8 パケットイン、パケットアウト

OpenFlowの特徴的な機能として、パケットイン、パケットアウトと呼ばれる処理があります。これはどのようなものでしょうか。

OpenFlowスイッチでは、フローテーブルに設定されたフローエントリに従って、パケット転送を行います。では、フローエントリにマッチしないパケットはどのように処理されるのでしょうか。従来のルータであれば、ルーティングテーブルのエントリにマッチしないパケットは廃棄されていました。レイヤ2スイッチでは、転送テーブルのエントリにマッチしない場合は、フラッディング、つまり全ポートへの転送が行われていました。OpenFlowでは、フローテーブルのエントリにマッチしない場合、パケットそのものをコントローラに転送します。この処理をパケットインと呼びます。パケットインにより受信したパケットをコントローラが解析し、転送経路を決定します。そしてそのパケットをスイッチに戻し、パケットが転送されます。これをパケットアウトと呼びます。パケットインで決定した転送経路に従ってOpenFlowスイッチにフローエントリを設定することで、このパケットと同じ属性、つまり同じフローの後続パケットについてはパケットイン・パケットアウト処理が不要になり、OpenFlowスイッチで転送されます。

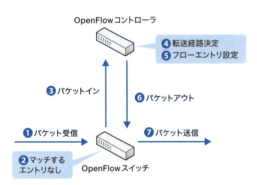

図A-21　パケットイン、パケットアウト

図A-21のように、受信パケットをパケットインによりコントローラで解析し、そしてフローエントリの設定を行うような方式を、リアクティブ方式と呼びます。リアクティブ方式では、事前のフローエントリの設定が不要なので、コントローラやスイッチの起動時間が短く、またOpenFlowスイッチのフローテーブル容量が少なくて済むという利点がありますが、パケットの転送遅延が大きくなって

しまうという欠点もあります。OpenFlow 1.0ではこのリアクティブ方式がデフォルトとなっていました。

これに対して、あらかじめ必要な（と思われる）フローエントリを設定しておく方式を、プロアクティブ方式と呼びます（図A-22）。プロアクティブ方式では、パケット転送時にコントローラへの問い合わせ（パケットイン）が不要なため、パケットの転送遅延を小さくすることができます。しかし、あらかじめフローエントリを設定しておく必要があるため、コントローラやスイッチの起動時間が長く、またOpenFlowスイッチのフローテーブル容量が大きくなってしまうという欠点があります。OpenFlow 1.3から、このプロアクティブ方式がデフォルトとなっています。

従来のレイヤ2スイッチでは、転送先が不明なときはフラッディングし、その後MACアドレスを学習したらそのエントリに従ってパケット転送しますが、リアクティブ方式はこれに近いものです。また、従来のルータでは、あらかじめルーティングプロトコルによってルーティングテーブルにエントリを生成しておきますが、これがプロアクティブ方式に相当するものと理解すればよいでしょう。

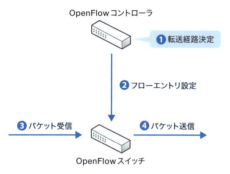

図A-22　プロアクティブ方式

## A-2-9　ネットワークトポロジーの発見

従来のネットワークでは、ルーティングプロトコルなどを使用してネットワークのトポロジーを把握し、これを基にしてパケットの転送経路を計算し、決定していました。それではOpenFlowでは、どのようにトポロジーを把握しているのでしょうか。

現在のOpenFlowの仕様には、ネットワークトポロジーを発見する方法は規定されていません。しかしながら、現在の多くのOpenFlowコントローラは、先ほど説明したパケットイン、パケットアウトの仕組みと、LLDP（Link Layer Discovery Protocol）を組み合わせて、ネットワークトポロジーの発見を行っています。

その様子を示したのが図A-23です。OpenFlowスイッチがOpenFlowコントローラに接続されると、OpenFlowスイッチにどのようなポートがあるかがOpenFlowコントローラに伝えられます。OpenFlowコントローラは、スイッチ#1のポート1がどこに接続されているかを知るために、そのポートから出力するように指示をしたLLDPパケットを、OpenFlowスイッチ#1に対してパケットア

ウト処理します。このパケットアウトを受信したOpenFlowスイッチ#1は、指示されたポートからLLDPパケットを出力します。これを受信したOpenFlowスイッチ#2は、フローエントリを確認し、エントリがない（あるいは、あらかじめLLDPパケットをコントローラにパケットインするようなフローエントリを設定しておく）ため、パケットイン処理を行い、コントローラにLLDPパケットを転送します。このとき、LLDPパケットをどのポートから受信したかも伝えられるため、これを受信したOpenFlowコントローラは、OpenFlowスイッチ#1のポート1とOpenFlowスイッチ#2のポート1が接続されていることがわかります。これを他のポートにも繰り返していくことにより、OpenFlowコントローラはネットワーク全体のトポロジーを把握することができます。

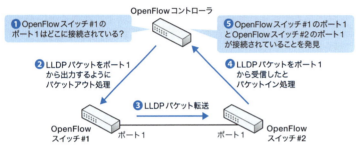

図A-23　LLDPを利用したネットワークトポロジー発見

## A-3

# SDNアーキテクチャ

各標準化団体がSDNアーキテクチャについて記述していますが、どれもほぼ同じものとなっています。ここでは、ONFが定義しているSDNアーキテクチャを紹介します。

　ONFが定義しているSDNアーキテクチャは、図A-24に示すように3つの機能レイヤからなり、上位から、アプリケーションレイヤ、コントロールレイヤ、そしてインフラストラクチャレイヤと定義されています。

A-3 SDNアーキテクチャ

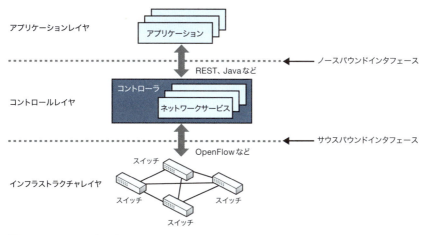

図A-24　SDNアーキテクチャ

**アプリケーションレイヤ**は、その名前のとおり、さまざまなアプリケーションが想定されるレイヤです。**コントロールレイヤ**は、ネットワークの制御を行うレイヤであり、いわゆるコントローラがこれに当たります。コントローラはさまざまなネットワークサービス、たとえばトポロジーの発見・管理や、ルート計算、ネットワーク仮想化といった機能を提供します。**インフラストラクチャレイヤ**は、スイッチなどのネットワーク機器のレイヤであり、パケットが転送される転送プレーンに当たります。それぞれのレイヤ間インタフェースは、コントロールレイヤを中心にその上側を**ノースバウンドインタフェース（Northbound Interface）** と呼び、下側を**サウスバウンドインタフェース（Southbound Interface）** と呼びます。これは通常、地図の記載は北が上となるため、これにならってこのように呼ばれています。ちなみに、コントローラ間のインタフェースは俗にEast-West Interfaceと呼ばれることもあります。ノースバウンドインタフェースの例としては、RESTやJava APIが挙げられます。ただし、ONFではこのノースバウンドインタフェースについては明確な標準化は行わない予定であり、ここについては実装次第、という方向になっています。現状ではREST APIがデファクトスタンダードとなっています。サウスバウンドインタフェースについては、先に説明したようにONFではOpenFlowを標準化しています。ただし、従来のネットワーク機器はOpenFlowをサポートしていないため、それをSDNで制御するために、BGPやSNMP、NETCONFなどもサウスバウンドインタフェースの例として挙げられます。

405

付録　SDN

## A-4

# プログラマビリティ

ネットワークに対するプログラマビリティの提供はSDNの最大の目的となっています。ここではそのプログラマビリティについて解説します。

　SDNの概念の1つのキーとなるものに、「プログラマビリティ」が挙げられます。プログラムできる、ということですが、ネットワークにおけるプログラマビリティとは、いったいどういうことでしょうか？従来のネットワークでは、パケットを転送する際に、どう転送されるか、ということはあらかじめネットワーク機器によって決められていました。たとえばルータであれば、パケットの宛先IPアドレスをルーティングテーブルのエントリと比較し、マッチしたエントリに従って出力インタフェースを決め、パケットを出力していました。どこに出力したらよいかは、ルーティングプロトコルによって自律的に決定されたり、または手動でスタティックルートの設定をしていました。ルーティングプロトコルのパラメータを調整することで転送経路を変えたりすることはできますが、宛先IPアドレスに従ってパケットの転送を行うという基本的な動作を変えることはできませんでした。

　SDNにおけるプログラマビリティとは、この基本的な転送方法をプログラムすることができる、すなわち転送方法を独自に指定できる、ということです。たとえば、ある宛先IPアドレスと送信元IPアドレスにマッチしたパケットはこちらのルートに出力し、同じ宛先/送信元IPアドレスを持ちながら異なる宛先MACアドレスの場合は他のルートに出力する、といったことを自由に指定することが可能になります。先にOpenFlowの説明をしましたが、OpenFlowスイッチは自身でパケットを転送するためのアルゴリズムを保有しておらず、OpenFlowコントローラの指示によりパケットの転送経路を設定します。OpenFlowコントローラは**表A-2**、**表A-4**に示したパラメータを指定、すなわちプログラムすることで、パケットの挙動を制御します。

　前ページの**図A-24**に示したように、SDNアーキテクチャではノースバウンドインタフェースを介して、アプリケーションがコントローラを経由してネットワークを制御することが可能となっています。ユーザーがアプリケーションをプログラムし、そこでパケットの挙動を指定することにより、ネットワークでのパケットの挙動を指定することが可能となります。サウスバウンドインタフェース、ノースバウンドインタフェースは、サウスバウンドAPI、ノースバウンドAPIと呼ばれることもあり、API（Application Programming Interface）、すなわちプログラマビリティを提供するインタフェースとなっています。

## A-5 SDNコントローラの実装例

SDNではオープン性を強くうたっていることもあり、オープンソースのプロジェクトが多数存在しています。ここでは、その中心とも言える、SDNコントローラのオープンソースソフトウェアプロジェクト「OpenDaylight」(http://www.opendaylight.org) について紹介します。

OpenDaylightはLinux Foundationのもとで活動しており、シスコシステムズ社やブロケード社、IBM社など多数のネットワーク機器ベンダーが参加しているところにその特徴があります。ライセンスについても、EPL（Eclipse Public License）バージョン1.0となっており、商用利用に向くライセンス形式となっています。そのため、OpenDaylightをベースとした商用SDNコントローラも各社から発表されています。

OpenDaylightのバージョンは、水素記号の順番で名前が付けられており、執筆時点における最新バージョンは第2版となる「Helium」です。

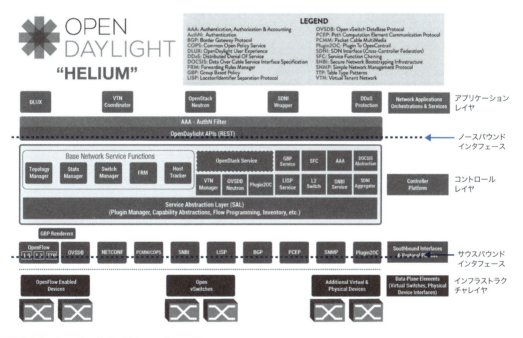

図A-25　OpenDaylight SDNコントローラ

図A-25にOpenDaylight SDNコントローラのアーキテクチャを示しています。これは、先のSDNアーキテクチャ（図A-24）とまったく同じ構成であることがわかると思います。OpenDaylight

付録　SDN

のソフトウェア実装は非常にモジュラー化されており、プラグインで簡単に機能拡張可能な、柔軟なSDNプラットフォームを実現しています。OpenDaylightでは、サウスバウンドインタフェースとして、OpenFlow 1.0/1.3はもとより、BGP、LISP、PCEP、SNMP、NETCONF、OVSDBなど、非常にたくさんの種類のプロトコルをサポートしているという特徴があります。これは中核にあるService Abstraction Layerで抽象化されていて、ノースバウンドインタフェースからサウスバウンドインタフェースのプロトコルに依存することなくプログラミングすることが可能になっています。これにより、OpenFlowに対応していないスイッチも幅広くSDNで制御することが可能であり、多数のベンダーやユーザーを惹きつける理由となっています。

　OpenDaylightのもう1つの大きな特徴として、データモデルをYANG（RFC6020で規定されているデータモデル記述言語）で記載することにより、容易にAPI生成が可能になっていることが挙げられます。YANGデータモデルは、NETCONFのデータモデルを記述するために開発されました。SDNで重要視されているプログラマビリティを実現するためのモデル記述言語として注目を浴びており、現在各標準化団体でYANGによるデータモデルの開発が進められています。

# 索引

**数字**
| | |
|---|---|
| 1つのネットワーク | 6 |
| 2WAY状態 | 234 |
| 2バイトAS番号 | 310 |
| 4バイトAS番号 | 309, 310 |
| 10BASE2 | 49 |
| 10BASE5 | 46, 49 |
| 10BASE-T | 49, 58 |
| 10GBASE-ER | 49 |
| 10GBASE-LR | 49 |
| 10GBASE-LX4 | 49 |
| 10GBASE-SR | 49 |
| 10GBASE-T | 49 |
| 10ギガビットイーサネット | 48 |
| 100BASE-CX | 49 |
| 100BASE-FX | 49 |
| 100BASE-LX | 49 |
| 100BASE-SX | 49 |
| 100BASE-T4 | 49 |
| 100BASE-TX | 49, 57, 58 |
| 1000BASE-T | 49, 57, 58 |

**A**
| | |
|---|---|
| ABR | 240, 243 |
| Ackパケット | 283, 299 |
| ACKフィールド（EIGRP） | 299 |
| Active状態 | |
| 　（EIGRP） | 290, 295 |
| 　（BGP） | 317 |
| AD（Advertised Distance） | 289 |
| AppleTalk-Specific TLV | 300 |
| ARP | 34, 66 |
| AS（Autonomous System） | 39, 171, 306 |
| AS_CONFED_SEQUENCE | 323, 341 |
| AS_CONFED_SET | 323 |
| AS_PATHアトリビュート | 321 |
| AS_SEQUENCE | 322, 323 |
| AS_SET | 322, 323 |
| ASBR | 243 |
| ASBRサマリーLSA | 247, 267, 271 |
| Asynchronousメッセージ | 396 |
| AS外部LSA | 248, 267, 272, 362 |
| AS番号 | 172, 309 |
| 　〜の割り当て | 311 |
| AS番号フィールド（EIGRP） | 299 |

**B**
| | |
|---|---|
| BDR | 228 |
| BDRのIPアドレスフィールド（OSPF） | 262 |
| BGP | 39, 306 |
| BGPテーブル | 315, 361 |
| BGPネイバー | 308, 315 |

| | |
|---|---|
| BGPピア | 308, 315 |
| BGPポリシー | 344 |
| BPDU | 109, 110 |
| BW | 286 |
| Bビットフィールド（OSPF） | 269 |

**C**
| | |
|---|---|
| COMMUNITYアトリビュート | 349, 350 |
| 　〜を利用するための手順 | 353 |
| Connect状態 | 317 |
| Controller-to-Switchメッセージ | 396 |
| CRCフィールド | 46 |
| CSMA/CD | 47 |
| CST | 128 |

**D**
| | |
|---|---|
| DCビットフィールド（OSPF） | 275 |
| DDシーケンス番号フィールド（OSPF） | 264 |
| DDパケット | 225, 263 |
| Deadインターバル | 237 |
| Deadインターバルフィールド（OSPF） | 262 |
| DHCP | 23, 31 |
| DIX仕様 | 46 |
| DLY | 286 |
| DNS | 23, 33 |
| DOWN状態 | 234 |
| DR | 228 |
| DROTHER | 228 |
| DRのIPアドレスフィールド（OSPF） | 262 |
| DUAL | 175, 289 |

**E**
| | |
|---|---|
| EAP | 62 |
| EAP-FAST | 63 |
| EAP-PEAP | 63 |
| EAP-TLS | 63 |
| EAP-TTLS | 63 |
| EAビットフィールド（OSPF） | 275 |
| EBGPネイバー | 315, 334 |
| EGP | 320, 345 |
| EGPs | 171, 172, 306 |
| EIGRP | 278 |
| 　〜のメトリック | 286 |
| 　〜パケットタイプ | 299 |
| 　〜ヘッダ | 298 |
| EIGRP TLVのタイプ | 300 |
| EIGRPパラメータTLV | 300, 301 |
| Established状態 | 318 |
| EXCHANGE状態 | 234 |
| experimenter | 393 |
| EXSTART状態 | 234 |
| Eビットフィールド（OSPF） | 269, 273, 275 |

409

索引

**F** FD (Feasible Distance) ... 290
FHRP ... 195, 196
FLP バースト ... 58
FLSM ... 18, 19
Flush タイマー ... 212
FTP ... 24, 35
FULL 状態 ... 234

**G** General TLV ... 300
GLBP ... 195

**H** Hello インターバル
  (EIGRP) ... 288
  (OSPF) ... 237
Hello インターバルフィールド (OSPF) ... 261
Hello パケット
  (EIGRP) ... 283, 299
  (OSPF) ... 225, 234, 261
Hold down タイマー ... 212
HSRP ... 195
HTTP ... 5, 23, 35
HTTPS ... 23

**I** I/G ビット ... 44
IANA ... 23, 309
IBGP スプリットホライズン ... 337
IBGP ネイバー ... 315, 333, 334
IBGP ルートの同期 ... 333
ICANN ... 15
Idle 状態 ... 317
IEBGP ネイバー ... 315, 338, 340
IEEE ... 2, 44
IEEE802.1D ... 107
IEEE802.1Q ... 77, 80
IEEE802.1s ... 135
IEEE802.1w ... 131
IEEE802.1x ... 62
IEEE802.3ad ... 139
IETF ... 2
IGP ... 320, 345
IGPs ... 171, 172, 306
  ～と BGP の連携 ... 329
IMAP ... 5, 24
INCOMPLETE ... 321, 345
INIT 状態 ... 234
Invalid タイマー ... 212
IP ... 9
  ヘッダ ... 186, 187
IPS (Intrusion Prevention System) ... 41
IP-Specific TLV ... 300, 301
IPv4 ... 30
IPV6 ... 30

IP-VPN ... 38, 313
IPX-Specific TLV ... 300
IP アドレス ... 9, 33
IP 外部ルート TLV ... 303
IP 内部ルート TLV ... 301
ISP (Internet Service Provider) ... 39, 306
I ビットフィールド (OSPF) ... 263

**K** KEEPALIVE メッセージ ... 316

**L** LACP ... 139
LAN ... 37, 44
Last Resort ... 182
LLDP ... 403
LOAD ... 286
LOADING 状態 ... 234
local_as ... 351, 353
Logical Port ... 393
LSA (Link State Advertisement) ... 174, 222, 244
  タイプ1 ... 245, 268
  タイプ2 ... 245, 270
  タイプ3 ... 246, 271
  タイプ4 ... 247, 271
  タイプ5 ... 248, 272, 362
  タイプ7 ... 248, 273, 274
  ～の種類 ... 267
  ～ヘッダ ... 262, 267
LSAck パケット ... 225, 266
LSA 数フィールド (OSPF) ... 265
LSA 長フィールド (OSPF) ... 268
LSA フィールド (OSPF) ... 266
LSA ヘッダフィールド (OSPF) ... 264
LSDB (Link State DataBase) ... 174, 223, 361
LSR パケット ... 225, 264
LSU パケット ... 225, 265

**M** MAC アドレス ... 34, 44
  ～の学習 ... 52
  ～の有効期限 ... 54
MAC アドレステーブル ... 51
  ～のフラッピング ... 108
MC ビットフィールド (OSPF) ... 275
MED アトリビュート ... 348
MP-BGP ... 313
MST ... 135
MST リージョン ... 135
MS ビットフィールド (OSPF) ... 264
MTU サイズ ... 286
MTU フィールド (EIGRP) ... 302
M ビットフィールド (OSPF) ... 263

**N** N/P ビットフィールド (OSPF) ... 275

索引

NEXT_HOP アトリビュート ........................... 323
NEXT_HOP の到達性 ................................. 334
NFV (Network Functions Virtualization) ......... 41
NIC (Network Interface Card) .................... 44
NIC チーミング .............................. 103, 104
no_advertise ................................. 351, 352
no_export .................................... 351, 352
NOTIFICATION メッセージ ....................... 316
NSSA .............................................. 253
NSSA 外部 LSA .............. 248, 267, 273, 274
NTP ............................................... 23

**O** OF-CONFIG ......................... 386, 400, 401
OF-Hybrid Switch ................................ 394
OF-Only Switch .................................. 394
ONF (Open Networking Foundation) ............. 376
OpenConfirm 状態 ............................... 318
OpenDaylight .................................... 407
OpenFlow ................................... 378, 386
OpenFlow Switch ........................... 386, 401
OpenFlow Switch Specification ................. 386
OpenFlow コントローラ ......................... 387
OpenFlow コンフィギュレーションポイント ..... 401
OpenFlow スイッチの構成 ....................... 387
OpenFlow チャネル ........................ 387, 394
　　〜の正常性確認 ............................. 400
OpenFlow パイプライン処理 ..................... 392
OpenFlow プロトコル ........................... 387
OpenFlow ポート ................................ 393
OpenFlow メッセージ ........................... 395
OpenSent 状態 .................................. 318
OPEN メッセージ ................................ 316
Optional Non Transitive ........................ 320
Optional Transitive ............................. 319
ORIGIN アトリビュート .......................... 320
OSI 参照モデル ................................... 3
OSI プロトコル ................................... 3
OSPF ............................................. 222
　　〜の有効化 .................................. 233
　　〜ネイバー .................................. 226
　　〜プライオリティ ........................... 231
　　〜ヘッダ .................................... 259
OUI ............................................... 44

**P** Passive 状態 ............................... 290, 295
Physical Port ................................... 393
POP3 ....................................... 5, 24, 35
PPP ............................................... 28
PVST ............................................ 128

**Q** Query パケット ...................... 283, 295, 299

**R** RADIUS サーバ ................................. 62
RD (Reported Distance) ........................ 289
REFRESH メッセージ ............................ 316
RELIABILITY .................................... 286
Reply パケット ...................... 283, 295, 299
Reserved Port .................................. 393
RFC3768 ........................................ 196
RIP .............................................. 202
　　〜v1 ........................................ 204
　　〜v2 ........................................ 204
　　〜のタイマー ................................ 212
　　〜のパケットフォーマット .............. 218, 219
　　〜のメトリック .............................. 210
RIP データベース ........................... 205, 361
RIP ルート ...................................... 206
　　〜のやり取り ................................ 208
RSTP ............................................ 131
RSTP BPDU ..................................... 132
RTP (Reliable Transport Protocol) ............. 283

**S** SDN (Software-Defined Networking) ......... 376
SDN アーキテクチャ ............................. 405
SDN コントローラ ............................... 380
SMTP ...................................... 5, 23, 35
SNA .............................................. 36
SPF アルゴリズム ........................... 174, 223
SPOF (Single Point Of Failure) ................ 106
SVI .............................................. 90
Symmetric メッセージ .......................... 397

**T** TCN ACK フラグ ....................... 123, 124, 125
TCN BPDU ................................. 111, 123
TCP ....................................... 9, 28, 29
TCP/IP ........................................... 2
TC フラグ ................................ 123, 124, 125
TFTP ............................................. 24
TLV (Type/Length/Value) ...................... 298
TTL (Time To Live) ............................. 186
T ビットフィールド (OSPF) ..................... 275

**U** U/L ビット ..................................... 44
UDP ........................................... 9, 29
Unknown ユニキャストフレーム ............. 51, 68
Update タイマー ................................ 212
Update パケット .......................... 283, 299
UPDATE メッセージ ............................ 316
UTP ケーブル .............................. 49, 57

**V** variance ........................................ 296
VLAN ....................................... 66, 69
　　〜の特徴 .................................... 70
VLAN インタフェース ........................... 90

411

# 索引

| | |
|---|---|
| VLAN間のアクセス制御 | 94 |
| VLAN間ルーティング | 84 |
| 〜（ルータによる） | 85 |
| 〜（レイヤ3スイッチによる） | 89 |
| VLANタグ | 77, 78 |
| VLAN内のアクセス制御 | 95 |
| VLAN番号 | 70, 78 |
| VLANメンバーシップ | 74 |
| VLSM | 18, 20 |
| VPNゲートウェイ | 41 |
| VRRP | 103, 104, 195, 196 |
| VRRP Advertisement | 197 |
| Vビットフィールド（OSPF） | 269 |

**W** 
| | |
|---|---|
| WAN | 38, 40 |
| Well known Discretionary | 319 |
| Well known Mandatory | 319, 320 |
| Well-known COMMUNITY | 351 |

**Y**
| | |
|---|---|
| YANGデータモデル | 408 |

**あ**
| | |
|---|---|
| アクション | 389 |
| アクセス制御 | 94 |
| アクセスポート | 73 |
| アクセスリンク | 86 |
| アグリーメントBPDU | 134 |
| アグリーメントフラグ | 133 |
| アジャセンシー | 228 |
| 宛先MACアドレス | 51 |
| 宛先MACアドレスフィールド | 46 |
| 宛先ネットワークフィールド（EIGRP） | 302 |
| アドバタイジングルータフィールド（OSPF） | 265, 268 |
| アドバタイズ | 241 |
| アドミニストレーティブディスタンス | 148, 363 |
| アドレス解決 | 34 |
| アドレスクラス | 12 |
| アドレスファミリ識別子フィールド（RIP） | 220 |
| アプリケーション層 | 3, 4, 5 |
| アプリケーションフロー | 22 |
| アプリケーションプロトコル | 35 |
| アプリケーションレイヤ | 405 |
| 暗号シーケンスフィールド（OSPF） | 260 |

**い**
| | |
|---|---|
| イーサネット | 44 |
| 〜ver.2 | 45 |
| 〜の規格 | 49 |
| 〜のフレームフォーマット | 45 |
| イーサネットタイプコード | 46 |
| インストラクション | 387, 388, 389 |
| インターネット | 36, 39, 40, 172, 306 |
| 〜接続サービス | 95, 96 |
| インターネット層 | 4, 6, 7 |

| | |
|---|---|
| インタフェース | 9 |
| インタフェースMTUフィールド（OSPF） | 263 |
| イントラネット | 36, 37 |
| インフラストラクチャレイヤ | 405 |

**う**
| | |
|---|---|
| ウェルノウンポート番号 | 23 |

**え**
| | |
|---|---|
| エージフィールド（OSPF） | 267 |
| エリア | 240 |
| 〜分割のルール | 242 |
| エリアID | 241 |
| エリアIDフィールド（OSPF） | 259 |
| エリア境界ルータ | 240, 243 |
| エンドツーエンド | 9 |
| 〜の通信 | 145 |

**お**
| | |
|---|---|
| オーセンティケータ | 62 |
| オートネゴシエーション | 58 |
| オーバーヘッド | 27 |
| オーバーレイ方式 | 385 |
| オプションフィールド（OSPF） | 261, 263, 267, 274, 275 |

**か**
| | |
|---|---|
| 改ざん | 40 |
| 階層型IPアドレッシング | 164 |
| 外部LSA | 248 |
| 外部ゲートウェイプロトコル | 171 |
| 外部プロトコルIDフィールド（EIGRP） | 304 |
| 外部プロトコルメトリックフィールド（EIGRP） | 304 |
| 外部ルート | 273, 361, 362 |
| 外部ルートタグフィールド（OSPF） | 273 |
| カウンタ | 387, 388 |
| 拡張ディスタンスベクタ型 | 175, 279 |
| 隔離VLAN | 97 |
| 隔離ポート | 97 |
| カスタマーAS | 311 |
| 仮想ルータ | 197 |
| 可変長サブネットマスク | 18 |

**き**
| | |
|---|---|
| キーIDフィールド（OSPF） | 260 |
| ギガビットイーサネット | 48 |
| 共有ハブ | 55 |
| 距離 | 173 |

**く**
| | |
|---|---|
| クッキー | 388 |
| クラスA | 12 |
| クラスB | 13 |
| クラスC | 14 |
| クラスD | 12 |
| クラスE | 12 |
| クラスフルアドレス | 15 |
| クラスフルルーティングプロトコル | 176, 177 |

| | | | |
|---|---|---|---|
| | クラスレスアドレス | 15 | |
| | クラスレスルーティングプロトコル | 176, 177 | |
| | グループエントリ | 398 | |
| | グループテーブル | 387 | |
| | グローバルAS番号 | 309, 311, 312 | |
| | グローバルアドレス | 11 | |
| **け** | 経過時間 | 148 | |
| **こ** | 広域イーサネット | 38 | |
| | 高信頼性パケット | 283, 284 | |
| | コスト | 224, 237 | |
| | 〜（Ciscoルータのデフォルト値） | 238 | |
| | 固定長サブネットマスク | 18 | |
| | コネクション型プロトコル | 27, 29 | |
| | コネクションレス型プロトコル | 28, 29 | |
| | コマンドフィールド（RIP） | 219 | |
| | コミュニティVLAN | 97 | |
| | コミュニティポート | 97 | |
| | コリジョンドメイン | 56 | |
| | コントロールレイヤ | 405 | |
| | コンバージェンス | 119, 123, 153 | |
| | 〜時間 | 123 | |
| | コンフィグレーションBPDU | 110, 120 | |
| | 〜のフォーマット | 111 | |
| | コンフェデレーション | 338, 340 | |
| | コンフェデレーションAS | 340 | |

| | | |
|---|---|---|
| **さ** | サーバクラスタ | 104 |
| | サーバファーム | 95, 96 |
| | サービスプロバイダ | 38 |
| | 再送信タイムアウトタイマー | 284 |
| | 最大エージタイム | 122 |
| | 最長一致検索 | 179 |
| | 再配送 | 356, 359 |
| | サウスバウンドAPI | 406 |
| | サウスバウンドインタフェース | 405 |
| | サクセサ | 290 |
| | サブAS | 340 |
| | サブインタフェース | 87 |
| | サブネッティング | 16, 17, 18 |
| | サブネットマスク | 16, 17, 147 |
| | サブネットマスクフィールド（RIP） | 220 |
| | サプリカント | 62 |

| | | |
|---|---|---|
| **し** | シーケンス番号フィールド（EIGRP） | 299 |
| | シーケンス番号フィールド（OSPF） | 268 |
| | シードメトリック | 362 |
| | シェアードハブ | 55 |
| | システムポート番号 | 23 |
| | ジャム信号 | 48 |
| | 集約 | 16, 17 |

| | | |
|---|---|---|
| | 集約LSA | 247 |
| | 集約ルート | 162 |
| | 出力インタフェース | 148 |
| | 冗長化技術 | 102 |
| | シリアル番号 | 45 |
| | 自律システム | 171 |
| | 自律システム境界ルータ | 243 |
| | 自律分散制御 | 376 |
| | シングルポイント | 106 |
| | シングルホームAS | 311 |
| | 侵入防御システム | 41 |
| | 信頼性 | 286 |
| | 信頼性フィールド（EIGRP） | 302 |

| | | |
|---|---|---|
| **す** | スイッチ | 49 |
| | 〜でのアクセス制御 | 94 |
| | スイッチポート | 73 |
| | スイッチングハブ | 49, 56 |
| | スタック | 103, 104 |
| | スタティックVLAN | 74, 76 |
| | スタティックルート | 147, 149, 152, 153, 169 |
| | スタブAS | 310 |
| | スタブエリア | 250, 251 |
| | スパニングツリー | |
| | 〜の維持 | 120 |
| | 〜の形成 | 113 |
| | スパニングツリープロトコル | 102, 104, 107 |
| | スプリットホライズン | 214 |
| | スレーブルータ | 235 |

| | | |
|---|---|---|
| **せ** | 制御・管理プロトコル | 30 |
| | 制御プレーン | 377 |
| | 生成自律システムフィールド（EIGRP） | 303 |
| | 生成ルータフィールド（EIGRP） | 303 |
| | セカンダリVLAN | 97 |
| | セカンダリルートブリッジ | 115 |
| | セキュアMACアドレス | 61 |
| | セグメント | 4 |
| | セッション層 | 3 |
| | 接続ルータフィールド（OSPF） | 271 |
| | 全二重通信 | 57 |
| | 専用線 | 38 |

| | | |
|---|---|---|
| **そ** | 送信元MACアドレス | 51 |
| | 送信元MACアドレスフィールド | 46 |
| | ソフトウェアルータ | 188 |

| | | |
|---|---|---|
| **た** | 帯域幅 | 286, 287 |
| | 帯域幅フィールド（EIGRP） | 302 |
| | ダイクストラアルゴリズム | 174, 223 |
| | 代替ポート | 131 |
| | ダイナミック/プライベートポート番号 | 23, 24 |

413

索引

| | |
|---|---|
| ダイナミックVLAN | 75, 76 |
| ダイナミックルート | 157 |
| 代表ブリッジ | 116 |
| 代表ポート | 116, 118, 120, 131 |
| タイプフィールド（イーサネット） | 46 |
| タイプフィールド（OSPF） | 259, 267 |
| タイムアウト | 388 |
| タグVLAN | 76 |
| ダムハブ | 55 |
| 単一障害点 | 106 |

**ち** チェックサム 186, 187
チェックサムフィールド（EIGRP） 299
チェックサムフィールド（OSPF） 259, 268
遅延 286, 287
遅延フィールド（EIGRP） 302
直接接続 147, 149, 152

**つ** 通過エリア 256, 258
通信アーキテクチャ 2
通信キャリア 38
通信プロトコル 2

**て** ディスカーディング状態 132
ディスタンスベクタ型 173, 202
データグラム 4
データフィールド 46
データリンク層 3
デフォルトゲートウェイ 189
　　〜冗長化プロトコル 195
　　〜の冗長化 193
デフォルトルート 167, 182
電気通信事業者 38
転送アドレスフィールド（OSPF） 273, 274
転送遅延タイム 122
転送プレーン 377
転送プロトコル 8, 26

**と** 等コストロードバランシング 211, 238, 296
動作コードフィールド（EIGRP） 298
盗聴 40
登録済みポート番号 23, 24
トータリーNSSA 255
トータリースタブエリア 252
ドット付き10進表記 17
トポロジーテーブル 281, 361
トポロジーの変更通知 123
トラフィックエンジニアリング 377, 384
トランクポート 73, 76, 77, 87
　　〜（ホストでの） 80
トランクリンク 87
トランジットAS 312, 330

〜の設計・運用のポイント 331
トランジットエリア 256, 258
トランスポート層 3, 4, 6, 7
トリガードアップデート 216

**な** 内部ゲートウェイプロトコル 171
内部ルータ 243
ナチュラルマスク 17
名前解決 33

**に** 任意タグフィールド（EIGRP） 303
認証サーバ 62
認証タイプフィールド（OSPF） 260
認証データ長フィールド（OSPF） 260
認証データフィールド（OSPF） 260

**ね** ネイバー（OSPF） 228
ネイバーテーブル 314
ネイバーフィールド（OSPF） 262
ネクストホップアドレス 145, 148
ネクストホップアドレスフィールド（RIP） 220
ネクストホップセルフ 335
ネクストホップフィールド（EIGRP） 302, 303
ネットワークLSA 245, 267, 270
ネットワークアーキテクチャ 2
ネットワークアドレス 12, 147
ネットワークインタフェース層 4, 6, 7
ネットワーク仮想化 382
ネットワーク機器 41
ネットワークサマリーLSA 246, 267, 271
ネットワーク制御方式 384
ネットワーク層 3
ネットワークマスクフィールド（OSPF）
　　　　　　　　　261, 271, 272, 273

**の** ノースバウンドAPI 406
ノースバウンドインタフェース 405
ノンクライアント 338

**は** バージョンフィールド（EIGRP） 298
バージョンフィールド（OSPF） 259
バージョンフィールド（RIP） 220
バーチャルリンク 256
ハードウェアアドレス 44
媒体アクセス制御方式 47
ハイブリッド回路 57
ハイブリッド型 175, 279
ハイブリッド方式 386
パケット 4
パケットアウト 399, 402
パケットイン 399, 402
パケット長フィールド（OSPF） 259

414

索引

| | |
|---|---|
| パケットフィルタリング | 63, 94 |
| パスアトリビュート | 319 |
| 〜の変更 | 344 |
| バス型 | 46 |
| パスコスト | 112 |
| バックアップポート | 131 |
| バックアップルータ | 197 |
| バックオフ時間 | 48 |
| バックボーンエリア | 242, 250 |
| バックボーンルータ | 243 |
| パッシブインタフェース | 365, 366 |
| ハブ | 55, 56 |
| ハンドシェイク | 397 |
| 半二重通信 | 48 |

**ひ** 非代表ポート 116, 119, 121
標準エリア 250

**ふ** ファイアウォール 41
| フィージビリティ条件 | 290, 292 |
| フィージブルサクセサ | 290 |
| フォワーディング状態 | 116, 122 |
| 負荷 | 286 |
| 負荷フィールド（EIGRP） | 302 |
| 複合メトリック | 285 |
| 物理アドレス | 44 |
| 物理層 | 3 |
| 不等コストロードバランシング | 296 |
| プライオリティ | 388 |
| プライベートAS番号 | 309, 311, 312 |
| プライベートVLAN | 95, 97 |
| プライベートアドレス | 11 |
| プライマリVLAN | 97 |
| フラグフィールド（EIGRP） | 299, 304 |
| フラッディング | 51, 52, 66, 68 |
| ブリッジID | 111, 112, 117 |
| プリペンド | 321 |
| フルメッシュIBGP | 335, 336 |
| 〜の拡張性の問題 | 337 |
| フレーム | 4 |
| プレゼンテーション層 | 3 |
| プレフィックス長フィールド（EIGRP） | 302 |
| プレフィックス表記 | 17 |
| プロアクティブ方式 | 403 |
| フロー | 22 |
| フローエントリ | 387, 388, 398, 402 |
| 〜の構成 | 387 |
| フローテーブル | 387, 392 |
| ブロードキャスト | 66 |
| ブロードキャストMACアドレス | 45 |
| ブロードキャストアドレス | 10 |
| ブロードキャストストーム | 108 |

| ブロードキャストドメイン | 45, 56 |
|---|---|
| プログラマビリティ | 406 |
| ブロッキング状態 | 116, 121 |
| プロテクトポート | 99 |
| プロトコル | 2 |
| プロトコルスタック | 2 |
| プロポーザルBPDU | 134 |
| プロポーザルフラグ | 133 |
| プロミスキャスポート | 97 |

**へ** ベストエフォート 40
| ベストパス | 315 |
| 〜の決定 | 344 |
| 〜の選択 | 328 |
| ベルマンフォードアルゴリズム | 174 |

**ほ** ポイズンリバース 217
| ポイントツーポイント | 131 |
| 〜ネットワーク | 228 |
| 方向 | 173 |
| ポートID | 117 |
| ポートセキュリティ | 61 |
| ポート番号 | 9, 21, 23 |
| ポートベースVLAN | 74, 76 |
| ホールドタイム | 289 |
| ホールドダウン状態 | 212 |
| 保護ポート | 99 |
| ホスト | 9 |
| ホストアドレス | 12 |
| ホスト名 | 33 |
| ホップ数 | 202, 203 |
| ホップ数フィールド（EIGRP） | 302 |
| ホップバイホップ方式 | 385 |
| ポリシーベースルーティング | 343, 371, 377 |
| ボンディング | 103 |

**ま** マスタールータ（VRRP） 197
| マスタールータ（OSPF） | 235 |
| マッチフィールド | 387, 388 |
| マルチアクセスネットワーク | 228 |
| マルチキャスト | 68 |
| マルチキャストMACアドレス | 45 |
| マルチキャストアドレス | 10 |
| マルチキャストフロータイマー | 284 |
| マルチホーム非トランジットAS | 311, 325 |

**む** 無信頼性パケット 283, 284

**め** メッセージ 4
| メトリック | 147, 173, 361, 362 |
| メトリックタイプE1 | 273, 362 |
| メトリックタイプE2 | 273, 362 |

415

## 索引

メトリックフィールド（OSPF） ............ 270, 272, 273
メトリックフィールド（RIP） ........................ 220
メンバーAS ............................................. 340

**ゆ** ユーザーポート番号 ................................... 24
ユニキャストMACアドレス ........................ 45
ユニキャストアドレス ........................... 10, 11

**よ** 予約フィールド（EIGRP） ....................... 302

**ら** ラーニング状態 ...................................... 122

**り** リアクティブ方式 ................................... 402
リーフAS ............................................. 311
リスニング状態 ...................................... 122
リソースレコード ..................................... 33
リピータハブ .......................................... 55
リンク ............................................ 86, 222
リンクIDフィールド（OSPF） ................... 269
リンクアグリゲーション ........... 103, 104, 138
リンク情報 ........................................... 245
リンク数フィールド（OSPF） ................... 269
リンクステートIDフィールド（OSPF）
.............................. 265, 267, 271, 273, 274
リンクステート型 ................. 174, 222, 244
リンクステート情報 .................... 174, 222
リンクステートタイプフィールド（OSPF） .... 265
リンクステートデータベース ........... 174, 222
　〜の同期 ..................................... 229, 230
リンクタイプフィールド（OSPF） ............. 269
リンクデータフィールド（OSPF） ............. 270
リンクローカル ...................................... 207
リンクローカルアドレス ............................ 11

**る** ルータ ............................................. 41, 69
ルータID（OSPF） ......................... 227, 231
ルータID（BGP） ................................... 318
ルータIDフィールド（OSPF） ................. 259
ルータLSA ....................... 245, 267, 268
ルータプライオリティフィールド（OSPF） ... 262
ルーティング ........................................ 142
　〜対象パケットのアドレス情報 .......... 178
　〜（ホストでの） .............................. 188
ルーティングテーブル ........... 145, 147, 315
　〜（ホストの） .................................. 190
ルーティングプロトコル
.............. 32, 103, 104, 147, 152, 157, 170
　〜のアルゴリズム ...................... 173, 176
　〜のデータベース ............................ 361
ルーテッドポート .................................... 91
ルート集約 ........................................... 159
ルート情報 .................................... 147, 151

ルートタグフィールド（RIP） .................... 220
ルートの情報源 ..................................... 147
ルートパスコスト ............................ 112, 117
ルートフィルタ .............................. 327, 364
ルートブリッジ ...................................... 113
ルートポイズニング ............................... 215
ルートポート ................... 116, 117, 120, 131
ルートリフレクタ .................................... 338
ルートリフレクタクライアント ................... 338
ループバックインタフェース ................... 227

**れ** レイヤ1 .................................................. 3
レイヤ2 .................................................. 3
　〜ヘッダ ................................... 186, 187
レイヤ2スイッチ ................ 37, 41, 49, 69
　〜の管理 .......................................... 59
　〜の認証機能 .................................... 61
　〜のパケットフィルタリング ................. 63
レイヤ3 .................................................. 3
レイヤ3スイッチ ..................... 37, 41, 89
　〜のIPアドレス設定 ........................... 90
　〜のデータ転送 .................................. 89
レイヤ4 .................................................. 3
レイヤ5 .................................................. 3
レイヤ6 .................................................. 3
レイヤ7 .................................................. 3

**ろ** ロードバランサ ....................................... 41
ロンゲストマッチ ................................... 179
論理構成図 ............................................ 93
論理積 ................................................. 180

416

## ■著者紹介

### Gene (ジーン)

2000年よりメールマガジン、Webサイト「ネットワークのおべんきょしませんか？（http://www.n-study.com/）」を開設。「ネットワーク技術をわかりやすく解説する」ことを目標に日々更新を続ける。
2003年にCCIE Routing and Switchingを取得。2003年8月に独立し、ネットワーク技術に関するフリーのインストラクター、テクニカルライターとして活動中。

### 作本 和則 (さくもと かずのり)

1993年国内某通信機器ベンダに入社。以降、国内外の通信事業者向けネットワークシステム開発にかかわり、電話交換機、IPネットワーク、モバイルネットワーク、伝送ネットワークを経て、現在はSDN開発に従事。
2004年にCCIE Routing and Switchingを取得し、現在CCIE R&S/SP/Voice/Securityおよび日本人初となるCCDEの5冠CCIEホルダー。

## 本書のサポートページ

### http://isbn.sbcr.jp/80484/

本書をお読みいただいたご感想を上記 URL からお寄せください。
本書に関するサポート情報やお問い合わせ受付フォームも掲載して
おりますので、あわせてご利用ください。

## ルーティング＆スイッチング標準ハンドブック

2015年 8月 1日　　初版第1刷発行

著　者　Gene／作本 和則
発行者　小川 淳
発行所　SBクリエイティブ株式会社
　　　　〒106-0032 東京都港区六本木2-4-5
　　　　http://www.sbcr.jp/
印　刷　株式会社シナノ

本文デザイン・組版　　風工舎
カバーデザイン　　　　渡辺 縁
カバー写真　　　　　　©gemenacom - Fotolia

落丁本、乱丁本は小社営業部 (03-5549-1201) にてお取り替えいたします。
定価はカバーに記載されております。

Printed in Japan　　ISBN978-4-7973-8048-4